全国陆地生态资产与生态产品总值（GEP）评估（2000—2020年）

肖 燚　欧阳志云　杜 傲　饶恩明　著

中国林业出版社
China Forestry Publishing House

图书在版编目（CIP）数据

全国陆地生态资产与生态产品总值（GEP）评估.2000—2020年 / 肖燚等著.
-- 北京：中国林业出版社,2024.6
ISBN 978-7-5219-2717-7

Ⅰ.①全… Ⅱ.①肖… Ⅲ.①生态系—生产总值—研究报告—中国—2000-2020 Ⅳ.①X196

中国国家版本馆CIP数据核字(2024)第096932号

审图号：GS京（2024）2191号

策划编辑：肖静
责任编辑：许玮　肖静
装帧设计：北京八度出版服务机构

出版发行：中国林业出版社
　　　　　（100009，北京市西城区刘海胡同7号，电话83143577）
电子邮箱：cfphzbs@163.com
网址：https://www.cfph.net
印刷：北京雅昌艺术印刷有限公司
版次：2024年6月第1版
印次：2024年6月第1次
开本：787mm×1092mm　1/16
印张：19
字数：280千字
定价：88.00元

前言

  地球上复杂多样的气候、土壤、地形等自然条件,孕育了森林、灌丛、草地、湿地、农田等多种生态系统类型,这些生态系统是人类拥有的珍贵生态资产,为人类提供了粮食、工业原材料等物质资源以及水源涵养、土壤保持、洪水调蓄、水质净化、固碳、休憩娱乐等丰富的生态系统服务,进而支撑了经济社会可持续发展。生态系统提供的物质资源和生态系统服务统称为生态产品。然而,在气候变化和人类活动的强烈影响下,生态资产的数量和质量均在不断变化,生态资产存量的变化相应地影响了其提供的生态产品的变化,最终直接影响人类必需的物质需求、健康、安全以及风险规避等福祉。如何测度生态资产及生态系统服务的状态及变化,是生态学和生态经济学研究的热点和难点,也是将生态系统评估纳入管理决策的重要切入点。

  我国高度重视生态资产存量保护以及生态系统服务流量可持续利用。习近平总书记强调"绿水青山就是金山银山""我们既要绿水青山,也要金山银山",党的十九大报告也指出:既要创造更多物质财富和精神财富以满足人民日益增长的美好生活需要,也要提供更多优质生态产品以满足人民日益增长的优美生态环境需要。这些生态文明思想深刻揭示了生态资产存量与生态系统服务流量的内在关联，既强调了"绿水青山"作为生态资产存量的保护保育，也突出了生态系统服务流量蕴含的巨大经济价值及其作为"金山银山"的可持续利用。开展生态资产与生态系统服务核算是践行"绿水青山就是金山银山"理念和支撑生态效益核算、生态保护成效评估、生态补偿机制等生态文明制度建设的迫切需求。

不断加剧的人类活动削减了生态资产，导致生态系统服务退化，给人类福祉带来深刻影响。随着这种认识的加深，生态系统评估，尤其是生态系统服务评估逐渐成为国内外关注的热点。围绕生态资产的分类、定义与评估，以及生态系统服务的评估方法及政策应用开展了大量研究，联合国千年生态系统评估（MA）以及生物多样性和生态系统服务政府间科学－政策平台（IPBES），均将影响人类福祉的生态系统服务作为评估的核心。国内生态系统服务研究也有效地支撑了全国生态功能区划、生态转移支付范围确定、生态保护红线框架划定、国家公园规划和自然保护地体系规划等政策创新。但生态资产与生态系统服务评估研究仍面临诸多挑战：一方面，生态资产是存量，生态系统服务是流量，存量、流量缺乏统筹评估，导致生态系统服务的供给缺乏可靠的物质基础；另一方面，生态资产与生态系统服务及其经济价值缺乏统一的评估方法，导致评估结果缺乏时空可比性，影响评估成果的决策应用。

2013年，欧阳志云研究员与时任世界自然保护联盟（IUCN）驻华代表的朱春全博士开创性地提出了"生态系统生产总值"（Gross Ecosystem Product, GEP）概念，也称"生态产品总值"，将其定义为生态系统在特定时间内（通常为一年）为人类福祉和经济社会提供的最终产品与服务价值的总和，构建了GEP核算的指标体系和核算方法。在中国科学院科技服务网络计划项目［生态系统生产总值（GEP）核算方法研究与应用］和国家重点研发计划项目（生态资产、生态补偿与生态文明科技贡献核算理论、技术体系与应用示范）等资助下，团队辨析了生态资产存量与生态系统服务流量的内涵及其内在关联；提出了统筹数量与质量的生态资产评估方法；并在全国及内蒙古、青海、贵州、广东深圳、浙江丽水、云南普洱、吉林通化、海南海口、内蒙古阿尔山、浙江德清等位于全国不同生态地理区的行政区开展应用示范核算，旨在为践行"绿水青山就是金山银山"的理念、促进生态资产与生态产品总值核算成果纳入决策、支撑生态保护绩效考核等生态文明制度建设和美丽中国建设提供指标和生态系统核算方法。

本书集成了中国科学院生态环境研究中心研究团队关于生态资产与生态产品总值研究的成果，系统介绍了生态资产与生态产品总值的内涵、评估方法及其在区域的应用。全书共分为七章，第一章阐释了生态资产与生态产品总值的研究背景与进展、定义与内涵及核算目的与意义；第二章介绍了生态资产与生态产品总值核算指标；第三章展示了生态资产核算方法在全国评估中的应用；第四章介绍了生态产品总值核算方法在全国的应用；第五章分析了生态资产和生态产品总值变化的主要驱动力；第六章介绍了生态资产与生态产品总值核算方法在不同区域的应用；第七章得出主要结果并提出政策建议。

本书将理论与实践相结合，全面介绍了生态资产与生态产品总值核算的研究进展，可为生态学、生态经济学科研工作者以及决策者研究和应用生态资产与生态产品总值核算方法提供借鉴。书中不当之处，敬请读者批评指正。

著　者

2023 年 12 月

前 言

摘 要 ·· 1

第一章 绪 论

第一节 研究背景与进展 ·· 4
第二节 定义与内涵 ·· 7
第三节 核算目的与意义 ·· 9

第二章 生态资产与生态产品总值核算指标

第一节 生态资产核算指标 ·· 12
第二节 生态产品总值核算指标 ·· 15

第三章 中国自然生态资产

第一节 全国生态系统格局与变化 ··· 20
    一、全国生态系统格局 ··· 20

二、全国生态系统格局变化 ⋯⋯⋯⋯⋯⋯⋯⋯⋯⋯⋯⋯⋯⋯⋯ 22

第二节　全国自然生态资产 ⋯⋯⋯⋯⋯⋯⋯⋯⋯⋯⋯⋯⋯⋯⋯⋯ 26
　　一、自然生态资产面积 ⋯⋯⋯⋯⋯⋯⋯⋯⋯⋯⋯⋯⋯⋯⋯⋯ 26
　　二、自然生态资产质量 ⋯⋯⋯⋯⋯⋯⋯⋯⋯⋯⋯⋯⋯⋯⋯⋯ 28
　　三、自然生态资产实物量 ⋯⋯⋯⋯⋯⋯⋯⋯⋯⋯⋯⋯⋯⋯⋯ 54

第三节　省（自治区、直辖市）自然生态资产 ⋯⋯⋯⋯⋯⋯⋯⋯ 56
　　一、各省（自治区、直辖市）自然生态资产面积 ⋯⋯⋯⋯⋯ 56
　　二、各省（自治区、直辖市）自然生态资产质量 ⋯⋯⋯⋯⋯ 61

第四节　自然生态资产综合指数 ⋯⋯⋯⋯⋯⋯⋯⋯⋯⋯⋯⋯⋯⋯ 86
　　一、自然生态资产综合指数 ⋯⋯⋯⋯⋯⋯⋯⋯⋯⋯⋯⋯⋯⋯ 86
　　二、自然生态资产综合指数变化 ⋯⋯⋯⋯⋯⋯⋯⋯⋯⋯⋯⋯ 87

第四章　中国生态产品总值

第一节　全国生态产品总值 ⋯⋯⋯⋯⋯⋯⋯⋯⋯⋯⋯⋯⋯⋯⋯⋯ 92
　　一、生态产品总值构成 ⋯⋯⋯⋯⋯⋯⋯⋯⋯⋯⋯⋯⋯⋯⋯⋯ 92
　　二、生态产品总值变化 ⋯⋯⋯⋯⋯⋯⋯⋯⋯⋯⋯⋯⋯⋯⋯⋯ 97

第二节　全国物质产品价值 ⋯⋯⋯⋯⋯⋯⋯⋯⋯⋯⋯⋯⋯⋯⋯⋯ 100
　　一、物质产品价值 ⋯⋯⋯⋯⋯⋯⋯⋯⋯⋯⋯⋯⋯⋯⋯⋯⋯⋯ 100
　　二、物质产品价值变化 ⋯⋯⋯⋯⋯⋯⋯⋯⋯⋯⋯⋯⋯⋯⋯⋯ 101

第三节　全国调节服务价值 ⋯⋯⋯⋯⋯⋯⋯⋯⋯⋯⋯⋯⋯⋯⋯⋯ 103
　　一、调节服务价值 ⋯⋯⋯⋯⋯⋯⋯⋯⋯⋯⋯⋯⋯⋯⋯⋯⋯⋯ 103
　　二、调节服务价值变化 ⋯⋯⋯⋯⋯⋯⋯⋯⋯⋯⋯⋯⋯⋯⋯⋯ 107

第四节 全国文化服务价值 ·· 109
一、文化服务价值 ··· 109
二、文化服务价值变化 ··· 109

第五节 省（自治区、直辖市）生态产品总值 ··· 115
一、生态产品总值 ··· 115
二、生态产品总值变化 ··· 142

第五章 中国生态资产与生态产品总值变化驱动力

第一节 生态保护修复 ··· 170

第二节 城镇化 ··· 174

第三节 耕地开垦 ··· 176

第四节 气候变化 ··· 176

第六章 生态资产与生态产品总值核算应用

第一节 国际应用 ··· 180
一、英国巴尼特（Barnet）区域生态环境资产负债表编制 ························· 182
二、美国巴尔的摩绿色步道项目生态环境影响经济核算 ··························· 183
三、芬兰生态系统服务经济重要性和社会意义 ··· 185
四、荷兰生态系统服务和资产实验性货币估值 ··· 188
五、欧盟生态系统及其服务核算 ·· 190
六、英国生态系统价值核算账户与生态资产核算 ····································· 192

第二节 生态保护成效与区域生态关联：青海省GEP ································ 194
一、青海省生态系统格局 ··· 194

二、面向生态效益评估的青海省GEP核算 ………………………………… 196

第三节　生态文明建设：北京市延庆区GEP …………………………………202
　　一、延庆区概况 ……………………………………………………………… 202
　　二、工作背景 ………………………………………………………………… 203
　　三、延庆区GEP核算 ………………………………………………………… 204
　　四、延庆区GEP核算结果应用 ……………………………………………… 209

第四节　人与自然和谐：深圳市GEP核算制度 ………………………………211
　　一、深圳市概况 ……………………………………………………………… 211
　　二、深圳市GEP核算结果 …………………………………………………… 212
　　三、深圳市GEP核算"1+3"制度体系 …………………………………… 216

第五节　生态产品价值实现机制：丽水市 ……………………………………220
　　一、丽水市概况 ……………………………………………………………… 220
　　二、丽水市GEP核算 ………………………………………………………… 221
　　三、丽水市生态资产核算 …………………………………………………… 224
　　四、丽水市生态产品价值实现机制建立 …………………………………… 228
　　五、丽水市生态产品价值实现典型案例 …………………………………… 233

第六节　生态效益：国家公园 …………………………………………………238
　　一、国家公园概况 …………………………………………………………… 238
　　二、国家公园生态系统格局 ………………………………………………… 240
　　三、国家公园生态产品价值 ………………………………………………… 243

第七节　保护修复项目的生态成效：蚂蚁森林项目 …………………………249
　　一、蚂蚁森林项目概况 ……………………………………………………… 249
　　二、蚂蚁森林GEP …………………………………………………………… 255
　　三、蚂蚁森林地块达到植被成熟时GEP …………………………………… 259
　　四、结论及建议 ……………………………………………………………… 263

第七章 结论与展望

第一节 主要结论 ……………………………………………………………… 268
    一、生态系统格局 …………………………………………………… 268
    二、生态资产 ………………………………………………………… 268
    三、生态产品总值 …………………………………………………… 269
    四、变化驱动力分析 ………………………………………………… 270
    五、实践应用 ………………………………………………………… 271

第二节 建议与展望 ……………………………………………………………… 273

附 录

附表1 各省（自治区、直辖市）森林生态资产质量（2000—2020年）……… 276

附表2 各省（自治区、直辖市）灌丛生态资产质量（2000—2020年）……… 278

附表3 各省（自治区、直辖市）草地生态资产质量（2000—2020年）……… 280

附表4 各省（自治区、直辖市）三大产品价值变化量（2000—2020年）…… 282

附表5 各省（自治区、直辖市）三大产品价值变化率（2000—2020年）…… 284

附表6 各省（自治区、直辖市）GEP各指标变化（2000—2020年）………… 286

附表7 各省（自治区、直辖市）GEP各指标变化（2000—2010年）………… 288

附表8 各省（自治区、直辖市）GEP各指标变化（2010—2020年）………… 290

参考文献 ……………………………………………………………………………… 292

摘要 SUMMARY

为落实党中央、国务院决策部署,依据《关于建立健全生态产品价值实现机制的意见》提出的"建立生态产品价值评价机制"有关要求,中国科学院开展了全国生态资产与生态产品总值(GEP)评估工作,综合评估了全国生态资产和GEP现状及其变化,提出了新时期生态保护的对策与建议。评估结果主要体现在以下四方面。

一是,2020年,全国森林、灌丛和草地三大类自然生态资产总面积为544.47万km^2,占国土总面积的56.72%。全国森林、灌丛、草地生态资产质量整体尚可,中等级以上的生态资产面积占比为49.16%。2000—2020年,全国林灌草生态资产质量总体改善(质量提高的面积比例为75.18%),生物量增幅为50.18%,覆盖度增幅为10.39%,生态资产综合指数提升了56.60%。

二是,2020年,全国GEP为69.54万亿元(若无新冠疫情影响,预估全国GEP为78.18万亿元),单位面积GEP为733.74万元/km^2,人均GEP为4.93万元/人。其中,物质产品、调节服务、文化服务价值分别占全国GEP的20.49%、69.71%、9.80%。2000—2020年,按可比价计算,全国GEP增长18.74万亿元，增长率为36.88%，年均增长率为1.58%，人均GEP增长22.53%。其中，物质产品、调节服务、文化服务价值增长率分别为221.02%、5.73%、1216.93%，年均增长率分别为6.01%、0.28%、13.76%。若无新冠疫情（以下简称疫情）影响，预估全国GEP总值20年共增长53.89%，年均增长2.2%；其中，文化服务价值将增长14.94万亿元，增幅为2887.14%，年均增速为18.51%。

三是，退耕还林等生态保护工程、城镇化、农田开垦、气候变化等是全国生态资产、GEP变化的主要驱动因素。生态保护工程对生态系统质量和服务的提升起到重要作用，尤其是促进优、良等生态资产面积和生态系统服务能力的显著提升；气候变化带来了降雨的增加，也促进了生态资产质量和生态系统服务能力的提升；城镇化使农村人口减少，毁林开荒、薪柴砍伐等开发利用自然生态系统的活动减少，降低了对自然生态系统的干扰。

四是，我国自2013年欧阳志云等学者提出GEP核算以来，相关部门和不同地区在生态产品价值核算领域开展了大量实践和探索。据不完全统计，截至目前，我国生态产品价值核算的各级试点已覆盖18个省（自治区、直辖市）57个地级市76个县（区），为践行"绿水青山就是金山银山"理念，促进生态资产与生态系统生产总值核算成果纳入决策、支撑生态保护绩效考核等生态文明制度建设和美丽中国建设提供基础和依据。

第一章

绪 论

第一节　研究背景与进展

生态资产是支撑经济社会发展和人类福祉的重要基础，能够为人类提供生态产品，是形成生态效益和生态系统生产总值的基础，包括自然的生态系统、以自然过程为基础的人工生态系统以及野生动植物资源等（欧阳志云等，2016）。生态资产提供的生态产品在维持地球生命支持系统中发挥着巨大的作用（欧阳志云等，1999；Costanza et al.，1997）。但在经济发展过程中，以短期经济利益为主导，对森林、灌丛、草地、湿地等生态资产进行过度开发以及土地利用变化、环境污染等均可能导致生态资产面积减少和质量退化，生态资产负债急剧增加，经济社会可持续发展面临挑战。20世纪60年代以来，全球开展了一系列的环境保护运动，但根据《千年生态系统评估》（The Millennium Ecosystem Assessment，MA）结果，仍有60%的森林、草地、湿地等生态资产存在不同程度的退化（MA，2005）。生态系统与生物多样性经济学（The Economics of Ecosystems and Biodiversity，TEEB）项目组预测，未来50年生态系统退化造成的损失将占国内生产总值（GDP）的7%（TEEB，2010）。

长期以来，世界各国为了核算人类经济活动的成果，建立了国民经济核算体系——国内生产总值（Gross Domestic Product，GDP），为了评价社会发展水平，建立了国民幸福指数（Gross National Happiness，GNH），以及联合国发布的"人类发展指数"（Human Development Index，HDI）等，但对生态系统为人类生存与发展提供的服务尚缺乏普遍接受的核算指标，或与国民经济统计相匹配的核算制度。研究与建立独立核算一个国家或地区的生态系统为人类提供的产品与服务的方法与体系，是当前社会各界广泛关注的议题。

为了保护自然资源和生态系统，联合国和许多国家正在进行自然资本、生态资产等核算与评估研究，以体现生态系统对人类福祉的贡献。联合国组织了"生态系统与生物多样性经济学"（TEEB）项目（2007年）、发布了"环境经济核算体系核心框架（System of Environmental-Economic Accounting，SEEA）"（2012年），期望世界各国将来如同采纳国民经济核算体系一样执行"环境经济核算体系核心框架"；建立了生物多样性和生态系统服务政府间科学－政策平台（The Intergovernmental Science-Policy Platform on Biodiversity and Ecosystem Services，IPBES）（2012年）；世界银行开展了财富核算和生态系统服务价值评估（Wealth Accounting and the Valuation of Ecosystem Services，WAVES）机制（2010年）。美国、英国、澳大利亚和我国（GEP、绿色GDP 2.0）也启动了生态系统评估与自然资产核算项目，如英国在2011年组织了500多位科学家对英格兰、苏格兰、北爱尔兰和威尔士进行了全面的生态系统评估；澳大利亚的维多利亚省在SEEA框架下对土地和生态系统核算的实践进行了总结。国际上，关于生态系统服务价值核算的方法尚处于试验阶段，需要更多的研究来支撑。无论是"绿色GDP"，还是英国的生态系统评估，以及澳大利亚土地和生态系统核算均是在SEEA框架下开展的，并未将生态系统价值作为一个独立的核算指标明确提出。2013年，欧阳志云等提出了"生态系统生产总值"（Gross Ecosystem Product，GEP）概念，也称"生态产品总值"，将其定义为生态系统在特定时间内（通常为一年）为人类福祉和经济社会提供的最终产品与服务价值的总和，并于2021年作为综合指标被纳入最新的SEEA-EA（EA为生态系统核算，Ecosystem Accounting）框架。

习近平总书记在地方工作时就高度重视生态文明建设，积极探索"绿水青山"与"金山银山"（即生态保护与经济发展）之间的关系。2005年8月，习近平同志在浙江省安吉县考察时，明确提出了"绿水青山就是金山银山"的科学论断。2006年，习近平同志进一步总结了人类对"两山"关系认识的三个阶段:第一个阶段是"用绿水青山去换金山银山",第二个阶段是"既要金山银山,但是也要保住绿水青山",第三个阶段是"绿水青山本身就是金山银山"。2013年9月,习近平总书记在哈萨克斯坦纳扎尔巴耶夫大学演讲时指出:"我们既要绿水青山,也要金山银山。宁要绿水青山,不要金山银山,而且绿水青山就是金山银山"。至此,"两山"论思想基本成型。

随着对"两山"思想认识的深入,我国对生态资产及生态产品价值核算工作的重视程度逐步提高。党的十八大报告提出"要把资源消耗、环境损害、生态效益纳入经济社会发展评价体系,建立体现生态文明要求的目标体系、考核办法、奖惩机制。""深化资源性产品价格和税费改革,建立反映市场供求和资源稀缺程度、体现生态价值和代际补偿的资源有偿使用制度和生态补偿制度""健全生态环境保护责任追究制度和环境损害赔偿制度",对限制开发区域和生态脆弱的国家扶贫开发工作重点县取消地区生产总值考核,探索编制自然资源资产负债表,对领导干部实行自然资源资产离任审计,建立生态环境损害责任终身追究制,实行资源有偿使用制度和生态补偿制度等。党的十九大把"两山"理念写入《中国共产党章程》,成为生态文明建设的行动指南,提出"提供更多优质生态产品以满足人民日益增长的优美生态环境需要"。2021年,中共中央办公厅、国务院办公厅印发《关于建立健全生态产品价值实现机制的意见》提出:建立生态产品价值评价机制,包括建立生态产品价值评价体系、制定生态产品价值核算规范、推动生态产品价值核算结果应用。2022年9月,国家发展和改革委员会、国家统计局制定出台了《生态产品总值核算规范》,为生态产品总值核算提供依据。党的二十大报告提出"建立生态产品价值实现机制,完善生态保护补偿制度"。

开展上述工作的重要前提就是明确生态系统为人类提供产品和服务的能力,以及人类活动对生态系统生产能力的损害。生态系统是自然资产的重要组成部分，对于支撑经济社会可持续发展、维护国家和区域生态安全发挥不可替代的作用。以生态系统服务功能评价的成果为基础，编制生态资产负债表，建立完善的生态资产管理办法，研究示范生态系统核算的理论和方法，将自然资产、资源消耗、环境损害、生态效益纳入经济社会发展评价体系，将生态产品总值（GEP）作为限制开发区域和生态脆弱的国家扶贫开发重点县的考核指标，建立体现生态文明要求的目标体系、考核办法、奖惩机制，深化资源性产品价格和税费改革，建立反映市场供求和资源稀缺程度、体现生态价值和代际补偿的资源有偿使用制度和生态补偿制度，健全生态环境保护责任追究制度和环境损害赔偿制度，引导全社会参与保护生态系统、恢复生态服务功能、遏制生存环境的恶化，已成为我国各级政府和社会各界广泛关注的议题。

第二节　定义与内涵

本节主要针对生态系统、生态资产、生态产品及其核算过程中所出现名词的定义与内涵进行解析。其中，生态资产相关概念包括生态资产质量、生态资产实物量、生态资产综合指数、生态资产价值量等；生态产品相关概念包括物质供给、调节服务、文化服务、生态产品实物量、生态产品价值量、生态产品总值等。

生态系统：指一定空间范围内植物、动物和微生物群落及其非生物环境相互作用形成的功能整体，包括森林、草地、农田、湿地、荒漠、城市、海洋等生态系统类型。

生态资产：指能够为人类提供生态产品，具有明确权属，为经济主体所拥有或控制的空间地域，包括森林、灌丛、草地、湿地、冰川、海洋等自然生态系统以及农田、城市绿地等人工生态系统。

生态资产质量：指生态系统提供生态产品能力的特性总和，如单位面积生物量、草地覆盖度、水质等级等。

生态资产实物量：指不同质量等级的森林、灌丛、草地、湖泊、河流、沼泽、农田、城镇绿地等生态系统的面积，及野生动植物物种数和重要保护物种种群数量。

生态资产综合指数：指表征森林、灌丛、草地、湖泊、河流和沼泽等自然生态系统生态资产面积和质量的综合指标。

生态资产价值量：指生态资产的货币价值。

生态产品：指生态系统为经济活动和其他人类活动提供且被使用的货物与服务贡献，包括物质供给、调节服务及文化服务三类。

物质供给：指生态系统为人类提供并被使用的物质产品，如粮食、水果、木材、生物质能、水产品、中草药、牧草、花卉等生物质产品。

调节服务：指生态系统为改善或维持人类生存环境提供的惠益，如水源涵养、土壤保持、防风固沙、海岸带防护、洪水调蓄、空气净化、水质净化、固碳、局部气候调节、噪声消减等。

文化服务：指生态系统为提高人类生活质量提供的非物质惠益，如精神享受、灵感激发、休闲娱乐和美学体验等。

生态产品实物量：指生态产品的物理量，如粮食产量、洪水调蓄量、土壤保持量、固碳量与景点旅游人数等。

生态产品价值量：指生态产品的货币价值。

生态产品总值（也称"生态系统生产总值"，GEP）：指一定行政区域内各类生态系统在核算期内提供的所有生态产品的货币价值之和。

第三节　核算目的与意义

1. 描绘生态系统（资产）运行的总体状况

生态系统在维持自身结构与功能的过程中，向人类提供了多种多样的产品和服务。以生态系统提供产品和服务的功能量与价值量为基础，通过核算生态系统生产总值，借助生态系统生产总值大小及其变化趋势可以定量刻画生态系统运行的总体状况；通过对生态资产质量和综合指数的分析，系统评估生态资产总体状况。

2. 评估生态保护成效

生态系统服务的损害和削弱导致了水土流失、沙尘暴、洪涝灾害和生物多样性丧失等一系列生态问题，生态保护与建设的主要目标就是维持和改善区域生态系统服务，增强区域可持续发展能力。生态系统生产总值核算就是以生态系统提供的产品和服务评估为基础，是定量评估生态保护成效的有效途径；另外，通过对生态资产面积、质量、指数现状和变化的分析，也能够有效评估区域生态保护成效。

3. 评估生态系统对人类福祉的贡献

生态系统服务与人类福祉的关系是国际生态学研究难点和前沿，其焦点是：如何刻画人类对生态系统的依赖作用以及生态系统对人类福祉的贡献，通过对生态产品和资产的定量评估，生态系统生产总值核算将生态系统与人类福祉联系起来，可以评估生态系统对人类福祉的贡献。

4.评估生态系统对经济社会发展的支撑作用

生态系统服务是经济社会可持续发展的基础，它既提供了经济社会发展所需的物质产品，也维护了经济社会发展所需的环境条件。生态产品总值核算可以明确生态系统所提供的产品和服务在经济社会发展中的支撑作用。

5.认识区域之间的生态关联

核算结果可以定量描述区域之间的生态依赖性或生态支撑作用。生态系统服务的产生和传递涉及生态系统服务的提供者和受益者，有效关联生态系统服务的提供者和受益者是加强生态保护、科学合理决策的重要依据。考虑生态系统服务的提供者与受益者的生态系统生产总值核算，可以认识区域之间的生态关联，为关联不同利益相关者、增强区域尺度生态系统服务提供重要途径。

第二章

生态资产与生态产品总值核算指标

第一节 生态资产核算指标

生态资产实物量核算内容分为自然生态系统和以自然生态过程为基础的人工生态系统，自然生态系统包括森林、灌丛、草地、湿地、荒漠；人工生态系统包括耕地、园地、养殖水面和城镇绿地。由于数据资料获取的限制，本研究重点针对森林、灌丛、草地等自然生态资产。

根据不同的生态资产，设定质量评价指标，分为优、良、中、差、劣五个等级，其中，森林和灌丛的质量评价指标为相对生物量密度；草地的质量评价指标为植被覆盖度（表2-1）。

表2-1 生态资产实物量核算指标

类别	科目	质量等级（hm²）					实物量核算指标
		合计	优	良	中	差	劣
森林	森林小计						相对生物量密度
	针叶林						
	阔叶林						
	针阔混交林						
灌丛	阔叶灌丛						
	落叶灌丛						
草地	草地小计						植被覆盖度
	草甸						
	草原						
	草丛						

生态资产实物量核算的目的是记录不同质量的生态资产当期的实物量存量，并以此为依据，计算生态资产实物量在核算期内发生变化的情况（表2-2）。

表2-2 2×××年生态资产实物量核算表

类别	科目	合计			质量等级											
					优			良			中			差		
					面积(hm^2)	比例(%)	变化率(%)	面积(hm^2)	比例(%)	变化率(%)	面积(hm^2)	比例(%)	变化率(%)	面积(hm^2)	比例(%)	变化率(%)
森林	森林小计															
	针叶林															
	阔叶林															
	针阔混交林															
灌丛	灌丛小计															
	常绿灌丛															
	落叶灌丛															
草地	草地小计															
	草甸															
	草原															
	草丛															

表2-3　2xxx年生态资产实物量变化表

类别	科目	质量等级											
		优			良			中			差		
		期初面积(hm²)	期末面积(hm²)	变化量(%)	期初面积(hm²)	期末面积(hm²)	变化量(%)	期初面积(hm²)	期末面积(hm²)	变化量(%)	期初面积(hm²)	期末面积(hm²)	变化量(%)
森林	森林小计												
	针叶林												
	阔叶林												
	针阔混交林												
灌丛	灌丛小计												
	常绿灌丛												
	落叶灌丛												
草地	草地小计												
	草甸												
	草原												
	草丛												

生态资产实物量变化表是记录不同质量的生态资产期初和期末存量，以及在该核算期内发生变化的情况。实物量变化表从核算期期初开始，到生态资产的期末存量结束，计算核算期间不同质量等级生态资产实物量的变化率（表2-3）。

第二节 生态产品总值核算指标

生态产品总值核算指标体系由物质产品、调节服务、文化服务3大项20余项指标构成，其中：物质产品包括农产品、林产品、畜牧产品、渔产品、水资源、生态能源、其他7个指标；调节服务包括水源涵养、土壤保持、防风固沙、洪水调蓄、固碳、释氧、空气净化、水质净化、局部气候调节、海岸带防护、病虫害控制等11个指标；文化服务包括休闲旅游和景观价值2个指标（图2-1）。

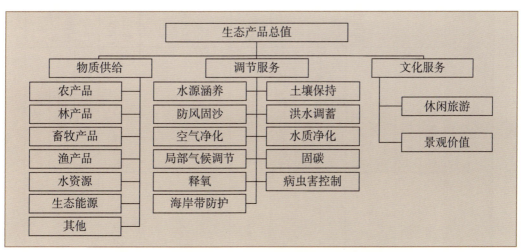

图2-1 生态系统生产总值（GEP）核算指标体系

根据生态系统服务功能评估的方法，生态系统生产总值应从生态功能量和生态经济价值量两个角度核算。生态系统生产总值（GEP）功能量和价值量核算的核算项目、功能指标和评价方法如表2-4所示。

表2-4　生态系统生产总值（GEP）核算指标与核算方法

功能类别	核算科目	功能量		价值量	
		核算指标	核算方法	核算指标	核算方法
物质产品	农产品	农产品产量	统计分析	农产品价值	市场价值法
	林产品	林产品产量		林产品价值	
	畜牧产品	畜牧产品产量		畜牧产品价值	
	渔产品	渔产品产量		渔产品价值	
	水资源	用水量		用水价值	
	生态能源	生态能源量		生态能源产值	
	其他	装饰观赏资源产量		装饰观赏资源产值	
调节服务	水源涵养	水源涵养量	水量平衡法	蓄水保水价值	影子工程法（水库建设成本）
	土壤保持	土壤保持量	修正通用土壤流失方程	减少泥沙淤积价值	替代成本法（清淤成本）
				减少面源污染价值（氮）	替代成本法（环境工程降解成本）
				减少面源污染价值（磷）	
	防风固沙	固沙量	修正风力侵蚀模型（RWEQ）	减少土地沙化价值	恢复成本法（沙地恢复成本）
	洪水调蓄	湖泊：可调蓄水量	构建模型法 水文监测	调蓄洪水价值	影子工程法（水库建设成本）
		水库：防洪库容			
		沼泽：滞水量			

（续）

功能类别	核算科目	功能量		价值量	
		核算指标	核算方法	核算指标	核算方法
调节服务	空气净化	吸收二氧化硫量	植物净化模型	净化二氧化硫价值	替代成本法（污染物治理成本）
		吸收氮氧化物量		净化氮氧化物价值	
		减少工业粉尘量		净化工业粉尘价值	
	水质净化	减少化学需氧量（COD）排放量	水质净化模型	净化COD价值	替代成本法（污染物治理成本）
		减少总氮排放量		净化总氮价值	
		减少总磷排放量		净化总磷价值	
	局部气候调节	植被蒸腾消耗能量	蒸散模型	植被蒸腾降温增湿价值	替代成本法（空调/加湿器降温增湿成本）
		水面蒸发消耗能量		水面蒸发降温增湿价值	
	固碳	固定二氧化碳量	质量平衡法	固碳价值	替代成本法（造林、制氧成本）
	释氧	释放氧气量	质量平衡法	释氧价值	
	病虫害控制	森林/草地病虫害发生面积	类比法	病虫害控制价值	防护费用法
	海岸带防护	海岸带防护面积	调查统计	海岸带防护价值	替代成本法（人工防治成本）
文化服务	休闲旅游	自然景观游客总人次	调查统计	休闲旅游价值	旅行费用法
	景观价值	土地/房产受益面积	调查统计	土地/房产升值	享乐价格法

第三章

中国自然生态资产

生态资产主要包括森林、灌丛、草地和湿地（河流、湖泊和沼泽等）等自然生态资产以及农田和水库等人工生态资产。考虑到数据获取等方面因素的影响，本研究只对森林、灌丛、草地等自然类型生态资产进行评价，为将生态保护效益纳入经济发展考核体系，评估全国生态文明建设进展提供科学基础。

第一节 全国生态系统格局与变化

一、全国生态系统格局

2020年，全国八大类生态系统中，以草地、森林、农田和荒漠四种类型生态系统为主，占陆地国土面积的82.47%。自然生态空间约占陆地国土面积的75.36%，主要由森林、灌丛、草地、湿地和荒漠生态系统构成。农业空间约占陆地国土面积的18.05%，主要类型为耕地。城镇空间约占陆地国土面积的3.21%，主要是城镇建设用地。受自然地理条件影响，全国生态系统复杂多样、空间差异大，由西北到东南依次分布的主要有荒漠、草地、灌丛和森林生态系统，城镇、农田和湿地生态系统分布于不同类型的生态系统之间（表3-1，图3-1、图3-2）。

表3-1 全国各类生态系统面积构成（2020年）

序号	生态系统类型	面积（万km²）	面积比例（%）
1	森林	200.92	21.13
2	灌丛	66.55	7.00
3	草地	277.00	29.13
4	湿地	37.55	3.95
5	农田	171.63	18.05
6	城镇	30.49	3.21
7	荒漠	134.56	14.16
8	其他（冰川、裸地）	32.07	3.38

第三章　中国自然生态资产

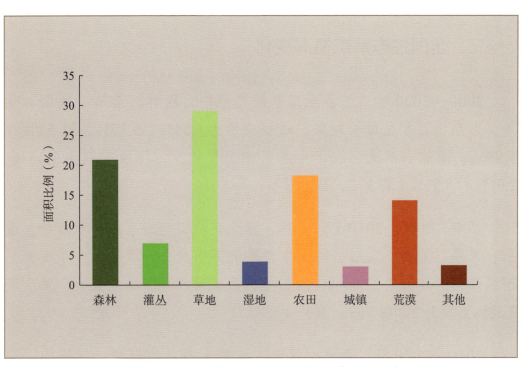

图3-1　全国各类生态系统面积比例（2020年）

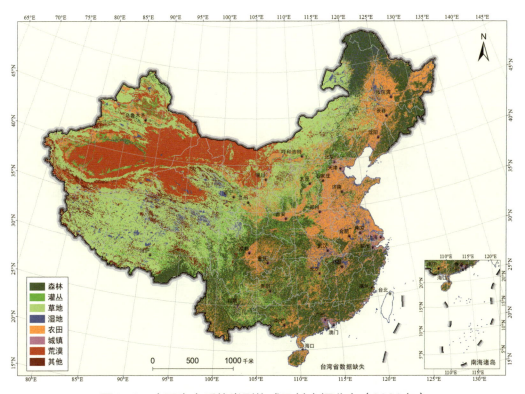

图3-2　全国生态系统类型构成及其空间分布（2020年）

二、全国生态系统格局变化

2000—2020年，在各生态系统类型中，森林、湿地、城镇、荒漠生态系统面积呈增长趋势，增幅分别为5.55%、5.17%、51.51%和4.99%；灌丛、草地、农田生态系统面积减少，降幅分别为5.48%、2.91%和8.33%（表3-2，图3-3）。

其中，2000—2010年，森林、湿地、城镇生态系统面积增加，灌丛、草地、荒漠、农田、其他生态系统面积减少。城镇生态系统面积增幅最大，增加了27.49%，农田生态系统面积下降幅度最大，减少了2.58%（表3-2，图3-3、图3-4）。

2010—2020年，森林、湿地、城镇生态系统面积持续增加，灌丛、草地、农田生态系统面积持续减少，荒漠生态系统面积增加。城镇生态系统面积增幅最大，增加了18.87%，农田生态系统面积下降幅度最大，减少了5.90%（表3-2，图3-3、图3-4）。

表3-2 全国各类生态系统面积构成变化（2000—2020年）

单位：面积、变化量（万km^2），变化率（%）

类型	2000年	2010年	2020年	2000—2010年		2010—2020年		2000—2020年	
				变化量	变化率	变化量	变化率	变化量	变化率
森林	190.36	193.27	200.92	2.91	1.53	7.65	3.96	10.56	5.55
灌丛	70.41	69.24	66.55	−1.17	−1.67	−2.69	−3.88	−3.86	−5.48
草地	285.30	283.71	277.00	−1.59	−0.56	−6.71	−2.36	−8.30	−2.91
湿地	35.71	35.76	37.55	0.06	0.16	1.79	5.00	1.85	5.17
荒漠	128.17	127.73	134.56	−0.44	−0.34	6.83	5.35	6.39	4.99
农田	187.23	182.40	171.63	−4.83	−2.58	−10.77	−5.90	−15.60	−8.33
城镇	20.12	25.65	30.49	5.53	27.47	4.84	18.86	10.36	51.51
其他	32.44	32.02	32.07	−0.41	−1.27	0.05	0.15	−0.36	−1.12

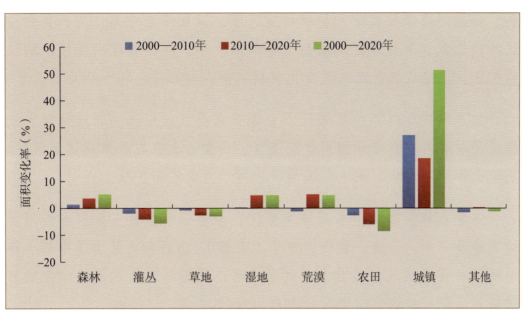

图3-3　全国生态系统面积变化率（2000—2020年）

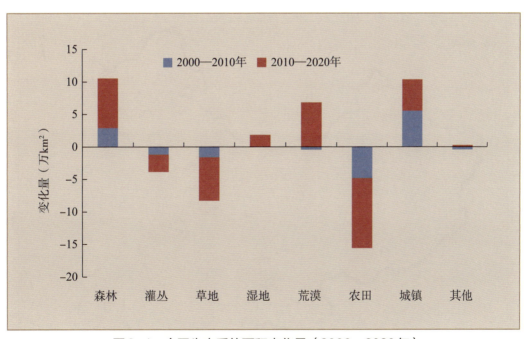

图3-4　全国生态系统面积变化量（2000—2020年）

变化剧烈的区域集中在以下三类区域（图3-5）。

一是城镇生态系统扩张区，主要分布在我国东部和中部地区，包括长江三角洲、京津冀、珠江三角洲、成渝地区、山东半岛、辽东半岛、福建沿海等城镇化发展较快的区域，以及河南中部、陕西关中地区和湖北武汉周边地区。从前十年到后十年，我国展现出持续性的城镇扩张，但造成的生态系统变化有所减少。

二是农田生态系统扩张区，主要分布在东北三江平原湿地区、新疆绿洲与甘肃中西部绿洲周边荒漠区、内蒙古大兴安岭草地区等区域。从前十年到后十年，北方区域展现出持续性的农田扩张。

三是森林、灌丛生态系统恢复区，主要分布在黄土高原、四川盆地周边及贵州、云南、重庆、辽宁（西部）、山西和内蒙古（中部）等退耕还林重点区域。从前十年到后十年，我国总体展现出持续性的植被恢复，但植被恢复的空间分布更为分散。

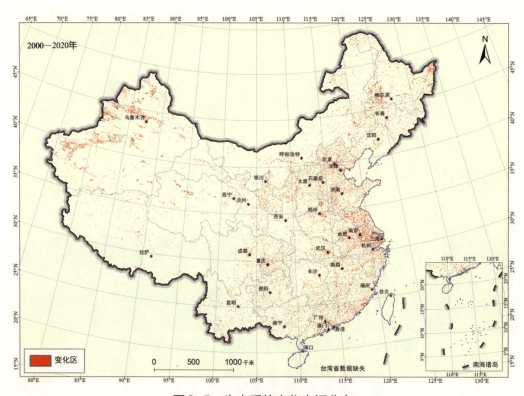

图3-5 生态系统变化空间分布

第三章 中国自然生态资产

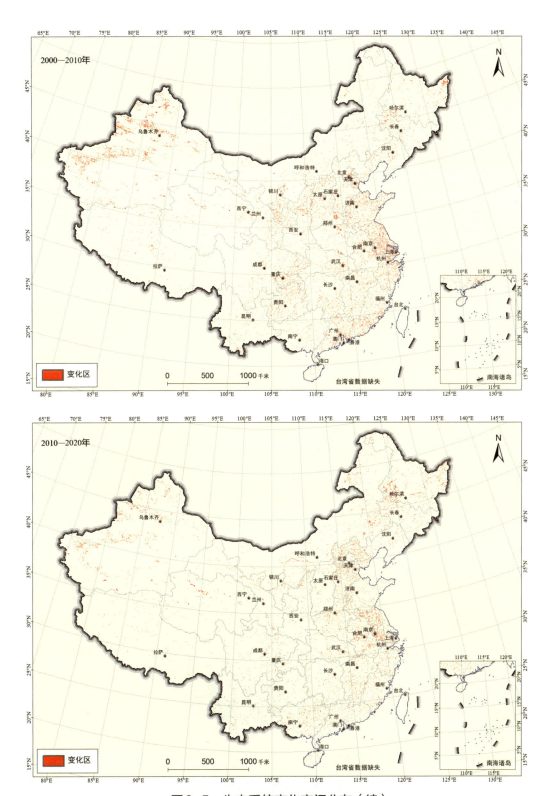

图3-5 生态系统变化空间分布（续）

第二节　全国自然生态资产

一、自然生态资产面积

2020年，全国森林、灌丛和草地三大类自然生态资产总面积为544.47万 km²，占国土总面积的56.72%。草地和森林生态资产面积较大，分别为277.00万 km² 和200.92万 km²，各占自然生态资产总面积的50.88%和36.90%；灌丛面积最小，仅为66.55万 km²，仅占自然生态资产总面积的12.22%（图3-6、图3-7、表3-3）。

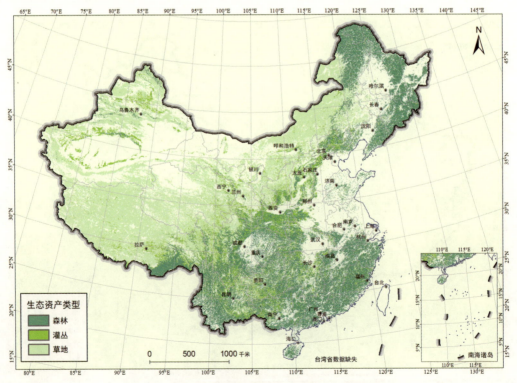

图3-6　全国自然生态资产空间分布（2020年）

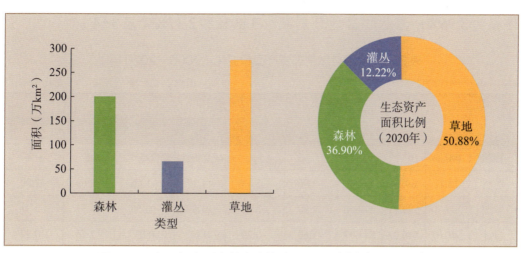

图3-7 全国各类型自然生态资产面积及比例（2020年）

表3-3 全国各类型自然生态资产面积及比例（2020年）

生态资产	面积（万km²）	占国土面积比例（%）	占生态资产总面积比例（%）
森林	200.92	20.93	36.90
灌丛	66.55	6.93	12.22
草地	277.00	28.85	50.88
合计	544.47	56.72	100.00

2000—2020年，全国自然生态资产总面积小幅下降，自然生态资产面积由2000年的546.07万km²下降到2020年的544.47万km²，降幅为0.29%。其中，森林生态资产增加5.55%，灌丛减少5.48%，草地减少2.91%（表3-4）。

2000—2010年，全国自然生态资产总面积有所增加，自然生态资产面积由2000年的546.07万km²上升到2010年的546.22万km²，增幅为0.03%。生态资产面积增加最多的是森林，增加了2.91万km²，增幅为1.53%；灌丛和草地分别减少1.66%和0.56%（表3-4）。

2010—2020年，全国自然生态资产总面积有所下降，自然生态资产面积由2010年的546.22万km²下降到2020年的544.47万km²，降幅为0.32%。自然生态资产面积增加最多的是森林，增加了7.65万km²，增幅为3.96%；灌丛和草地分别减少3.89%和2.37%（表3-4）。

表3-4 全国自然生态资产面积变化（2000—2020年）

单位：面积、变化量（万km²），变化率（%）

生态资产	2000年	2010年	2020年	2000—2020年		2000—2010年		2010—2020年	
				变化量	变化率	变化量	变化率	变化量	变化率
森林	190.36	193.27	200.92	10.56	5.55	2.91	1.53	7.65	3.96
灌丛	70.41	69.24	66.55	-3.86	-5.48	-1.17	-1.66	-2.69	-3.89
草地	285.30	283.71	277.00	-8.30	-2.91	-1.59	-0.56	-6.71	-2.37
合计	546.07	546.22	544.47	-1.60	-0.29	0.15	0.03	-1.75	-0.32

二、自然生态资产质量

（一）总体情况

2020年，全国森林、灌丛、草地生态资产质量整体尚可。地面植被总生物量为197.30亿吨，单位面积生物量为7448.76g/m²，覆盖度为50.09%。质量等级为中级以上的生态资产面积占比为49.16%。其中，优、良等级生态资产面积占比分别为14.92%和14.55%，主要分布在大小兴安岭、长白山地区、内蒙古高原东部、新疆天山山间盆地、青藏高原东南部以及云南大部。低、差质量等级的生态资产面积占比分别为21.70%和29.14%（表3-5，图3-8、图3-9）。

表3-5 全国生态资产质量等级构成（2020年）

质量等级	面积（万km²）	比例（%）
优	81.23	14.92
良	79.22	14.55
中	107.21	19.69
低	118.17	21.70
差	158.64	29.14

第三章 中国自然生态资产

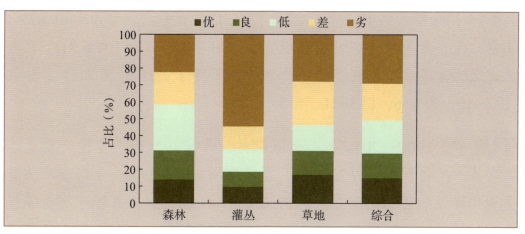

图3-8 全国不同质量等级生态资产面积比例（2020年）

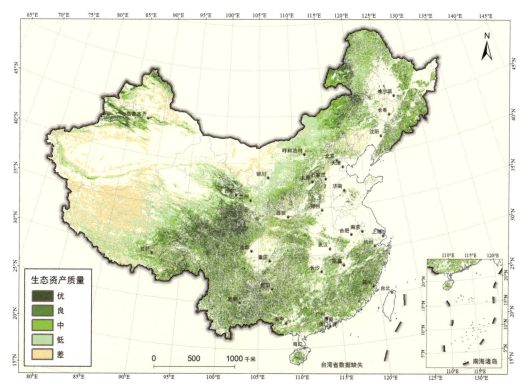

图3-9 全国自然生态资产质量空间格局（2020年）

2000—2020年，全国森林、灌丛、草地生态资产质量总体改善，生物量增幅为50.18%，覆盖度增幅为10.39%。生态资产质量提高和降低的面积比例分别为75.18%和20.11%。生态资产质量等级提高和降低的面积比例分别为61.77%和3.30%。中等级以上的生态资产面积比例由25.13%增加到49.16%，增加了24.03个百分点，增幅为48.87%；其中，优、良等级生态资产面积比例分别增加了11.51和6.81个百分点，低、差等级生态资产面积比例分别下降了7.81和16.21个百分点（图3-10，表3-6，图3-11、图3-12）。

其中，2000—2010年，全国森林、灌丛、草地生态资产质量总体改善，生物量增幅为22.43%，覆盖度增幅为4.29%。生态资产质量提高和降低的面积比例分别为51.62%和41.07%。生态资产质量等级提高和降低的面积比例分别为32.29%和17.84%。其中，优、良等级生态资产面积比例分别增加了3.72和0.11个百分点，低、差等级生态资产面积比例分别下降了4.14和2.87个百分点（图3-10，表3-6，图3-11、图3-12）。

2010—2020年，全国森林、灌丛、草地生态资产质量总体改善，生物量增幅为22.66%，覆盖度增幅为5.85%。生态资产质量提高和降低的面积比例分别为81.07%和14.13%。生态资产质量等级提高和降低的面积比例分别为55.01%和4.38%。中等级以上的生态资产面积比例由32.14%增加到49.16%，增加了17.02个百分点；其中，优、良等级生态资产面积比例分别增加了7.79和6.70个百分点，低、差等级生态资产面积比例分别下降了3.68和13.34个百分点（图3-10，表3-6，图3-11、图3-12）。

表3-6　全国自然生态资产质量等级变化（2000—2020年）

单位：面积、面积变化量（万km²），占比变化（%）

质量等级	2000年	2010年	2020年	2000—2020年		2000—2010年		2010—2020年	
				面积变化量	占比变化	面积变化量	占比变化	面积变化量	占比变化
优	18.61	38.93	81.23	62.62	11.51	20.32	3.72	42.30	7.79
良	42.26	42.90	79.22	36.96	6.81	0.63	0.11	36.32	6.70
中	76.38	93.73	107.21	30.83	5.70	17.36	3.17	13.48	2.53
低	161.19	138.63	118.17	−43.02	−7.81	−22.56	−4.14	−20.46	−3.68
差	247.64	232.03	158.64	−89.00	−16.21	−15.61	−2.87	−73.39	−13.34

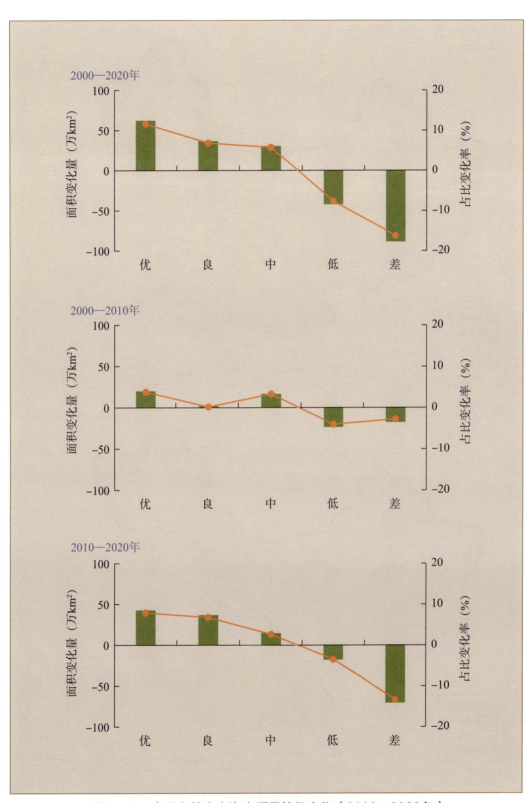

图3-10　全国自然生态资产质量等级变化（2000—2020年）

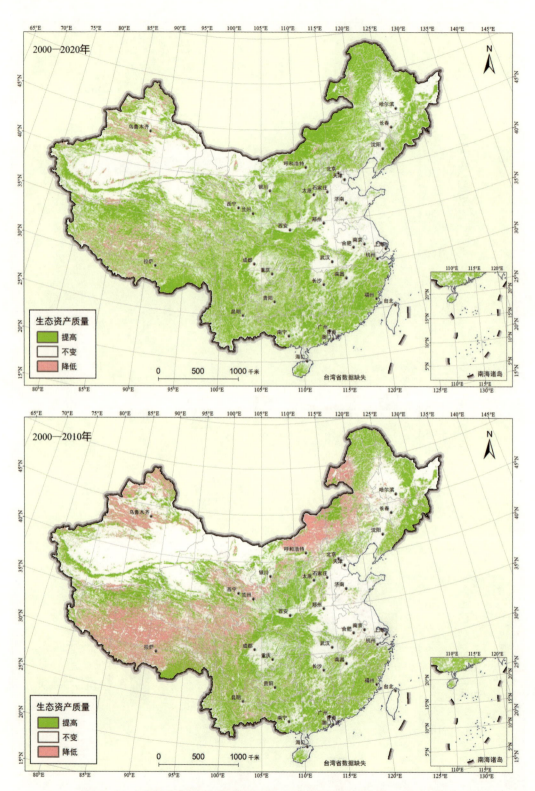

图3-11 全国自然生态资产质量变化空间分布（2000—2020年）

第三章 中国自然生态资产 33

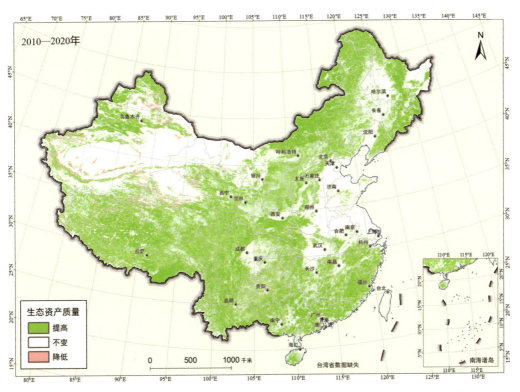

图3-11 全国自然生态资产质量变化空间分布（2000—2020年）（续）

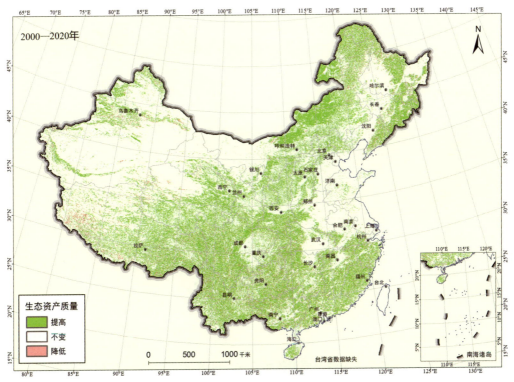

图3-12 全国自然生态资产质量等级变化空间分布（2000—2020年）

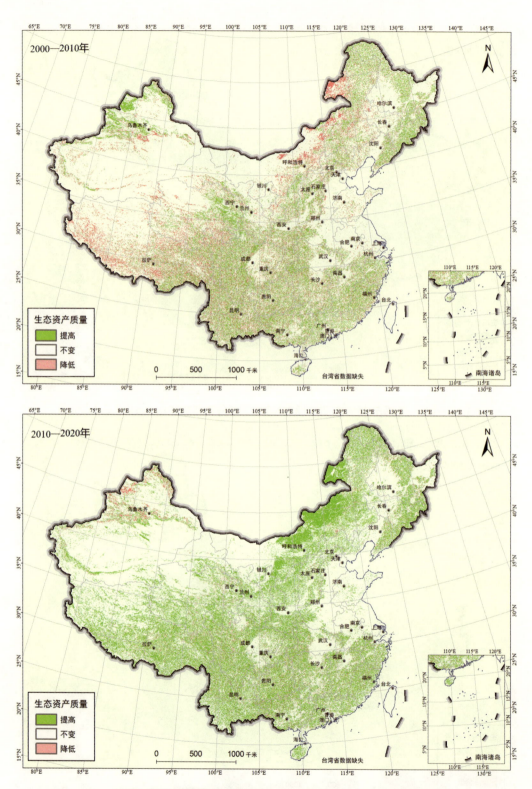

图3-12 全国自然生态资产质量等级变化空间分布(2000—2020年)(续)

（二）森林生态资产

2020年，全国森林生态资产质量整体较好，质量等级为中级及以上的森林资产占森林资产总面积的58.45%。其中，质量等级为优、良的森林生态资产面积比例分别为13.98%和17.10%，主要分布于大小兴安岭、秦巴山地、横断山区、南岭、武夷山区、海南中部山区等；质量为低与差等级的面积比例分别为19.14%和22.40%，主要分布在华北、新疆中部等地（表3-7，图3-13、图3-14）。

表3-7　全国森林生态资产质量等级构成（2020年）

质量等级	评价标准（%）	面积（万km²）	比例（%）
优	RBD≥85	28.09	13.98
良	70≤RBD<85	34.36	17.10
中	50≤RBD<70	55.01	27.38
低	25≤RBD<50	38.46	19.14
差	RBD<25	45.01	22.40

注：RBD（生物量密度指数）指评价单元的生物量与所在生态区原始天然林生物量的比值。

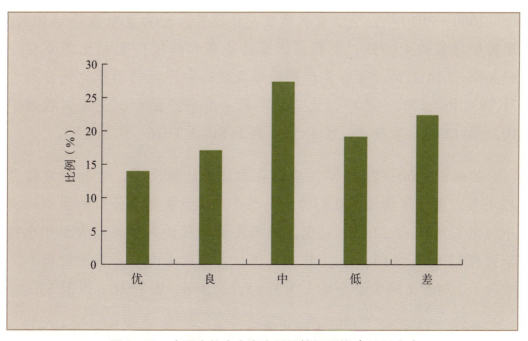

图3-13　全国森林生态资产质量等级现状（2020年）

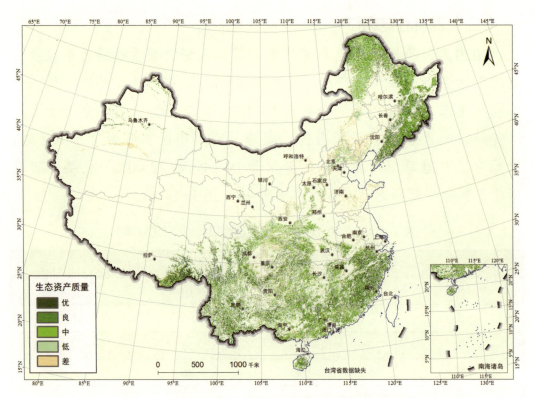

图3-14　全国森林生态资产质量空间特征（2020年）

2000—2020年，全国森林质量总体改善，生物量增幅为54.01%，覆盖度增幅为4.07%。生态资产质量提高和降低的面积比例分别为83.84%和14.81%。生态资产质量等级提高和降低的面积比例分别为71.78%和4.57%。其中，优、良等级生态资产面积比例分别增加了10.78和12.68个百分点（图3-15，表3-8，图3-16、图3-17）。

其中，2000—2010年，全国森林质量总体改善，生物量增幅为22.42%，覆盖度增幅为0.83%。生态资产质量提高和降低的面积比例分别为72.57%和22.57%。生态资产质量等级提高和降低的面积比例分别为42.85%和14.64%。其中，优、良等级生态资产面积比例分别增加了2.74和4.34个百分点（图3-15，表3-8，图3-16、图3-17）。

2010—2020年，全国森林质量总体改善，生物量增幅为25.81%，覆盖度增幅为3.21%。生态资产质量提高和降低的面积比例分别为

85.55%和13.12%。生态资产质量等级提高和降低的面积比例分别为58.22%和5.14%。其中，优、良等级生态资产面积比例分别增加了8.04和8.34个百分点（图3-15，表3-8，图3-16、图3-17）。

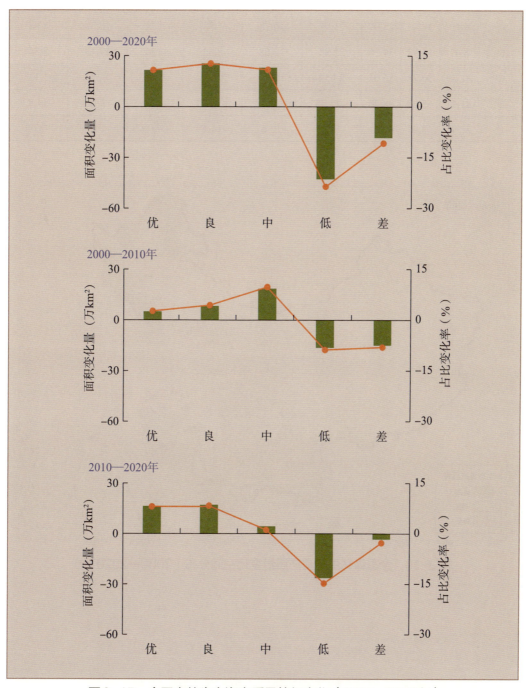

图3-15　全国森林生态资产质量等级变化（2000—2020年）

表3-8　全国森林生态资产质量等级变化（2000—2020年）

单位：面积、面积变化量（万km²），占比变化（%）

质量等级	2000年	2010年	2020年	2000—2020年		2000—2010年		2010—2020年	
				面积变化量	占比变化	面积变化量	占比变化	面积变化量	占比变化
优	6.10	11.48	28.09	21.99	10.78	5.38	2.74	16.61	8.04
良	8.41	16.93	34.36	25.95	12.68	8.52	4.34	17.43	8.34
中	31.49	50.73	55.01	23.52	10.84	19.24	9.71	4.28	1.13
低	81.41	65.67	38.46	-42.95	-23.62	-15.74	-8.79	-27.21	-14.83
差	62.96	48.47	45.01	-17.95	-10.67	-14.49	-7.99	-3.46	-2.68

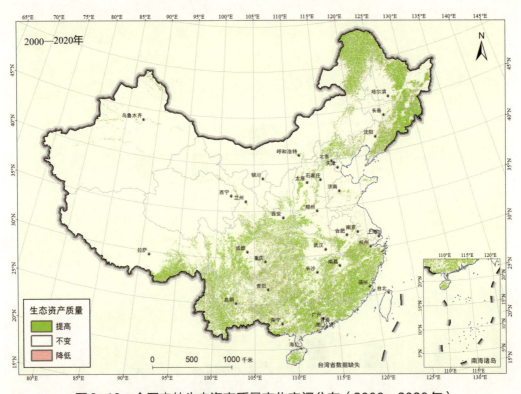

图3-16　全国森林生态资产质量变化空间分布（2000—2020年）

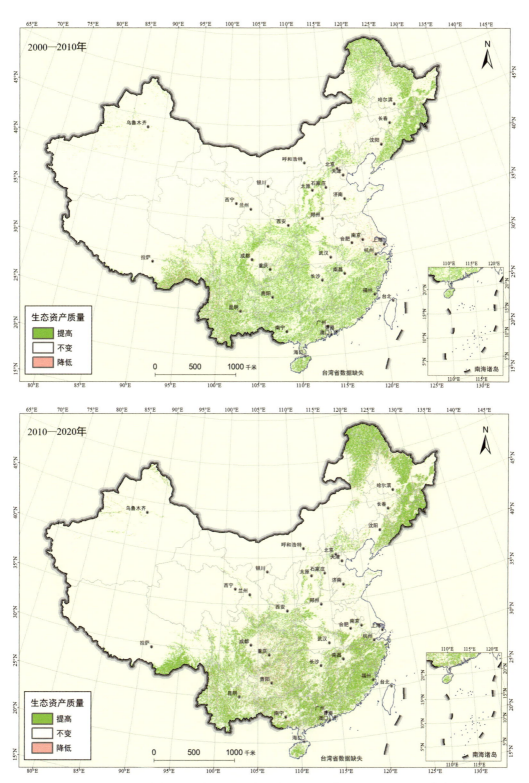

图3-16 全国森林生态资产质量变化空间分布（2000—2020年）（续）

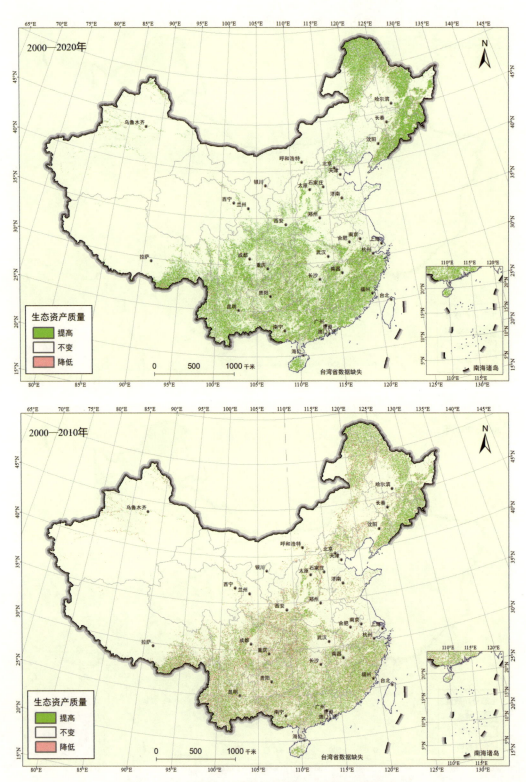

图3-17 全国森林生态资产质量等级变化空间分布

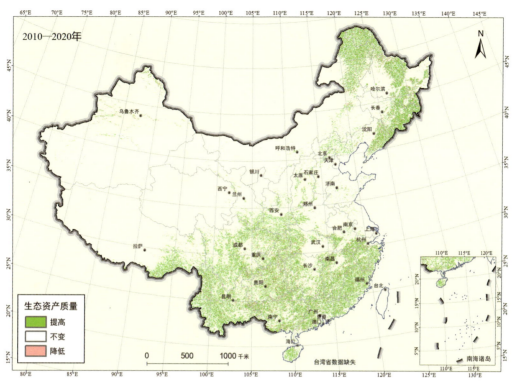

图3-17 全国森林生态资产质量等级变化空间分布（续）

（三）灌丛生态资产

2020年，全国灌丛生态资产质量整体较低。质量等级在中级及以上的灌丛生态资产面积占灌丛总面积的32.19%。其中，质量等级为优、良的灌丛生态资产面积比例分别为9.68%、8.85%，主要分布在青藏高原东部、秦巴山区以及云贵高原的高海拔地区；质量等级为低与差的灌丛资产面积约占灌丛资产总面积的67.81%（表3-9，图3-18、图3-19）。

表3-9 全国灌丛生态资产质量等级构成（2020年）

质量等级	评价标准（%）	面积（km²）	比例（%）
优	RBD≥85	6.44	9.68
良	70≤RBD<85	5.89	8.85
中	50≤RBD<70	9.10	13.67
低	25≤RBD<50	8.83	13.27
差	RBD<25	36.30	54.54

注：RBD（生物量密度指数）指评价单元的生物量与所在生态区原始天然灌丛生物量的比值。

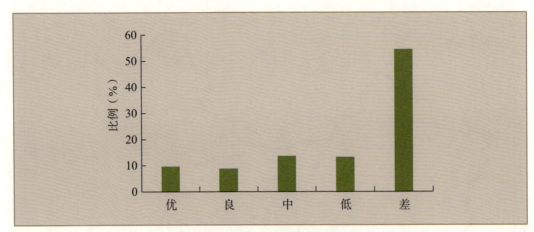

图3-18 全国灌丛生态资产质量等级现状（2020年）

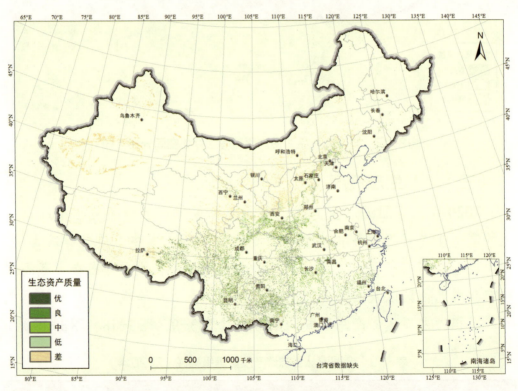

图3-19 全国灌丛生态资产质量空间特征（2020年）

2000—2020年，全国灌丛质量总体改善，生物量增幅为38.16%，覆盖度增幅为11.05%。生态资产质量提高和降低的面积比例分别为66.11%和28.53%。生态资产质量等级提高和降低的面积比例分别为62.76%和3.58%。其中，优、良等级灌丛生态资产面积比例分别增加了7.96和

6.20个百分点（图3-20，表3-10，图3-21、图3-22）。

其中，2000—2010年，全国灌丛质量总体改善，生物量增幅为24.41%，覆盖度增幅为4.41%。生态资产质量提高和降低的面积比例分别为62.97%和23.03%。生态资产质量等级提高和降低的面积比例分别为46.78%和32.06%。其中，优、良等级灌丛生态资产面积比例分别增加了2.48和3.08个百分点（图3-20，表3-10，图3-21、图3-22）。

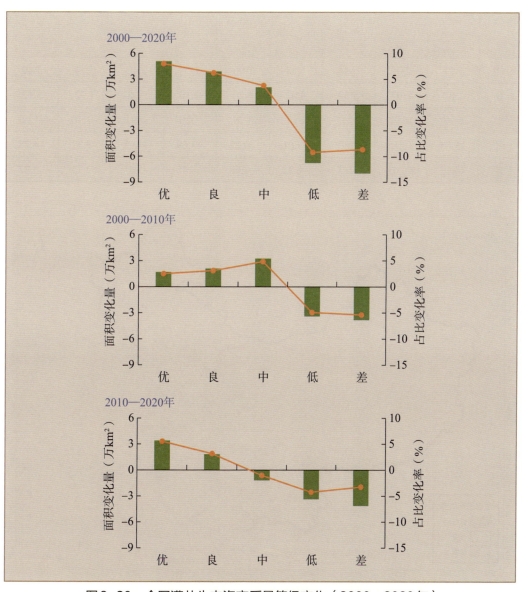

图3-20　全国灌丛生态资产质量等级变化（2000—2020年）

2010—2020年，全国灌丛质量总体改善，生物量增幅为11.05%，覆盖度增幅为6.36%。生态资产质量提高和降低的面积比例分别为66.46%和28.54%。生态资产质量等级提高和降低的面积比例分别为56.06%和4.29%。其中，优、良等级灌丛生态资产面积比例分别增加了5.49和3.12个百分点（图3-20，表3-10，图3-21、图3-22）。

表3-10 全国灌丛生态资产质量等级变化（2000—2020年）

单位：面积、面积变化量（万km²），占比变化（%）

质量等级	2000年	2010年	2020年	2000—2020年		2000—2010年		2010—2020年	
				面积变化量	占比变化	面积变化量	占比变化	面积变化量	占比变化
优	1.21	2.90	6.44	5.23	7.96	1.70	2.48	3.54	5.49
良	1.87	3.97	5.89	4.02	6.20	2.10	3.08	1.92	3.12
中	6.99	10.20	9.1	2.11	3.74	3.20	4.80	−1.10	−1.06
低	15.84	12.15	8.83	−7.01	−9.22	−3.69	−4.95	−3.32	−4.28
差	44.52	40.03	36.3	−8.22	−8.68	−4.48	−5.41	−3.73	−3.27

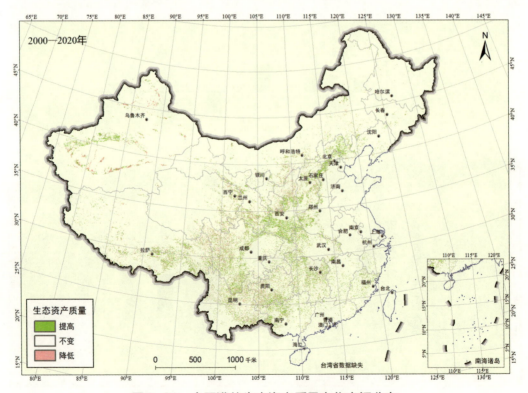

图3-21 全国灌丛生态资产质量变化空间分布

第三章 中国自然生态资产

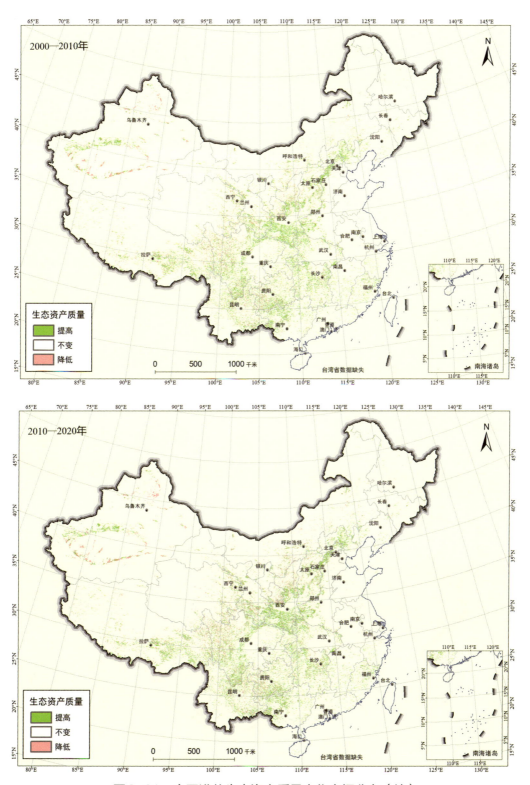

图3-21 全国灌丛生态资产质量变化空间分布（续）

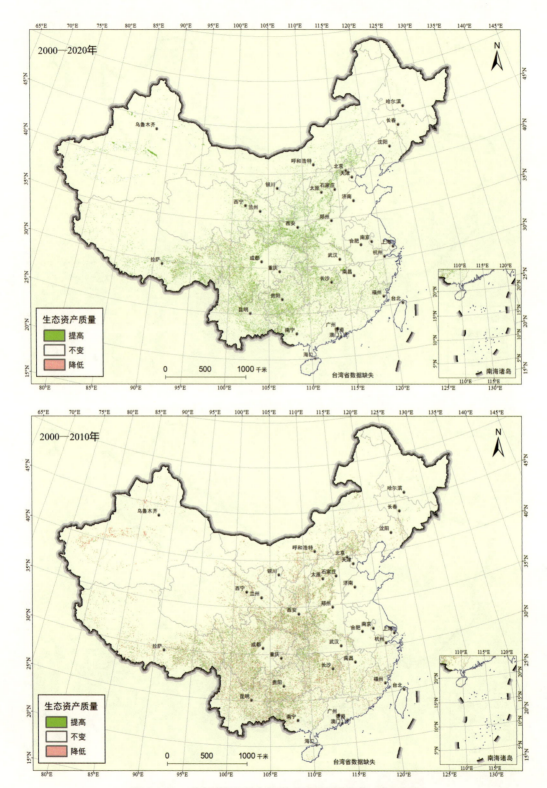

图3-22 全国灌丛生态资产质量等级变化空间分布

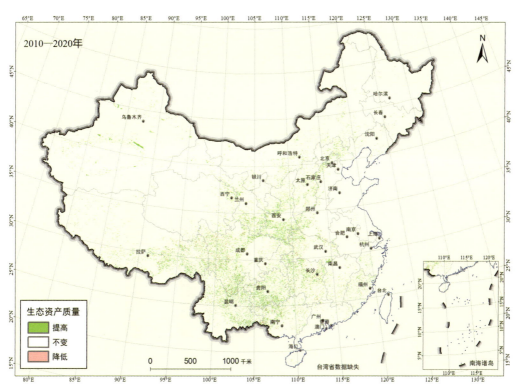

图3-22 全国灌丛生态资产质量等级变化空间分布（续）

（四）草地生态资产

2020年，全国草地生态资产质量尚可。质量等级在中级及以上的草地生态资产占草地资产总面积的46.50%。其中，质量等级为优、良的草地生态资产面积比例分别为16.86%和14.07%，主要分布于内蒙古东部、青藏高原东南部、横断山区、新疆伊犁以及云贵高原部分地区；质量等级为低与差的草地资产面积比例分别为25.59%和27.92%，主要分布于青藏高原西部、新疆天山南部、内蒙古西部等地（表3-11，图3-23、图3-24）。

表3-11 全国草地生态资产质量等级构成（2020年）

质量等级	评价标准（%）	面积（万km²）	比例（%）
优	C≥85	46.71	16.86
良	70≤C<85	38.97	14.07

（续）

质量等级	评价标准（%）	面积（万km²）	比例（%）
中	50≤C<70	43.11	15.56
低	25≤C<50	70.88	25.59
差	C<25	77.33	27.92

注：C（植被覆盖度）指评价单元的植被覆盖度。

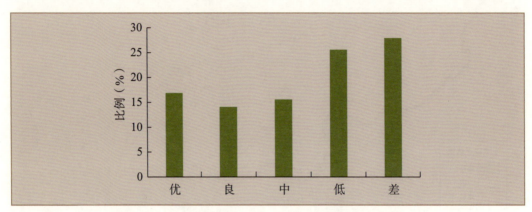

图3-23　全国草地生态资产质量等级现状（2020年）

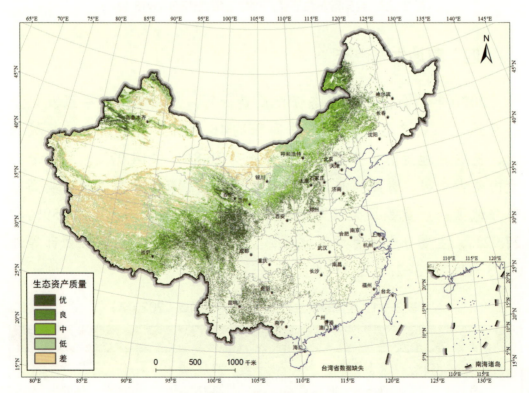

图3-24　全国草地生态资产质量空间特征（2020年）

2000—2020年，全国草地质量总体改善，覆盖度增幅为23.75%。生态资产质量提高和降低的面积比例分别为71.10%和21.93%。生态资产质量等级提高和降低的面积比例分别为52.67%和2.10%。其中，优、良等级草地生态资产面积占比分别增加了12.90和2.86个百分点（表3-12，图3-25至图3-27）。

其中，2000—2010年，全国草地质量总体改善，覆盖度增幅为12.04%。生态资产质量提高和降低的面积比例分别为34.03%和58.47%。生态资产质量等级提高和降低的面积比例分别为18.88%和16.64%。其中，优等级草地生态资产面积占比增加了4.69个百分点（表3-12，图3-25至图3-27）。

2010—2020年，全国草地质量总体改善，覆盖度增幅为10.45%。生态资产质量提高和降低的面积比例分别为81.27%和11.49%。生态资产质量等级提高和降低的面积比例分别为51.89%和3.74%。其中，优、良等级草地生态资产面积占比分别增加了8.21和6.32个百分点（表3-12，图3-25至图3-27）。

表3-12　全国草地生态资产质量等级变化（2000—2020年）

单位：面积、面积变化量（万km^2），占比变化（%）

质量等级	2000年	2010年	2020年	2000—2020年		2000—2010年		2010—2020年	
				面积变化量	占比变化	面积变化量	占比变化	面积变化量	占比变化
优	11.31	24.55	46.71	35.40	12.90	13.24	4.69	22.16	8.21
良	31.98	22.00	38.97	6.99	2.86	-9.98	-3.46	16.97	6.31
中	37.90	32.82	43.11	5.21	2.28	-5.08	-1.72	10.29	4.00
低	63.94	60.82	70.88	6.94	3.18	-3.13	-0.98	10.06	4.15
差	140.16	143.53	77.33	-62.83	-21.21	3.37	1.46	-66.20	-22.67

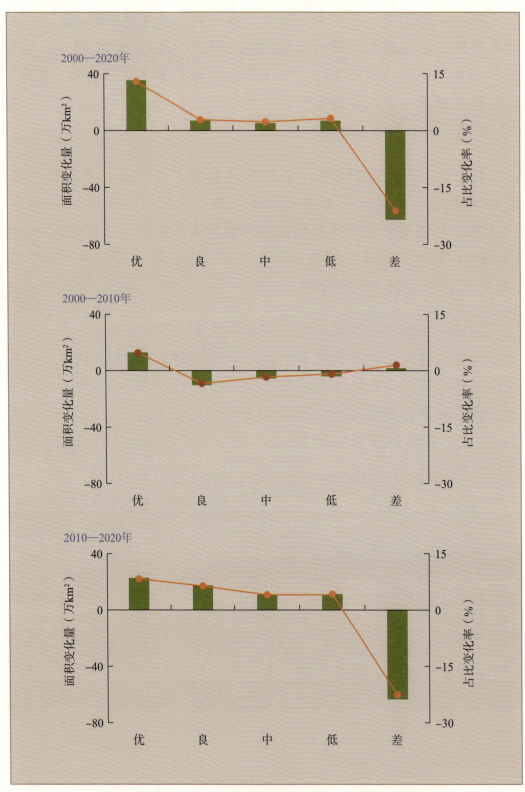

图 3-25　全国草地生态资产质量等级变化（2000—2020 年）

第三章 中国自然生态资产

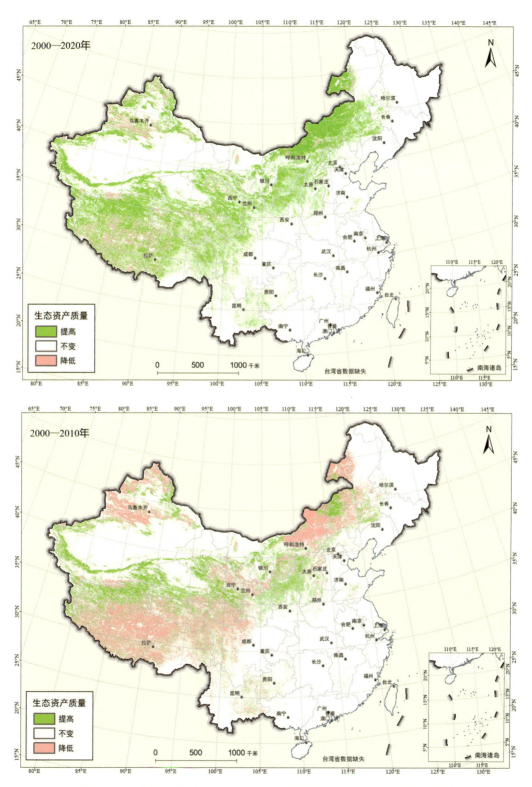

图3-26 全国草地生态资产质量变化空间分布（2000—2020年）

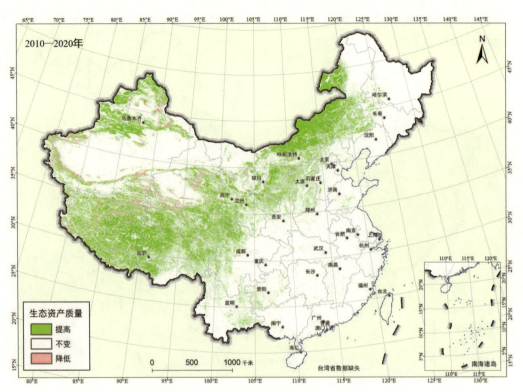

图3-26 全国草地生态资产质量变化空间分布（2000—2020年）（续）

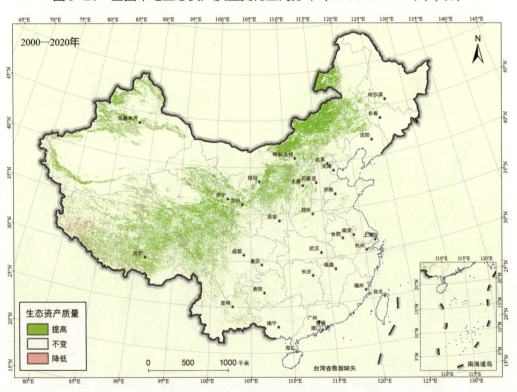

图3-27 全国草地生态资产质量等级变化空间分布（2000—2020年）

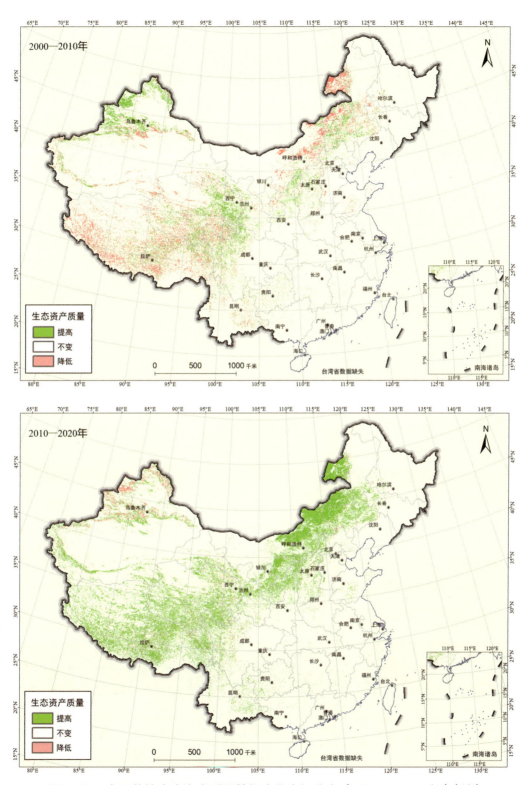

图3-27 全国草地生态资产质量等级变化空间分布（2000—2020年）（续）

三、自然生态资产实物量

2020年,全国自然生态资产总面积为544.47万 km^2,包括森林、灌丛和草地。其中,草地和森林是我国主要的生态资产类型,面积分别为277.00万 km^2 和200.92万 km^2,各占自然生态资产总面积的50.88%和36.90%;灌丛面积最小,仅为66.55万 km^2,仅占自然生态资产总面积的12.22%(表3-13)。全国自然生态资产质量整体尚可,中等级以上的生态资产面积占比为49.16%。其中,优、良等级生态资产面积占比分别为14.92%和14.55%。

2000—2020年,全国森林、灌丛、草地生态资产质量总体改善,生物量增幅为50.18%,覆盖度增幅为10.39%。生态资产质量提高和降低的面积比例分别为75.18%和20.11%,生态资产质量等级提高和降低的面积比例分别为61.77%和3.30%。中级及以上的生态资产面积比例由25.13%增加到49.16%,增加了24.03个百分点;其中,优、良等级生态资产面积占比分别增加了11.51和6.81个百分点(表3-14)。

其中,2000—2010年,生态资产质量等级提高和降低的面积比例分别为32.29%和17.84%,中级及以上的生态资产面积比例由25.13%增加到32.14%,增加了7.01个百分点(表3-15);2010—2020年生态资产质量等级提高和降低的面积比例分别为55.01%和4.38%。中级及以上的生态资产面积比例由32.14%增加到49.16%,增加了17.02个百分点(表3-16)。

表3-13 生态资产实物量核算表(2020)

生态资产	生态资产科目	质量等级(万 km^2)					
		合计	优	良	中	低	差
自然生态系统	森林	200.92	28.09	34.36	55.01	38.46	45.01
	灌丛	66.55	6.44	5.89	9.10	8.83	36.3
	草地	277.00	46.71	38.97	43.11	70.88	77.33
自然生态资产总计		544.47	81.24	79.22	107.22	118.17	158.64

表3-14 生态资产实物量变化表（2000—2020年）

单位：万 km²

生态资产类别	科目	各质量等级的面积											
		优			良			中			低			差		
		期初	期末	变化量	期初	期末	变化量	期初	期末	变化量	期初	期末	变化量	期初	期末	变化量
自然生态系统	森林	6.10	28.09	21.99	8.41	34.36	25.95	31.49	55.01	23.52	81.41	38.46	-42.95	62.96	45.01	-17.95
	灌丛	1.21	6.44	5.23	1.87	5.89	4.02	6.99	9.10	2.11	15.84	8.83	-7.01	44.52	36.30	-8.22
	草地	11.31	46.71	35.40	31.98	38.97	6.99	37.90	43.11	5.21	63.94	70.88	6.94	140.16	77.33	-62.83

表3-15 生态资产实物量变化表（2000—2010年）

单位：万 km²

生态资产类别	科目	各质量等级的面积											
		优			良			中			低			差		
		期初	期末	变化量	期初	期末	变化量	期初	期末	变化量	期初	期末	变化量	期初	期末	变化量
自然生态系统	森林	6.10	11.48	5.38	8.41	16.93	8.52	31.49	50.73	19.24	81.41	65.67	-15.74	62.96	48.47	-14.49
	灌丛	1.21	2.90	1.70	1.87	3.97	2.10	6.99	10.20	3.20	15.84	12.15	-3.69	44.52	40.03	-4.48
	草地	11.31	24.55	13.24	31.98	22.00	-9.98	37.90	32.82	-5.08	63.94	60.82	-3.13	140.16	143.53	3.37

表3-16 生态资产实物量变化表（2010—2020年）

单位：万 km²

生态资产类别	科目	各质量等级的面积											
		优			良			中			低			差		
		期初	期末	变化量	期初	期末	变化量	期初	期末	变化量	期初	期末	变化量	期初	期末	变化量
自然生态系统	森林	11.48	28.09	16.61	16.93	34.36	17.43	50.73	55.01	4.28	65.67	38.46	-27.21	48.47	45.01	-3.46
	灌丛	2.90	6.44	3.54	3.97	5.89	1.92	10.19	9.10	-1.10	12.15	8.83	-3.32	40.03	36.30	-3.73
	草地	24.55	46.71	22.16	22.00	38.97	16.97	32.82	43.11	10.29	60.82	70.88	10.06	143.53	77.33	-66.20

第三节　省（自治区、直辖市）自然生态资产

一、各省（自治区、直辖市）自然生态资产面积

全国各省（自治区、直辖市）自然生态资产面积以西藏、内蒙古和新疆最大，分别为100.17万 km^2、70.51万 km^2 和62.69万 km^2，各占自然生态资产总面积的18.40%、12.95%和11.51%；其次是青海、四川、云南，自然生态资产面积分别为41.37万 km^2、36.67万 km^2 和30.18万 km^2，各占自然生态资产总面积的7.60%、6.74%和5.54%；江苏、天津、上海等占比较小（图3-28，表3-17）。

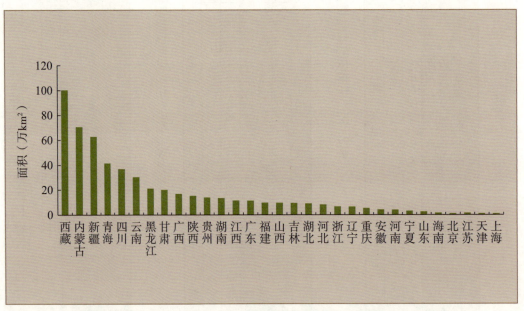

图3-28　各省（自治区、直辖市）自然生态资产面积（2020年）

表3-17　各省（自治区、直辖市）自然生态资产面积统计（2020年）

省份	面积（万km²）	占总面积比例（%）	省份	面积（万km²）	占总面积比例（%）
北京	0.93	0.17	湖北	8.95	1.64
天津	0.05	0.01	湖南	13.34	2.45
河北	8.09	1.49	广东	11.27	2.07
山西	9.51	1.75	广西	16.75	3.08
内蒙古	70.51	12.95	海南	1.47	0.27
辽宁	6.41	1.18	重庆	5.24	0.96
吉林	9.35	1.72	四川	36.67	6.74
黑龙江	21.00	3.86	贵州	13.85	2.54
上海	0.02	0.00	云南	30.18	5.54
江苏	0.48	0.09	西藏	100.17	18.40
浙江	6.53	1.20	陕西	15.18	2.79
安徽	4.10	0.75	甘肃	20.00	3.67
福建	9.63	1.77	青海	41.37	7.60
江西	11.39	2.09	宁夏	2.99	0.55
山东	2.44	0.45	新疆	62.69	11.51
河南	3.90	0.72			

空间上，森林生态资产主要分布在云南、黑龙江、四川和内蒙古等省（自治区），各占森林资产总面积的10.16%、10.14%、8.40%和8.11%；灌丛生态资产主要分布在四川、西藏和新疆等省（自治区），各占灌丛资产总面积的12.26%、11.47%和11.46%；草地生态资产主要分布在西藏、新疆、内蒙古和青海等省（自治区），各占草地资产总面积的30.12%、18.93%、18.45%和13.89%（图3-29，表3-18）。

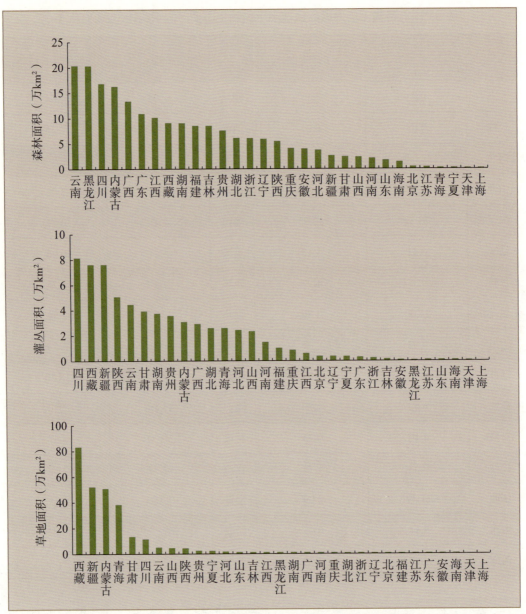

图 3-29 各省（自治区、直辖市）各类生态资产面积（2020 年）

表 3-18 各省（自治区、直辖市）各类生态资产面积统计（2020 年）

单位：面积（万 km²），占比（%）

省份	森林		灌丛		草地	
	面积	占比	面积	占比	面积	占比
北京	0.48	0.24	0.38	0.57	0.08	0.03
天津	0.03	0.01	0.01	0.02	0.00	0.00

（续）

省份	森林		灌丛		草地	
	面积	占比	面积	占比	面积	占比
河北	3.72	1.85	2.45	3.68	1.92	0.69
山西	2.37	1.18	2.35	3.53	4.80	1.73
内蒙古	16.30	8.11	3.10	4.65	51.11	18.45
辽宁	5.94	2.96	0.38	0.58	0.09	0.03
吉林	8.54	4.25	0.17	0.25	0.64	0.23
黑龙江	20.38	10.14	0.09	0.14	0.53	0.19
上海	0.02	0.01	0.00	0.00	0.00	0.00
江苏	0.42	0.21	0.04	0.05	0.02	0.01
浙江	6.09	3.03	0.25	0.38	0.18	0.07
安徽	3.97	1.97	0.11	0.17	0.01	0.00
福建	8.55	4.26	1.04	1.56	0.04	0.02
江西	10.18	5.07	0.62	0.93	0.59	0.21
山东	1.75	0.87	0.04	0.06	0.65	0.23
河南	2.12	1.05	1.50	2.26	0.28	0.10
湖北	6.13	3.05	2.61	3.93	0.20	0.07
湖南	9.07	4.52	3.76	5.65	0.51	0.18
广东	10.94	5.45	0.31	0.47	0.02	0.01
广西	13.39	6.67	2.94	4.41	0.42	0.15
海南	1.43	0.71	0.04	0.06	0.01	0.00
重庆	4.12	2.05	0.88	1.32	0.25	0.09
四川	16.88	8.40	8.16	12.26	11.64	4.20
贵州	7.60	3.78	3.58	5.38	2.67	0.97
云南	20.42	10.16	4.47	6.72	5.29	1.91
西藏	9.11	4.54	7.63	11.47	83.42	30.12
陕西	5.50	2.74	5.08	7.63	4.59	1.66
甘肃	2.45	1.22	3.95	5.93	13.60	4.91
青海	0.29	0.14	2.61	3.92	38.47	13.89
宁夏	0.07	0.04	0.37	0.56	2.54	0.92
新疆	2.64	1.31	7.63	11.46	52.43	18.93

2000—2020年,全国各省(自治区、直辖市)自然生态资产面积普遍下降。其中,自然生态资产面积减少最多的是新疆,面积减少了5.58万 km²;排名第二的是内蒙古,面积减少了2.66万 km²;排名第三的是西藏,面积减少了2.51万 km²(表3-19)。

2000—2010年,全国各省(自治区、直辖市)自然生态资产面积普遍下降。其中,自然生态资产面积减少最多的是新疆,面积减少了4.33万 km²;排名第二的是内蒙古,面积减少了0.52万 km²;排名第三的是云南,面积减少了0.31万 km²(表3-19)。

2010—2020年,全国各省(自治区、直辖市)自然生态资产面积普遍下降。其中,自然生态资产面积减少最多的是西藏,面积减少了4.16万 km²;排名第二的是内蒙古,面积减少了2.14万 km²;排名第三的是新疆,面积减少了1.25万 km²(表3-19)。

表3-19 各省(自治区、直辖市)自然生态资产面积变化(2000—2020年)

单位:万 km²

省份	面积			面积变化		
	2000年	2010年	2020年	2000—2020年	2000—2010年	2010—2020年
北京	0.89	0.94	0.93	0.04	0.05	0.00
天津	0.05	0.06	0.05	0.00	0.00	−0.01
河北	7.93	8.03	8.09	0.16	0.10	0.06
山西	9.46	9.60	9.51	0.05	0.13	−0.09
内蒙古	73.17	72.65	70.51	−2.66	−0.52	−2.14
辽宁	6.48	6.49	6.41	−0.07	0.01	−0.08
吉林	9.21	9.40	9.35	0.15	0.19	−0.05
黑龙江	20.93	21.02	21.00	0.06	0.09	−0.03
上海	0.00	0.00	0.02	0.02	0.00	0.02
江苏	0.32	0.34	0.48	0.16	0.02	0.14
浙江	6.45	6.52	6.53	0.07	0.07	0.00
安徽	3.99	3.85	4.10	0.10	−0.14	0.24
福建	9.82	9.73	9.63	−0.19	−0.09	−0.10
江西	11.56	11.42	11.39	−0.17	−0.14	−0.03

（续）

省份	面积			面积变化		
	2000年	2010年	2020年	2000—2020年	2000—2010年	2010—2020年
山东	2.50	2.53	2.44	−0.06	0.04	−0.09
河南	3.88	3.92	3.90	0.03	0.04	−0.01
湖北	8.94	9.08	8.95	0.01	0.14	−0.13
湖南	13.39	13.50	13.34	−0.05	0.11	−0.16
广东	11.14	11.19	11.27	0.13	0.05	0.08
广西	16.29	16.34	16.75	0.46	0.05	0.41
海南	0.97	0.99	1.47	0.50	0.02	0.48
重庆	5.25	5.04	5.24	−0.01	−0.22	0.20
四川	35.43	35.77	36.67	1.25	0.35	0.90
贵州	12.46	12.83	13.85	1.40	0.37	1.02
云南	29.23	28.91	30.18	0.96	−0.31	1.27
西藏	102.68	104.32	100.17	−2.51	1.65	−4.16
陕西	14.54	14.78	15.18	0.64	0.24	0.40
甘肃	17.69	18.41	20.00	2.31	0.72	1.59
青海	40.61	41.82	41.37	0.76	1.21	−0.45
宁夏	2.54	2.78	2.99	0.46	0.25	0.21
新疆	68.28	63.94	62.69	−5.58	−4.33	−1.25

二、各省（自治区、直辖市）自然生态资产质量

（一）总体情况

从省域来看，优、良等级自然生态资产面积较大的省份有内蒙古、西藏、四川、青海、云南、新疆等，以内蒙古最大，其优、良等级自然生态资产面积为18.5万km^2；优、良等级自然生态资产面积比例较高的省份有福建、海南、四川、山西、云南等，以福建省最高，其优、良等级自然生态资产面积比例为49.4%。北京、宁夏、新疆、天津、江苏、上海等地的自然生态资产质量较低（图3-30，表3-20）。

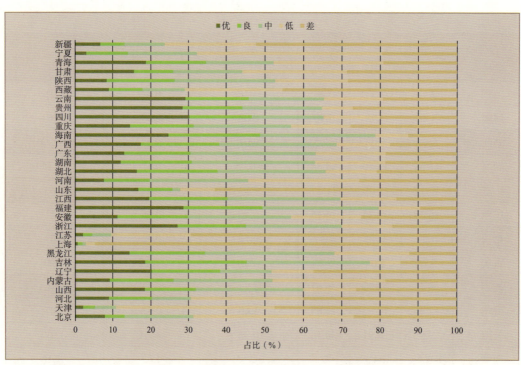

图 3-30 各省（自治区、直辖市）自然生态资产质量等级比例（2020年）

表 3-20 各省（自治区、直辖市）自然生态资产质量状况（2020年）

单位：面积（km²），占比（%）

省份	优		良		中		低		差	
	面积	占比	面积	占比	面积	占比	面积	占比	面积	占比
北京	736.4	7.9	589.5	6.3	1600.9	17.1	3881.2	41.5	2538.7	27.2
天津	10.5	2.1	15.5	3.1	28.2	5.7	206.9	41.5	236.8	47.6
河北	7306.1	9.0	9143.3	11.3	8280.2	10.2	23889.7	29.5	32274.0	39.9
山西	17586.4	18.5	26726.2	28.1	12633.0	13.3	12965.8	13.6	25178.0	26.5
内蒙古	65769.3	9.3	118794.5	16.8	181417.6	25.7	206587.6	29.3	132563.2	18.8
辽宁	12999.1	20.3	11662.3	18.2	8388.8	13.1	7052.5	11.0	24006.6	37.4
吉林	17333.2	18.5	24914.4	26.6	30063.5	32.1	7408.2	7.9	13795.5	14.8
黑龙江	30449.0	14.5	41805.9	19.9	70508.9	33.6	40731.3	19.4	26466.0	12.6
上海	1.4	0.7	2.4	1.2	1.6	0.8	4.7	2.4	184.0	94.8
江苏	102.1	2.1	113.7	2.4	243.9	5.1	987.3	20.8	3305.4	69.6
浙江	17761.3	27.2	11695.3	17.9	16351.4	25.1	8379.3	12.8	11067.2	17.0
安徽	4645.7	11.3	7602.4	18.6	10965.3	26.8	7480.9	18.3	10263.2	25.1
福建	27662.9	28.7	19951.1	20.7	29033.4	30.1	10454.9	10.9	9243.0	9.6

（续）

省份	优		良		中		低		差	
	面积	占比	面积	占比	面积	占比	面积	占比	面积	占比
江西	22324.6	19.6	23568.8	20.7	33270.1	29.2	16735.1	14.7	17972.4	15.8
山东	4094.3	16.8	2217.0	9.1	488.9	2.0	2216.7	9.1	15373.9	63.0
河南	2971.8	7.6	4727.4	12.1	10099.3	25.9	11274.2	28.9	9969.7	25.5
湖北	14678.6	16.4	19127.4	21.4	24906.9	27.8	11913.1	13.3	18850.0	21.1
湖南	16320.7	12.2	24996.0	18.7	42462.7	31.8	24624.2	18.5	25004.4	18.7
广东	14813.3	13.1	19681.6	17.5	36625.9	32.5	20569.5	18.2	21039.3	18.7
广西	29096.0	17.4	34976.5	20.9	50703.0	30.3	23259.6	13.9	29485.5	17.6
海南	3645.7	24.8	3544.7	24.1	4380.3	29.8	1260.4	8.6	1882.8	12.8
重庆	7694.0	14.7	8793.5	16.8	13210.2	25.2	8096.8	15.4	14625.2	27.9
四川	110968.3	30.3	60149.8	16.4	67630.3	18.4	54744.2	14.9	73223.2	20.0
贵州	39538.2	28.5	21746.4	15.7	28352.0	20.5	11042.0	8.0	37862.2	27.3
云南	88302.1	29.3	49881.5	16.5	58707.3	19.4	46323.1	15.3	58630.3	19.4
西藏	90636.2	9.0	88018.5	8.8	111792.5	11.2	255284.7	25.5	455926.0	45.5
陕西	12928.2	8.5	27294.2	18.0	39630.0	26.1	28560.4	18.8	43339.3	28.6
甘肃	31349.6	15.7	20814.0	10.4	35868.7	17.9	54454.2	27.2	57527.9	28.8
青海	77550.1	18.7	65712.9	15.9	72560.5	17.5	118073.1	28.5	79809.2	19.3
宁夏	919.3	3.1	3310.6	11.1	5413.7	18.1	14377.7	48.1	5891.4	19.7
新疆	42153.1	6.7	40575.6	6.5	66510.6	10.6	148872.6	23.7	328823.6	52.4

2000—2020年，大多数省（自治区、直辖市）的自然生态资产质量得到改善。其中，四川、云南、西藏、青海、内蒙古等省份优等级自然生态资产面积增加较大（表3-21）。

表3-21 各省（自治区、直辖市）自然生态资产质量变化（2000—2020年）

单位：面积变化量（km²），占比变化（%）

名称	优		良		中		低		差	
	面积变化量	占比变化	面积变化量	占比变化	面积变化量	占比变化	面积变化量	占比变化	面积变化量	占比变化
北京	642.0	6.8	107.1	0.9	1221.3	12.9	1030.3	9.5	-2554.7	-30.1
天津	9.0	1.8	-7.9	-1.3	-13.8	-2.2	92.4	20.2	-116.7	-18.5
河北	6802.1	8.4	5012.7	6.1	744.7	0.7	10307.3	12.4	-21270.1	-27.6

（续）

名称	优		良		中		低		差	
	面积变化量	占比变化	面积变化量	占比变化	面积变化量	占比变化	面积变化量	占比变化	面积变化量	占比变化
山西	17059.4	17.9	16890.2	17.7	−10922.4	−11.6	−9399.5	−10.0	−13168.0	−14.0
内蒙古	53779.3	7.7	89609.5	12.9	86719.9	12.8	−46475.8	−5.3	−210241.6	−28.0
辽宁	8765.8	13.7	7213.1	11.3	−998.8	−1.4	−12860.8	−19.7	−2802.5	−3.9
吉林	12682.8	13.5	18818.9	20.0	12305.4	12.9	−38435.4	−41.9	−3909.4	−4.5
黑龙江	22772.2	10.8	30180.1	14.4	31840.9	15.1	−62842.5	−30.1	−21318.1	−10.2
上海	1.3	0.5	2.4	1.2	1.6	0.8	4.7	2.4	147.3	−5.0
江苏	67.4	1.1	−5.3	−1.4	34.3	−1.5	358.6	0.9	1135.7	0.9
浙江	13115.9	20.0	5126.8	7.7	1375.9	1.9	−13798.2	−21.5	−5096.7	−8.1
安徽	3011.0	7.2	4994.2	12.0	3554.6	8.2	−6408.2	−16.5	−4127.0	−11.0
福建	20263.8	21.2	12178.5	12.8	3470.6	4.1	−30437.9	−30.8	−7368.3	−7.3
江西	17304.7	15.3	15853.8	14.0	9395.0	8.6	−34428.9	−29.6	−9810.3	−8.3
山东	3854.5	15.8	−1300.7	−5.0	−2349.2	−9.4	1619.7	6.7	−2403.6	−8.2
河南	2830.5	7.2	2556.4	6.5	5344.4	13.6	−2328.3	−6.2	−8120.2	−21.1
湖北	13003.6	14.5	15171.5	17.0	5753.9	6.4	−25140.3	−28.1	−8681.1	−9.7
湖南	13216.0	9.9	20100.4	15.1	21733.2	16.4	−40068.0	−29.8	−15495.7	−11.5
广东	11651.7	10.3	16008.8	14.2	17465.3	15.3	−34993.2	−31.6	−8800.8	−8.1
广西	23731.6	14.1	25626.6	15.1	16143.6	9.1	−51414.9	−32.0	−9472.7	−6.3
海南	3296.3	21.2	2973.8	18.2	1943.7	4.8	−3435.2	−39.6	191.5	−4.6
重庆	5003.9	9.6	3655.3	7.0	5981.6	11.4	−8659.9	−16.4	−6110.2	−11.6
四川	80506.9	21.7	−5561.1	−2.1	5158.9	0.8	−45719.8	−13.4	−21922.4	−6.9
贵州	28949.2	20.0	285.6	−1.5	9713.0	5.5	−26356.8	−22.1	1380.2	−2.0
云南	69801.0	22.9	6226.0	1.6	1976.6	0.0	−51430.6	−18.1	−17012.7	−6.5
西藏	68866.7	6.9	39823.9	4.1	10556.5	1.3	43045.4	4.8	−187387.2	−17.1
陕西	12217.6	8.0	24011.6	15.7	25879.8	16.7	−23246.4	−16.8	−32475.3	−23.6
甘肃	24302.4	11.7	3080.6	0.4	24328.2	11.4	8678.8	1.4	−37300.1	−24.8
青海	64735.2	15.6	171.1	−0.3	−1909.1	−0.8	16079.4	3.4	−71457.7	−18.0
宁夏	912.1	3.0	3253.3	10.8	5111.4	16.9	11954.5	38.5	−16669.3	−69.3
新疆	23075.3	3.9	7508.1	1.6	16780.4	3.3	44541.3	8.5	−147731.6	−17.3

2000—2010年，大多数省（自治区、直辖市）的自然生态资产质量得到改善。其中，四川、新疆、青海、西藏、云南等省（自治区）优等级自然生态资产面积增加较大（表3-22）。

表3-22 各省（自治区、直辖市）自然生态资产质量变化（2000—2010年）

单位：面积变化量（km²），占比变化（%）

名称	优		良		中		低		差	
	面积变化量	占比变化	面积变化量	占比变化	面积变化量	占比变化	面积变化量	占比变化	面积变化量	占比变化
北京	415.2	4.4	-172.8	-2.1	509.0	5.2	967.0	8.7	-1249.6	-16.2
天津	16.1	2.8	-8.1	-1.7	-11.2	-2.4	18.2	2.0	15.9	-0.8
河北	2541.4	3.2	-934.1	-1.2	-660.5	-0.9	9918.8	12.1	-9869.2	-13.1
山西	6564.8	6.8	1115.3	1.0	-5340.1	-5.9	6674.7	6.6	-7689.1	-8.6
内蒙古	10791.5	1.5	-1872.8	-0.2	-4884.8	-0.6	-9823.5	-1.1	582.4	0.4
辽宁	2309.0	3.5	3822.6	5.9	6155.6	9.5	-11154.6	-17.2	-1027.4	-1.7
吉林	2357.6	2.4	3603.5	3.7	16946.7	17.6	-17996.2	-20.2	-2992.7	-3.6
黑龙江	4408.1	2.1	6591.0	3.1	24100.5	11.4	-14822.7	-7.3	-19364.9	-9.3
上海	-0.1	-0.2	0.0	0.0	0.0	0.0	1.8	4.2	5.0	-4.1
江苏	-23.2	-0.8	-92.0	-3.0	-78.9	-2.8	123.4	2.3	302.3	4.2
浙江	3723.7	5.6	3035.0	4.5	2166.7	3.1	-5621.5	-9.0	-2608.0	-4.3
安徽	-567.4	-1.3	1002.8	2.8	3191.0	9.0	-3823.7	-8.7	-1201.1	-1.8
福建	6273.4	6.5	7343.3	7.6	4698.4	5.1	-13546.9	-13.5	-5666.1	-5.7
江西	2818.9	2.5	5872.6	5.2	11902.9	10.7	-14378.7	-12.1	-7587.2	-6.4
山东	235.3	0.9	-2167.6	-8.8	97.0	0.2	2115.1	8.3	87.1	-0.7
河南	825.2	2.1	-314.1	-0.9	3874.0	9.8	3373.6	8.2	-7335.0	-19.2
湖北	2641.5	2.9	5849.6	6.4	10967.6	11.7	-12400.2	-14.3	-5645.6	-6.7
湖南	2651.7	1.9	3984.9	2.9	17307.4	12.7	-10429.1	-8.1	-12441.6	-9.5
广东	3063.2	2.7	5467.3	4.9	12788.1	11.3	-11757.2	-10.7	-9046.6	-8.2
广西	5065.1	3.1	9979.0	6.1	20356.9	12.4	-24836.3	-15.3	-10078.0	-6.2
海南	291.8	2.9	657.7	6.5	1508.2	14.8	-1640.5	-17.4	-639.6	-6.8
重庆	1267.7	2.7	-704.0	-1.0	5245.2	11.0	-6144.0	-10.8	-1836.2	-1.9
四川	35397.6	9.8	-12191.4	-3.6	17429.8	4.7	-16316.8	-4.8	-20856.6	-6.1

（续）

名称	优		良		中		低		差	
	面积变化量	占比变化	面积变化量	占比变化	面积变化量	占比变化	面积变化量	占比变化	面积变化量	占比变化
贵州	10281.4	7.8	-3315.4	-3.1	12537.4	9.3	-13172.5	-11.1	-2593.4	-2.9
云南	14746.5	5.2	-2256.2	-0.6	19160.3	6.8	-22906.1	-7.6	-11888.8	-3.8
西藏	15448.1	1.4	-4633.8	-0.5	-13014.7	-1.4	-57478.0	-5.8	76137.3	6.3
陕西	3723.0	2.5	3814.1	2.5	10617.9	7.0	338.5	-0.4	-16090.2	-11.7
甘肃	12977.6	6.9	-5513.8	-3.4	4827.9	2.4	1323.3	-0.3	-6399.4	-5.6
青海	25038.5	5.9	-17132.2	-4.6	-4822.2	-1.7	18729.9	3.7	-9676.3	-3.4
宁夏	139.4	0.5	271.9	1.0	449.7	1.5	1750.6	5.4	-153.0	-8.4
新疆	27797.9	4.5	-4770.6	-0.4	-4443.1	-0.2	-2666.3	0.6	-59249.3	-4.5

2010—2020年，大多数省（自治区、直辖市）的自然生态资产质量得到改善。其中，云南、西藏、四川、内蒙古、青海等省（自治区）优等级自然生态资产面积增加较大（表3-23）。

表3-23 各省（自治区、直辖市）自然生态资产质量变化（2010—2020年）

单位：面积变化量（km²），占比变化（%）

名称	优		良		中		低		差	
	面积变化量	占比变化	面积变化量	占比变化	面积变化量	占比变化	面积变化量	占比变化	面积变化量	占比变化
北京	226.9	2.4	279.8	3.0	712.3	7.6	63.3	0.8	-1305.0	-13.9
天津	-7.1	-1.0	0.2	0.4	-2.7	0.2	74.3	18.1	-132.6	-17.7
河北	4260.7	5.2	5946.8	7.3	1405.1	1.7	388.6	0.3	-11400.9	-14.5
山西	10494.6	11.1	15774.9	16.7	-5582.4	-5.7	-16074.3	-16.6	-5478.9	-5.5
内蒙古	42987.8	6.2	91482.3	13.1	91604.7	13.4	-36652.3	-4.2	-210824.0	-28.5
辽宁	6456.7	10.2	3390.5	5.4	-7154.4	-10.9	-1706.3	-2.5	-1775.1	-2.3
吉林	10325.2	11.1	15215.4	16.3	-4641.3	-4.8	-20439.3	-21.7	-916.7	-0.9
黑龙江	18364.1	8.8	23589.1	11.2	7740.4	3.7	-48019.8	-22.8	-1953.1	-0.9
上海	1.4	0.7	2.4	1.2	1.6	0.8	2.9	-1.8	142.3	-0.9
江苏	90.6	1.8	86.7	1.6	113.1	1.3	235.2	-1.4	833.3	-3.3

（续）

名称	优		良		中		低		差	
	面积变化量	占比变化	面积变化量	占比变化	面积变化量	占比变化	面积变化量	占比变化	面积变化量	占比变化
浙江	9392.2	14.4	2091.8	3.2	-790.8	-1.2	-8176.7	-12.5	-2488.7	-3.8
安徽	3578.4	8.6	3991.3	9.2	363.7	-0.7	-2584.5	-7.9	-2925.9	-9.2
福建	13990.4	14.7	4835.2	5.2	-1227.8	-1.0	-16891.1	-17.2	-1702.1	-1.7
江西	14485.8	12.7	9981.1	8.8	-2507.9	-2.1	-20050.2	-17.5	-2223.0	-1.9
山东	3619.2	14.9	866.9	3.8	-2446.2	-9.6	-495.4	-1.6	-2490.7	-7.5
河南	2005.4	5.1	2870.5	7.4	1470.4	3.8	-5701.9	-14.4	-785.3	-1.9
湖北	10362.1	11.7	9321.8	10.6	-5213.8	-5.3	-12740.2	-13.8	-3035.5	-3.0
湖南	10564.4	8.0	16115.6	12.2	4425.8	3.7	-29638.9	-21.7	-3054.1	-2.0
广东	8588.4	7.6	10541.5	9.3	4677.2	3.9	-23236.0	-20.9	245.7	0.1
广西	18666.5	11.0	15647.6	9.0	-4213.3	-3.3	-26578.6	-16.6	605.4	-0.1
海南	3004.5	18.3	2316.2	11.7	435.5	-10.0	-1794.6	-22.2	831.1	2.2
重庆	3736.2	6.8	4359.3	8.0	736.4	0.4	-2515.8	-5.6	-4274.0	-9.6
四川	45109.3	11.8	6630.3	1.4	-12270.9	-3.9	-29403.1	-8.6	-1065.8	-0.8
贵州	18667.8	12.3	3601.0	1.6	-2824.4	-3.8	-13184.4	-10.9	3973.6	0.9
云南	55054.5	17.8	8482.2	2.2	-17183.7	-6.8	-28524.6	-10.5	-5123.9	-2.6
西藏	53418.5	5.5	44457.7	4.6	23571.2	2.7	100523.4	10.7	-263524.5	-23.4
陕西	8494.6	5.5	20197.5	13.2	15261.9	9.6	-23584.9	-16.5	-16385.0	-11.9
甘肃	11324.8	4.8	8594.4	3.8	19500.3	9.0	7355.5	1.6	-30900.7	-19.3
青海	39696.7	9.7	17303.3	4.3	2913.1	0.9	-2650.5	-0.3	-61781.4	-14.6
宁夏	772.7	2.5	2981.4	9.9	4661.6	15.4	10203.8	33.1	-16516.3	-60.9
新疆	-4722.6	-0.6	12278.7	2.0	21223.5	3.5	47207.6	7.8	-88482.3	-12.8

（二）森林生态资产

从省域来看，优、良等级森林生态资产面积较大的省份有云南、黑龙江、广西、四川、福建、西藏等，以云南省最大，其优、良等级森林生态资产面积为7.4万 km²；优、良等级森林生态资产面积比例较高的省（自治区）有福建、海南、西藏、吉林、浙江等，以福建省最高，其优、良等级森林生态资产面积比例为50.7%。宁夏、上海、天津、山东、江苏、河北等地的森林生态资产质量较低（表3-24，图3-31）。

表3-24 各省（自治区、直辖市）森林生态资产质量状况（2020年）

单位：面积（km²），占比（%）

省份	优		良		中		低		差	
	面积	占比	面积	占比	面积	占比	面积	占比	面积	占比
北京	66.3	1.4	300.9	6.3	1013.4	21.2	2146.5	44.9	1251.0	26.2
天津	0.1	0.0	1.0	0.3	11.7	3.7	143.0	45.7	157.2	50.2
河北	102.5	0.3	416.4	1.1	2725.3	7.3	15573.7	41.8	18422.0	49.5
山西	553.4	2.3	1250.9	5.3	4136.0	17.5	8700.4	36.8	9012.4	38.1
内蒙古	9604.9	5.9	17369.6	10.7	49032.3	30.1	48093.0	29.5	38930.7	23.9
辽宁	12140.1	20.4	11244.1	18.9	8133.9	13.7	6248.9	10.5	21646.7	36.4
吉林	15854.0	18.6	22462.8	26.3	27780.8	32.5	6199.2	7.3	13108.2	15.3
黑龙江	26830.3	13.2	40485.4	19.9	69969.6	34.3	40322.1	19.8	26169.0	12.8
上海	0.0	0.0	0.3	0.2	0.6	0.4	3.9	2.4	154.9	97.0
江苏	10.9	0.3	41.3	1.0	208.0	4.9	930.8	22.2	3011.0	71.7
浙江	15544.4	25.5	11023.5	18.1	15856.2	26.0	8108.4	13.3	10364.8	17.0
安徽	4431.3	11.2	7453.4	18.8	10715.5	27.0	7178.8	18.1	9894.9	24.9
福建	25544.5	29.9	17794.0	20.8	25989.3	30.4	9250.9	10.8	6970.6	8.1
江西	17013.1	16.7	21027.7	20.7	31119.4	30.6	15800.8	15.5	16840.0	16.5
山东	19.1	0.1	60.0	0.3	273.1	1.6	2118.5	12.1	15066.2	85.9
河南	605.4	2.9	2842.3	13.4	7101.8	33.5	6463.6	30.5	4170.4	19.7
湖北	6427.3	10.5	13739.1	22.4	19509.8	31.8	9066.5	14.8	12551.7	20.5
湖南	7849.1	8.7	18648.0	20.6	31006.7	34.2	18130.6	20.0	15102.9	16.6
广东	14184.8	13.0	19243.3	17.6	36019.5	32.9	20143.0	18.4	19838.8	18.1
广西	18683.7	13.9	29051.3	21.7	43326.7	32.5	19867.3	14.8	23011.5	17.2
海南	3504.7	24.5	3466.8	24.3	4322.4	30.3	1228.7	8.6	1762.5	12.3
重庆	3981.3	9.7	7073.6	17.2	11319.8	27.5	7079.4	17.2	11712.1	28.5

（续）

省份	优		良		中		低		差	
	面积	占比	面积	占比	面积	占比	面积	占比	面积	占比
四川	20602.3	12.2	24905.8	14.8	42019.4	24.9	38297.0	22.7	42935.1	25.4
贵州	7701.7	10.1	14840.1	19.5	21533.8	28.3	8535.9	11.2	23369.4	30.8
云南	37558.5	18.4	36552.0	17.9	48906.9	23.9	39536.7	19.4	41680.3	20.4
西藏	26821.6	29.4	14610.2	16.0	17570.6	19.3	16842.2	18.5	15273.6	16.8
陕西	1451.2	2.6	4645.1	8.4	13296.1	24.2	17263.1	31.4	18377.7	33.4
甘肃	486.0	2.0	1187.5	4.8	4887.9	19.9	8250.8	33.6	9732.2	39.7
青海	315.4	10.9	116.4	4.0	92.8	3.2	346.1	11.9	2030.0	70.0
宁夏	0.0	0.0	0.1	0.0	3.4	0.5	181.9	24.4	560.9	75.2
新疆	2963.1	11.2	1710.2	6.5	2176.5	8.2	2591.7	9.8	16974.3	64.3

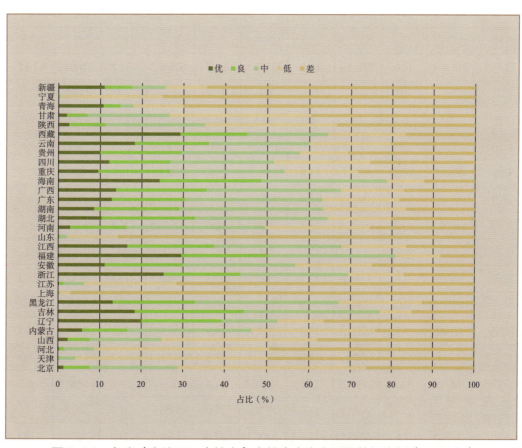

图3-31 各省（自治区、直辖市）森林生态资产质量等级比例（2020年）

2000—2020年，大多数省（自治区、直辖市）的森林生态资产质量得到改善，其中，云南、黑龙江、福建、四川、广西等省（自治区）优等级森林生态资产面积增加较大（表3-25）。

表3-25　各省（自治区、直辖市）森林生态资产质量变化（2000—2020年）

单位：面积变化量（km²），占比变化（%）

名称	优		良		中		低		差	
	面积变化量	占比变化	面积变化量	占比变化	面积变化量	占比变化	面积变化量	占比变化	面积变化量	占比变化
北京	62.6	1.3	285.8	5.9	835.2	17.1	404.1	4.6	−1131.7	−28.9
天津	0.1	0.0	1.0	0.3	8.3	2.6	81.0	24.3	−67.6	−27.2
河北	96.6	0.3	387.6	1.0	2414.5	6.5	10843.6	29.2	−14043.8	−37.0
山西	540.1	2.3	1191.5	5.0	3477.3	14.7	3565.5	14.8	−8467.1	−36.8
内蒙古	8635.4	5.3	14740.8	9.0	34105.6	20.8	−28788.7	−18.3	−26412.3	−16.8
辽宁	8855.6	14.6	7675.1	12.6	−88.0	−0.8	−12182.2	−22.1	−1428.5	−4.3
吉林	11736.5	13.6	16771.5	19.5	11894.6	13.5	−36336.1	−43.6	−2321.2	−3.1
黑龙江	21738.4	10.6	30952.6	15.1	33579.8	16.2	−61847.7	−31.2	−21004.0	−10.7
上海	0.0	0.0	0.3	0.2	0.6	0.4	3.9	2.4	118.2	−3.0
江苏	−8.1	−0.4	4.7	−0.3	62.4	−0.1	346.8	1.7	939.0	−0.9
浙江	12122.0	19.8	5769.4	9.3	1655.3	2.1	−13064.2	−22.3	−4976.0	−8.8
安徽	4083.2	10.2	5648.1	13.8	3598.5	7.5	−6302.0	−18.8	−3890.2	−12.8
福建	18791.1	21.8	10904.7	12.6	4106.7	4.4	−27111.9	−32.3	−5440.5	−6.6
江西	14060.1	13.8	15626.0	15.3	10189.1	10.0	−31335.5	−30.8	−8495.1	−8.4
山东	16.5	0.1	51.1	0.3	211.8	1.2	1647.5	9.4	−2291.7	−11.1
河南	583.6	2.7	2706.1	12.7	4965.7	22.7	−2962.3	−17.1	−3889.6	−21.1
湖北	6082.5	10.0	11843.0	19.5	5012.3	9.4	−20438.3	−30.9	−5829.2	−8.0
湖南	7168.6	7.9	16371.1	18.0	15776.2	16.9	−27432.2	−31.7	−9333.6	−11.1
广东	11190.1	10.2	15724.2	14.3	17531.0	15.8	−34407.1	−32.2	−8351.3	−8.0
广西	16637.8	12.3	23803.7	17.5	16740.4	11.4	−43236.8	−35.0	−6688.7	−6.3
海南	3191.1	21.1	2953.7	18.7	1974.1	4.8	−3355.9	−41.1	302.6	−3.5
重庆	3677.3	8.8	6296.5	14.9	6200.7	12.6	−6368.9	−21.9	−3016.2	−14.4

（续）

名称	优		良		中		低		差	
	面积变化量	占比变化	面积变化量	占比变化	面积变化量	占比变化	面积变化量	占比变化	面积变化量	占比变化
四川	16828.5	9.6	18989.4	10.7	21023.0	10.4	-18875.0	-16.7	-14186.6	-14.0
贵州	7448.1	9.7	13439.6	17.3	10085.6	10.0	-19817.7	-34.1	2308.7	-2.9
云南	29534.1	14.1	24662.9	11.6	13308.8	5.0	-41296.4	-23.7	-9860.8	-7.0
西藏	13650.1	14.2	7344.8	7.6	3205.8	2.7	-9721.8	-12.3	-9760.8	-12.2
陕西	1399.9	2.5	4290.3	7.7	10173.2	18.0	-916.7	-4.2	-10992.5	-24.1
甘肃	331.3	1.2	976.1	3.8	4100.4	16.0	1307.6	-1.2	-2139.1	-19.8
青海	150.3	4.3	-56.9	-2.9	-44.2	-2.3	197.0	6.0	143.8	-5.1
宁夏	0.0	0.0	0.1	0.0	3.4	0.5	124.9	14.9	15.9	-15.4
新疆	1289.5	5.1	112.4	0.6	-927.6	-3.1	-2186.0	-7.6	710.7	4.9

2000—2010年，大多数省（自治区、直辖市）的森林生态资产质量得到改善。其中，云南、四川、福建、黑龙江、浙江等省（自治区）优等级森林生态资产面积增加较大（表3-26）。

表3-26 各省（自治区、直辖市）森林生态资产质量变化（2000—2010年）

单位：面积变化量（km²），占比变化（%）

名称	优		良		中		低		差	
	面积变化量	占比变化	面积变化量	占比变化	面积变化量	占比变化	面积变化量	占比变化	面积变化量	占比变化
北京	6.3	0.1	37.6	0.8	330.9	6.6	525.5	7.3	-459.3	-14.7
天津	0.0	0.0	0.0	0.0	-1.4	-0.5	9.5	0.7	25.6	-0.2
河北	19.1	0.1	47.4	0.1	439.3	1.2	5992.9	16.3	-6988.4	-17.7
山西	155.4	0.7	328.0	1.4	1420.2	6.0	4585.3	19.0	-6137.4	-27.0
内蒙古	1610.5	1.0	2897.2	1.7	11858.1	7.1	1975.6	0.4	-15631.9	-10.2
辽宁	2033.9	3.5	3856.3	6.7	6413.4	11.0	-10769.8	-19.2	-842.6	-2.0
吉林	2572.6	2.9	3736.4	4.3	17475.7	20.1	-19696.6	-24.1	-2460.8	-3.2
黑龙江	5482.8	2.7	7678.6	3.7	24623.3	11.8	-15204.5	-8.3	-19264.1	-9.8
上海	0.0	0.0	0.0	0.0	0.0	0.0	1.8	4.2	5.0	-4.2

(续)

名称	优		良		中		低		差	
	面积变化量	占比变化	面积变化量	占比变化	面积变化量	占比变化	面积变化量	占比变化	面积变化量	占比变化
江苏	-16.3	-0.6	-29.6	-1.1	-85.7	-3.2	62.9	0.5	295.4	4.2
浙江	4177.5	6.6	3762.3	5.8	2038.2	2.5	-5425.9	-10.0	-2497.2	-4.9
安徽	588.0	1.6	1714.0	4.5	3243.1	8.4	-3863.0	-11.0	-1117.2	-3.6
福建	5969.9	6.9	6921.9	8.0	4357.6	4.8	-11863.7	-14.4	-4487.1	-5.4
江西	2924.4	2.9	6151.6	6.0	11231.7	11.0	-13080.8	-12.8	-7243.6	-7.1
山东	2.6	0.0	4.1	0.0	36.7	0.2	531.6	2.8	65.6	-3.0
河南	58.8	0.3	382.1	1.9	3140.9	15.3	485.8	1.3	-3594.3	-18.7
湖北	969.7	1.5	3931.7	6.3	7856.6	12.9	-9634.5	-14.3	-4460.9	-6.4
湖南	973.7	1.0	3290.4	3.5	12777.4	13.5	-6157.8	-8.4	-7909.6	-9.6
广东	2991.0	2.7	5276.3	4.8	12706.1	11.6	-11403.9	-10.9	-8727.3	-8.2
广西	3549.7	2.7	8595.7	6.6	17961.1	13.6	-19838.0	-16.2	-8317.2	-6.8
海南	261.7	2.7	629.7	6.6	1459.8	15.1	-1580.9	-17.8	-592.8	-6.6
重庆	691.8	1.9	1803.5	5.0	4499.7	12.1	-4467.5	-13.9	-1290.8	-5.1
四川	4772.6	3.2	6283.2	4.2	13527.7	9.0	-6713.5	-5.1	-15904.3	-11.4
贵州	1433.8	2.1	4180.6	6.2	9161.1	12.8	-8982.2	-16.1	-2012.3	-5.0
云南	8869.5	4.7	9874.5	5.2	15490.7	8.0	-21821.1	-11.8	-11051.4	-6.0
西藏	3346.9	3.7	2986.3	3.3	5110.3	5.7	-3901.3	-4.8	-6683.5	-7.9
陕西	141.4	0.3	786.1	1.5	4373.3	8.2	1779.7	2.6	-5938.6	-12.6
甘肃	9.3	0.0	70.3	0.3	1049.3	5.0	1513.3	6.6	-2184.4	-12.0
青海	-16.6	-0.8	-29.4	-1.3	2.2	0.0	16.6	0.5	78.8	1.6
宁夏	0.0	0.0	0.0	0.0	0.0	0.0	46.9	7.3	-28.8	-7.3
新疆	245.1	0.9	-2.3	0.0	-108.7	-0.4	-531.5	-2.0	486.4	1.6

2010—2020年，大多数省（自治区、直辖市）的森林生态资产质量得到改善。其中，云南、黑龙江、广西、福建、四川等省（自治区）优等级森林生态资产面积增加较大（表3-27）。

表3-27 各省（自治区、直辖市）森林生态资产质量变化（2010—2020年）

单位：面积变化量（km²），占比变化（%）

名称	优		良		中		低		差	
	面积变化量	占比变化	面积变化量	占比变化	面积变化量	占比变化	面积变化量	占比变化	面积变化量	占比变化
北京	56.3	1.2	248.2	5.2	504.2	10.5	−121.4	−2.7	−672.4	−14.2
天津	0.1	0.0	1.0	0.3	9.7	3.1	71.5	23.6	−93.1	−27.1
河北	77.5	0.2	340.3	0.9	1975.2	5.3	4850.7	12.9	−7055.4	−19.3
山西	384.7	1.6	863.5	3.7	2057.2	8.7	−1019.8	−4.2	−2329.6	−9.8
内蒙古	7025.0	4.3	11843.6	7.3	22247.5	13.7	−30764.3	−18.7	−10780.4	−6.5
辽宁	6821.6	11.1	3818.8	6.0	−6501.4	−11.9	−1412.4	−2.9	−585.9	−2.4
吉林	9163.8	10.7	13035.1	15.2	−5581.1	−6.6	−16639.6	−19.5	139.7	0.1
黑龙江	16255.5	8.0	23274.0	11.4	8956.5	4.4	−46643.2	−22.9	−1739.8	−0.9
上海	0.0	0.0	0.3	0.2	0.6	0.4	2.1	−1.8	113.2	1.3
江苏	8.2	0.2	34.3	0.8	148.1	3.0	283.9	1.2	643.6	−5.1
浙江	7944.5	13.2	2007.2	3.4	−382.9	−0.4	−7638.4	−12.3	−2478.8	−3.9
安徽	3495.2	8.6	3934.1	9.3	355.4	−0.9	−2438.9	−7.8	−2773.0	−9.2
福建	12821.2	14.9	3982.8	4.6	−251.0	−0.4	−15248.2	−17.9	−953.4	−1.2
江西	11135.7	10.9	9474.4	9.3	−1042.6	−1.0	−18254.7	−18.0	−1251.5	−1.2
山东	14.0	0.1	47.0	0.3	175.1	1.0	1115.9	6.7	−2357.3	−8.1
河南	524.8	2.5	2323.9	10.9	1824.9	7.5	−3448.1	−18.4	−295.3	−2.4
湖北	5112.8	8.4	7911.3	13.2	−2844.2	−3.5	−10803.9	−16.6	−1368.3	−1.5
湖南	6194.9	6.8	13080.8	14.4	2998.8	3.4	−21274.4	−23.2	−1424.0	−1.5
广东	8199.1	7.5	10447.9	9.5	4824.9	4.2	−23003.3	−21.3	376.0	0.2
广西	13088.1	9.6	15208.0	10.9	−1220.7	−2.3	−23398.7	−18.8	1628.5	0.6
海南	2929.3	18.4	2324.1	12.1	514.0	−10.3	−1775.0	−23.4	895.5	3.1
重庆	2985.5	6.9	4493.1	9.9	1700.9	0.5	−1901.5	−8.0	−1725.0	−9.3
四川	12055.9	6.4	12706.2	6.5	7495.2	1.4	−12161.6	−11.6	1717.7	−2.6
贵州	6014.2	7.6	9258.9	11.1	924.5	−2.7	−10835.5	−18.0	4321.0	2.0
云南	20664.7	9.5	14788.4	6.4	−2181.9	−3.0	−19475.3	−11.8	1190.6	−1.0
西藏	10303.2	10.5	4358.4	4.3	−1904.5	−3.0	−5820.5	−7.5	−3077.4	−4.3
陕西	1258.5	2.3	3504.2	6.3	5800.0	9.8	−2696.4	−6.9	−5053.8	−11.5

（续）

名称	优		良		中		低		差	
	面积变化量	占比变化	面积变化量	占比变化	面积变化量	占比变化	面积变化量	占比变化	面积变化量	占比变化
甘肃	322.0	1.2	905.8	3.5	3051.1	10.9	−205.8	−7.8	45.3	−7.8
青海	166.9	5.1	−27.5	−1.6	−46.4	−2.2	180.4	5.5	65.1	−6.7
宁夏	0.0	0.0	0.1	0.0	3.4	0.5	78.0	7.6	44.7	−8.1
新疆	1044.4	4.2	114.7	0.7	−818.9	−2.7	−1654.5	−5.6	224.3	3.4

（三）灌丛生态资产

从省域来看，优、良等级灌丛生态资产面积较大的省份有四川、西藏、云南、广西、贵州、湖北等，以四川省最大，其优、良等级灌丛生态资产面积为2.2万km^2；优、良等级灌丛生态资产面积比例较高的省份有浙江、湖北、海南、广西、福建、江西等，以浙江省最高，其优、良等级灌丛生态资产面积比例为46.3%。宁夏、新疆、上海、内蒙古、天津、山东等地的灌丛生态资产质量较低（图3-32，表3-28）。

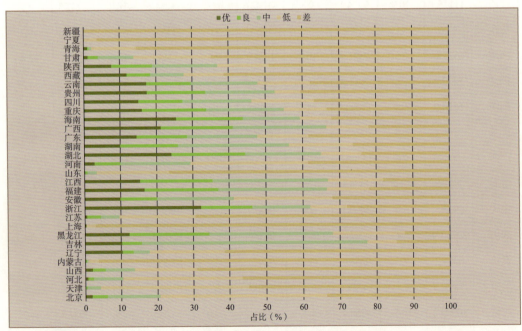

图3-32　各省（自治区、直辖市）灌丛生态资产质量等级比例（2020年）

表3-28　各省（自治区、直辖市）灌丛生态资产质量状况（2020年）

单位：面积（km²），占比（%）

省份	优		良		中		低		差	
	面积	占比	面积	占比	面积	占比	面积	占比	面积	占比
北京	71.0	1.9	160.6	4.2	560.1	14.7	1733.6	45.5	1287.7	33.8
天津	0.1	0.1	0.7	0.5	5.1	3.6	57.5	41.1	76.6	54.7
河北	191.8	0.8	433.6	1.8	1942.1	7.9	8079.1	33.0	13838.8	56.5
山西	505.4	2.2	769.7	3.3	1965.1	8.4	4076.3	17.4	16163.1	68.8
内蒙古	81.5	0.3	59.9	0.2	174.9	0.6	768.1	2.5	29871.2	96.5
辽宁	405.5	10.5	114.3	3.0	162.9	4.2	801.7	20.9	2359.4	61.4
吉林	174.2	10.4	89.8	5.4	125.7	7.5	611.3	36.5	674.2	40.2
黑龙江	114.9	12.4	70.5	7.6	141.7	15.3	301.8	32.7	294.3	31.9
上海	0.1	0.2	0.0	0.0	0.1	0.2	0.8	2.6	29.1	97.0
江苏	2.5	0.7	2.1	0.6	11.5	3.2	52.7	14.5	294.3	81.1
浙江	813.1	32.3	350.1	13.9	397.2	15.8	251.6	10.0	701.8	27.9
安徽	113.9	10.0	116.6	10.2	242.7	21.2	301.8	26.4	368.4	32.2
福建	1724.3	16.7	2117.6	20.5	3035.0	29.3	1203.1	11.6	2272.3	21.9
江西	953.3	15.4	1251.2	20.2	1960.8	31.6	909.6	14.7	1132.1	18.2
山东	1.2	0.3	2.1	0.5	10.1	2.5	80.8	20.2	306.2	76.5
河南	439.3	2.9	1060.6	7.1	2932.1	19.5	4807.1	32.0	5799.2	38.6
湖北	6354.1	24.3	5257.8	20.1	5390.7	20.6	2846.3	10.9	6298.2	24.1
湖南	3819.3	10.2	5942.7	15.8	11431.8	30.4	6491.7	17.3	9901.5	26.3
广东	456.5	14.6	430.4	13.8	605.9	19.4	426.6	13.7	1200.4	38.5
广西	6259.1	21.3	5855.9	20.0	7370.8	25.1	3392.0	11.6	6474.1	22.1
海南	95.0	25.5	69.6	18.6	56.6	15.2	31.6	8.5	120.2	32.2
重庆	1412.9	16.1	1550.6	17.7	1876.6	21.4	1016.2	11.6	2913.1	33.2
四川	12441.4	15.2	9976.9	12.2	15322.7	18.8	13763.8	16.9	30088.5	36.9
贵州	6266.6	17.5	5806.1	16.2	6746.5	18.8	2502.2	7.0	14492.9	40.5
云南	7752.5	17.3	5527.9	12.4	8152.9	18.2	6382.8	14.3	16923.2	37.8
西藏	9215.5	12.1	4893.5	6.4	7096.6	9.3	8404.9	11.0	46719.1	61.2
陕西	3951.4	7.8	5703.0	11.2	9185.7	18.1	7058.2	13.9	24874.5	49.0

（续）

省份	优		良		中		低		差	
	面积	占比	面积	占比	面积	占比	面积	占比	面积	占比
甘肃	465.6	1.2	1154.0	2.9	3857.1	9.8	8435.8	21.4	25582.9	64.8
青海	292.8	1.1	92.9	0.4	155.5	0.6	3247.9	12.5	22267.7	85.5
宁夏	0.0	0.0	0.1	0.0	7.4	0.2	128.8	3.5	3591.7	96.3
新疆	21.1	0.0	13.0	0.0	28.5	0.0	126.8	0.2	76069.0	99.8

2000—2020年，大部分省（自治区、直辖市）灌丛生态资产质量得到改善。其中，四川、贵州、云南、湖北和广西等省（自治区）优等级灌丛生态资产面积增加较大（表3-29）。

表3-29 各省（自治区、直辖市）灌丛生态资产质量变化（2000—2020年）

单位：面积变化量（km²），占比变化（%）

名称	优		良		中		低		差	
	面积变化量	占比变化	面积变化量	占比变化	面积变化量	占比变化	面积变化量	占比变化	面积变化量	占比变化
北京	69.9	1.8	155.7	4.1	499.1	13.1	655.4	17.4	-1411.7	-36.4
天津	0.1	0.1	0.7	0.5	4.3	3.1	37.5	25.8	-34.2	-29.5
河北	187.0	0.8	416.7	1.7	1807.9	7.4	5931.0	23.7	-6995.5	-33.5
山西	493.9	2.1	725.3	3.1	1546.4	6.6	1815.3	7.6	-4265.7	-19.4
内蒙古	58.7	0.2	42.3	0.1	122.3	0.4	468.2	1.5	588.7	-2.2
辽宁	134.6	5.8	-63.8	-0.2	-225.5	-2.6	-342.5	0.8	-1360.1	-3.9
吉林	117.5	7.0	55.3	3.3	45.7	2.6	100.5	5.5	-291.2	-18.4
黑龙江	93.5	9.9	32.1	3.1	73.8	7.3	82.3	6.5	-197.1	-26.7
上海	0.1	—	0.0	—	0.1	—	0.8	—	29.1	—
江苏	0.8	-0.4	0.3	-0.7	5.0	-1.2	12.2	-12.9	197.1	15.2
浙江	713.1	28.6	177.9	7.6	-250.4	-8.2	-742.3	-26.8	-87.9	-1.3
安徽	100.7	8.8	85.1	7.5	105.5	9.7	-98.9	-7.4	-235.8	-18.7
福建	1493.3	14.9	1556.1	16.2	-567.9	1.8	-3316.3	-22.9	-1923.1	-10.1
江西	861.3	14.3	981.1	17.1	20.2	9.3	-3047.9	-30.8	-1308.4	-9.8
山东	1.2	0.3	2.1	0.5	9.9	2.5	74.5	18.6	-85.3	-21.9
河南	420.2	2.8	973.2	6.5	2295.7	15.2	727.7	4.5	-4225.6	-29.0

（续）

名称	优		良		中		低		差	
	面积变化量	占比变化	面积变化量	占比变化	面积变化量	占比变化	面积变化量	占比变化	面积变化量	占比变化
湖北	5757.5	21.7	3955.4	14.5	784.5	0.8	−4699.5	−21.6	−2851.2	−15.3
湖南	3687.2	9.8	5261.4	14.2	6076.6	17.5	−12635.2	−29.0	−6162.0	−12.5
广东	427.7	13.8	355.6	11.6	−20.4	0.9	−577.0	−16.0	−448.2	−10.3
广西	5684.9	19.5	4173.2	14.5	−473.9	−0.3	−8176.9	−25.8	−2783.2	−7.9
海南	78.6	21.9	41.7	12.6	−17.7	−1.1	−78.3	−15.5	−109.0	−17.9
重庆	1297.5	15.1	1102.3	13.9	33.5	5.7	−2283.2	−16.6	−3088.0	−18.0
四川	9660.5	12.2	5545.9	7.4	802.4	3.0	−20102.8	−19.9	−6323.5	−2.7
贵州	5874.3	16.3	4408.3	11.8	1032.9	1.0	−6528.0	−21.3	−928.4	−7.8
云南	5778.2	13.5	2775.6	7.0	749.6	3.8	−9028.1	−15.7	−6986.0	−8.6
西藏	5291.7	7.6	1827.7	2.9	178.3	1.5	−7350.9	−6.8	−12097.1	−5.3
陕西	3582.1	7.0	4758.6	9.3	3771.0	7.0	−5044.1	−10.9	−5114.4	−12.4
甘肃	374.0	0.9	982.6	2.5	2707.7	6.6	1175.4	1.4	−2194.7	−11.4
青海	81.8	0.3	−90.9	−0.3	−82.5	−0.3	2780.0	10.7	−3461.4	−10.4
宁夏	0.0	0.0	0.1	0.0	7.4	0.2	79.8	1.9	373.7	−2.1
新疆	16.2	0.0	8.9	0.0	16.5	0.0	53.1	0.1	−8403.9	−0.1

注："—"表示无相关数据。以下表格同。

2000—2010年，大部分省（自治区、直辖市）灌丛生态资产质量得到改善。其中，四川、云南、西藏、贵州和广西等省（自治区）优等级灌丛生态资产面积增加较大（表3-30）。

表3-30 各省（自治区、直辖市）灌丛生态资产质量变化（2000—2010年）

单位：面积变化量（km²），占比变化（%）

名称	优		良		中		低		差	
	面积变化量	占比变化	面积变化量	占比变化	面积变化量	占比变化	面积变化量	占比变化	面积变化量	占比变化
北京	9.4	0.3	33.7	0.9	190.7	5.2	425.1	12.4	−783.4	−18.7
天津	0.0	0.0	0.0	0.0	0.1	0.1	7.2	5.5	−7.7	−5.6
河北	29.0	0.1	88.4	0.4	606.9	2.5	3688.4	14.7	−3252.5	−17.7
山西	122.2	0.5	220.4	1.0	857.4	3.7	1949.5	8.5	−3207.7	−13.7

(续)

名称	优		良		中		低		差	
	面积变化量	占比变化	面积变化量	占比变化	面积变化量	占比变化	面积变化量	占比变化	面积变化量	占比变化
内蒙古	15.6	0.1	20.0	0.1	38.4	0.1	134.5	0.5	−294.1	−0.7
辽宁	236.6	4.2	183.8	3.2	57.2	1.0	−304.9	−5.3	−178.7	−3.1
吉林	33.6	1.9	28.3	1.6	76.0	4.4	−111.9	−7.3	7.9	−0.7
黑龙江	15.7	1.9	0.5	0.1	28.8	3.6	62.2	8.0	−120.8	−13.7
上海	0.0	—	0.0	—	0.0	—	0.0	—	0.0	—
江苏	0.1	0.0	3.3	2.1	3.8	2.4	−3.4	−2.9	0.0	−1.7
浙江	152.0	5.9	93.1	3.8	40.2	2.3	−249.3	−8.3	−119.9	−3.6
安徽	25.6	2.1	32.5	2.7	68.3	5.7	−36.0	−3.1	−87.8	−7.5
福建	294.9	2.9	500.0	5.1	316.5	7.0	−1680.5	−9.5	−1176.7	−5.4
江西	214.6	2.4	532.3	6.0	1015.9	11.2	−1302.5	−15.4	−339.1	−4.2
山东	0.1	0.0	1.0	0.3	3.6	0.9	26.3	6.8	−41.9	−8.1
河南	23.1	0.2	164.3	1.1	1107.5	7.7	2130.9	15.3	−3755.0	−24.3
湖北	1249.8	4.6	2277.0	8.2	3055.1	9.8	−2772.2	−14.0	−1185.7	−8.6
湖南	386.4	1.0	1397.4	3.7	4383.2	12.2	−4298.8	−7.9	−4535.8	−9.0
广东	109.6	3.6	202.0	6.7	94.2	4.6	−347.2	−8.6	−319.4	−6.2
广西	1486.6	5.0	2344.0	8.0	2046.9	7.6	−5017.8	−15.6	−1769.7	−5.0
海南	26.3	5.9	32.3	7.3	41.3	9.5	−62.3	−13.4	−45.8	−9.3
重庆	378.4	3.3	701.7	6.1	956.4	8.5	−1673.6	−14.1	−541.3	−3.9
四川	4207.6	4.7	4236.0	4.7	5867.0	6.7	−10228.2	−10.7	−5485.4	−5.4
贵州	1837.3	5.6	2289.4	7.0	1573.2	4.6	−4638.7	−14.7	−590.0	−2.5
云南	2730.2	5.4	2115.4	4.2	2318.7	4.6	−5531.1	−10.6	−2014.2	−3.6
西藏	2656.9	3.1	1666.8	1.9	2261.2	2.7	−3933.4	−4.3	−3721.8	−3.4
陕西	671.7	1.4	1637.8	3.3	3706.7	7.4	−3216.7	−6.8	−2251.8	−5.2
甘肃	61.9	0.2	204.7	0.6	1357.1	3.7	85.6	0.1	−1441.6	−4.5
青海	4.4	0.0	−9.1	0.0	−37.6	−0.1	−44.9	−0.2	−27.1	0.3
宁夏	0.0	0.0	0.0	0.0	0.3	0.0	38.7	1.0	169.2	−1.0
新疆	2.2	0.0	1.7	0.0	5.8	0.0	23.7	0.0	−7722.4	−0.1

2010—2020年，大部分省（自治区、直辖市）灌丛生态资产质量得到改善。其中，四川、湖北、广西、贵州和湖南等省（自治区）优等级灌丛生态资产面积增加较大，辽宁优等级灌丛生态资产面积减少较多（表3-31）。

表3-31 各省（自治区、直辖市）灌丛生态资产质量变化（2010—2020年）

单位：面积变化量（km²），占比变化（%）

名称	优		良		中		低		差	
	面积变化量	占比变化	面积变化量	占比变化	面积变化量	占比变化	面积变化量	占比变化	面积变化量	占比变化
北京	60.5	1.6	122.0	3.2	308.4	7.9	230.3	5.1	-628.3	-17.7
天津	0.1	0.1	0.7	0.5	4.2	3.0	30.3	20.3	-26.6	-23.9
河北	158.0	0.6	328.3	1.3	1201.1	4.9	2242.5	9.0	-3743.0	-15.8
山西	371.7	1.6	504.8	2.1	689.0	2.8	-134.3	-0.9	-1058.0	-5.7
内蒙古	43.0	0.1	22.3	0.1	83.9	0.3	333.7	1.0	882.8	-1.5
辽宁	-102.0	1.6	-247.6	-3.4	-282.7	-3.6	-37.6	6.1	-1181.4	-0.8
吉林	83.9	5.0	27.0	1.6	-30.4	-1.8	212.5	12.8	-299.1	-17.6
黑龙江	77.8	7.9	31.6	2.9	45.0	3.6	20.2	-1.4	-76.3	-13.0
上海	0.1	—	0.0	—	0.1	—	0.8	—	29.1	—
江苏	0.7	-0.5	-3.0	-2.8	1.2	-3.6	15.6	-10.0	197.2	16.9
浙江	561.2	22.7	84.8	3.8	-290.6	-10.5	-492.9	-18.4	32.0	2.3
安徽	75.1	6.7	52.6	4.8	37.2	4.0	-62.9	-4.3	-148.0	-11.2
福建	1198.3	12.0	1056.1	11.1	-884.4	-5.2	-1635.7	-13.4	-746.3	-4.6
江西	646.7	11.9	448.8	11.1	-995.8	-1.9	-1745.4	-15.4	-969.2	-5.6
山东	1.1	0.3	1.0	0.3	6.3	1.5	48.2	11.8	-43.4	-13.8
河南	397.1	2.6	808.9	5.3	1188.2	7.5	-1403.3	-10.8	-470.6	-4.6
湖北	4507.7	17.2	1678.4	6.2	-2270.7	-9.1	-1927.4	-7.6	-1665.5	-6.8
湖南	3300.8	8.8	3864.0	10.4	1693.3	5.2	-8336.4	-21.1	-1626.1	-3.5
广东	318.0	10.2	153.6	4.9	-114.7	-3.7	-229.8	-7.4	-128.8	-4.1
广西	4198.2	14.5	1829.2	6.5	-2520.8	-7.8	-3159.1	-10.3	-1013.5	-2.9
海南	52.3	16.0	9.4	5.3	-59.0	-10.6	-15.9	-2.1	-63.2	-8.6
重庆	919.0	11.8	400.6	7.7	-922.9	-2.9	-609.6	-2.5	-2546.7	-14.1
四川	5452.9	7.5	1309.9	2.7	-5064.6	-3.7	-9874.5	-9.2	-838.1	2.7
贵州	4037.1	10.6	2118.9	4.8	-540.3	-3.6	-1889.3	-6.6	-338.5	-5.3
云南	3048.0	8.1	660.2	2.8	-1569.1	-0.8	-3497.1	-5.1	-4971.8	-5.0
西藏	2634.8	4.5	160.8	1.0	-2082.9	-1.2	-3417.5	-2.5	-8375.3	-1.8

（续）

名称	优		良		中		低		差	
	面积变化量	占比变化	面积变化量	占比变化	面积变化量	占比变化	面积变化量	占比变化	面积变化量	占比变化
陕西	2910.3	5.7	3120.7	6.0	64.3	−0.4	−1827.3	−4.1	−2862.6	−7.2
甘肃	312.1	0.8	777.9	1.9	1350.6	2.9	1089.8	1.4	−753.1	−7.0
青海	77.4	0.3	−81.8	−0.3	−44.9	−0.2	2824.9	10.9	−3434.3	−10.7
宁夏	0.0	0.0	0.1	0.0	7.1	0.2	40.9	0.9	204.6	−1.1
新疆	14.0	0.0	7.2	0.0	10.7	0.0	29.4	0.0	−681.5	−0.1

（四）草地生态资产

从省域来看，草地生态资产主要分布在西藏、新疆、内蒙古、青海、甘肃和四川。其中，内蒙古的优、良等级草地生态资产面积最大（15.7万 km²），其次是青海（14.2万 km²）；广西的优、良等级草地生态资产面积比例最高（99.8%），其次是广东（99.7%）。西藏、新疆等地的草地生态资产质量整体较低（图3-33，表3-32）。

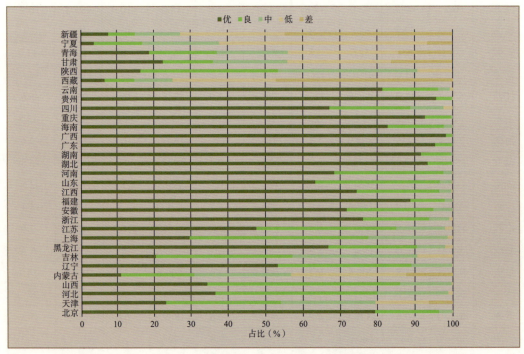

图3-33　各省（自治区、直辖市）草地生态资产质量等级比例（2020年）

表3-32 各省（自治区、直辖市）草地生态资产质量状况（2020年）

单位：面积（km²），占比（%）

省份	优		良		中		低		差	
	面积	占比	面积	占比	面积	占比	面积	占比	面积	占比
北京	599.0	79.3	127.9	16.9	27.3	3.6	1.1	0.1	0.0	0.0
天津	10.3	23.1	13.8	30.8	11.4	25.5	6.3	14.1	2.9	6.6
河北	7011.8	36.6	8293.2	43.3	3612.8	18.8	237.0	1.2	13.2	0.1
山西	16527.6	34.5	24705.7	51.5	6531.9	13.6	189.1	0.4	2.6	0.0
内蒙古	56082.9	11.0	101365.0	19.8	132210.5	25.9	157726.5	30.9	63761.2	12.5
辽宁	453.5	53.2	303.9	35.7	91.9	10.8	1.9	0.2	0.5	0.1
吉林	1305.0	20.3	2361.8	36.7	2157.0	33.5	597.7	9.3	13.1	0.2
黑龙江	3503.8	66.6	1249.9	23.8	397.7	7.6	107.4	2.0	2.8	0.1
上海	1.3	29.6	2.1	47.9	0.9	21.1	0.1	1.4	0.0	0.0
江苏	88.7	47.3	70.4	37.6	24.5	13.1	3.8	2.0	0.1	0.0
浙江	1403.7	76.2	321.7	17.4	98.1	5.3	19.3	1.0	0.6	0.0
安徽	100.5	71.6	32.5	23.1	7.1	5.1	0.3	0.2	0.0	0.0
福建	394.0	88.8	39.5	8.9	9.0	2.0	0.9	0.2	0.1	0.0
江西	4358.3	74.3	1290.0	22.0	189.9	3.2	24.7	0.4	0.3	0.0
山东	4074.0	63.1	2154.8	33.4	205.6	3.2	17.4	0.3	1.5	0.0
河南	1927.1	68.3	824.5	29.2	65.4	2.3	3.5	0.1	0.1	0.0
湖北	1897.3	93.3	130.4	6.4	6.4	0.3	0.3	0.0	0.0	0.0
湖南	4652.3	91.5	405.3	8.0	24.2	0.5	1.9	0.0	0.0	0.0
广东	172.0	95.3	7.9	4.4	0.5	0.3	0.0	0.0	0.1	0.0
广西	4153.3	98.2	69.4	1.6	5.4	0.1	0.3	0.0	0.0	0.0
海南	46.0	82.7	8.3	14.8	1.3	2.2	0.0	0.0	0.1	0.2
重庆	2299.8	92.6	169.3	6.8	13.3	0.6	1.2	0.0	0.0	0.0
四川	77924.6	67.0	25267.1	21.7	10288.2	8.8	2683.4	2.3	199.6	0.2
贵州	25570.0	95.6	1100.2	4.1	71.7	0.3	3.9	0.0	0.0	0.0
云南	42991.1	81.3	7801.5	14.8	1647.5	3.1	403.6	0.8	26.8	0.1
西藏	54599.1	6.5	68514.8	8.2	87125.2	10.4	230037.7	27.6	393933.3	47.2
陕西	7525.6	16.4	16946.1	36.9	17148.2	37.3	4239.1	9.2	87.1	0.2
甘肃	30398.1	22.4	18472.5	13.6	27123.7	19.9	37767.7	27.8	22212.8	16.3
青海	76942.0	20.0	65503.6	17.0	72312.2	18.8	114479.1	29.8	55511.4	14.4
宁夏	919.3	3.6	3310.4	13.0	5402.9	21.2	14067.0	55.3	1738.7	6.8
新疆	39168.9	7.5	38852.3	7.4	64305.7	12.3	146154.0	27.9	235780.3	45.0

2000—2020年，大部分省（自治区、直辖市）草地生态资产质量得到改善。其中，青海、四川、西藏、内蒙古和云南等省（自治区）优等级草地生态资产面积增加较大，安徽优等级草地生态资产面积减少较多（表3-33）。

表3-33 各省（自治区、直辖市）草地生态资产质量变化（2000—2020年）

单位：面积变化量（km²），占比变化（%）

省份	优		良		中		低		差	
	面积变化量	占比变化	面积变化量	占比变化	面积变化量	占比变化	面积变化量	占比变化	面积变化量	占比变化
北京	509.6	67.1	−334.4	−46.1	−112.9	−15.5	−29.2	−4.0	−11.3	−1.5
天津	8.8	21.7	−9.6	10.1	−26.5	−8.1	−26.1	−14.5	−14.9	−9.2
河北	6518.4	33.9	4208.4	21.3	−3477.7	−19.2	−6467.2	−34.8	−230.8	−1.2
山西	16025.3	33.4	14973.5	31.3	−15946.2	−33.1	−14780.3	−30.7	−435.3	−0.9
内蒙古	45085.2	8.9	74826.4	14.9	52491.9	11.1	−18155.3	−1.6	−184418.1	−33.4
辽宁	−224.4	26.2	−398.2	7.7	−685.3	−20.2	−336.0	−13.2	−13.9	−0.5
吉林	828.8	13.2	1992.1	31.2	365.1	7.0	−2199.8	−32.2	−1297.1	−19.2
黑龙江	940.4	35.1	−804.7	−1.5	−1812.8	−19.6	−1077.1	−12.5	−117.0	−1.4
上海	1.3	—	2.1	—	0.9	—	0.1	—	0.0	—
江苏	74.6	38.4	−10.3	−13.8	−33.1	−23.6	−0.4	−0.6	−0.4	−0.3
浙江	280.8	30.1	−820.5	−29.4	−29.0	0.1	8.3	0.6	−32.8	−1.3
安徽	−1172.8	14.0	−739.1	−11.8	−149.4	−2.0	−7.3	−0.2	−1.1	0.0
福建	−20.6	38.8	−282.3	−29.9	−68.2	−7.3	−9.8	−1.1	−4.7	−0.6
江西	2383.2	35.6	−753.4	−18.1	−814.2	−16.5	−45.5	−1.0	−6.8	−0.1
山东	3836.8	59.6	−1353.9	−19.2	−2570.8	−38.4	−102.3	−1.5	−26.6	−0.4
河南	1826.8	65.9	−1122.8	−17.9	−1917.1	−45.7	−93.7	−2.2	−5.0	−0.1
湖北	1163.6	45.7	−627.0	−42.6	−43.0	−2.9	−2.5	−0.2	−0.8	−0.2
湖南	2360.3	39.1	−1532.1	−36.3	−119.5	−2.8	−0.6	0.0	−0.1	0.0
广东	33.9	44.8	−71.0	−24.5	−45.3	−16.5	−9.1	−3.3	−1.4	−0.5
广西	1408.9	46.4	−2350.3	−44.1	−122.9	−2.3	−1.3	0.0	−0.8	0.0
海南	26.6	53.5	−21.6	−30.0	−12.8	−18.8	−1.0	−1.5	−2.1	−3.2
重庆	29.2	57.5	−3743.5	−53.7	−252.5	−3.6	−7.7	−0.1	−6.0	−0.1
四川	54017.8	46.6	−30096.4	−25.5	−16666.5	−14.1	−6742.1	−5.7	−1412.4	−1.2

（续）

省份	优		良		中		低		差	
	面积变化量	占比变化	面积变化量	占比变化	面积变化量	占比变化	面积变化量	占比变化	面积变化量	占比变化
贵州	15626.8	62.6	−17562.3	−57.9	−1405.6	−4.6	−11.1	0.0	−0.1	0.0
云南	34488.7	65.3	−21212.6	−40.0	−12081.8	−22.8	−1106.1	−2.1	−165.9	−0.3
西藏	49924.9	6.0	30651.5	3.8	7172.5	1.1	60118.1	7.6	−165529.3	−18.5
陕西	7235.6	15.7	14962.8	32.5	11935.6	25.9	−17285.6	−38.1	−16368.4	−36.0
甘肃	23597.1	16.7	1121.9	−0.8	17520.0	12.0	6195.8	1.6	−32966.3	−29.5
青海	64503.1	16.7	318.9	−0.3	−1782.3	−0.9	13102.4	2.8	−68140.1	−18.4
宁夏	912.1	3.6	3253.1	12.7	5100.6	19.8	11750.0	44.5	−17058.9	−80.7
新疆	21769.6	4.4	7386.8	1.9	17691.4	4.1	46674.3	10.4	−140038.5	−20.9

2000—2010年，大部分省（自治区、直辖市）草地生态资产质量得到改善。其中，新疆、四川、青海、甘肃和西藏等省（自治区）优等级草地生态资产面积增加较大，安徽优等级草地生态资产面积减少较多（表3-34）。

表3-34　各省（自治区、直辖市）草地生态资产质量变化（2000—2010年）

单位：面积变化量（km^2），占比变化（%）

省份	优		良		中		低		差	
	面积变化量	占比变化	面积变化量	占比变化	面积变化量	占比变化	面积变化量	占比变化	面积变化量	占比变化
北京	399.5	43.0	−244.0	−38.4	−12.6	−4.7	16.4	1.1	−6.9	−1.0
天津	16.1	14.5	−8.1	−6.8	−9.9	−8.2	1.5	1.9	−2.0	−1.4
河北	2493.2	13.1	−1069.8	−6.0	−1706.6	−9.7	237.5	0.6	371.7	1.9
山西	6287.2	12.8	566.8	0.7	−7617.6	−16.5	139.9	−0.4	1656.0	3.4
内蒙古	9165.4	1.7	−4790.0	−0.8	−16781.3	−2.9	−11933.7	−1.8	16508.4	3.8
辽宁	38.5	10.1	−217.5	−2.9	−315.0	−7.0	−79.8	−0.1	−6.0	−0.1
吉林	−248.7	−3.8	−161.1	−2.5	−605.1	−9.6	1812.3	24.4	−539.8	−8.4
黑龙江	−1090.5	−5.9	−1088.1	−8.4	−551.6	1.7	319.6	11.6	20.1	1.0
上海	−0.1	—	0.0	—	0.0	—	0.0	—	0.0	—
江苏	−7.0	−4.5	−65.7	−41.9	3.0	1.7	63.9	40.4	6.9	4.4
浙江	−605.8	−1.6	−820.4	−19.2	88.3	13.3	53.7	5.1	9.1	2.3
安徽	−1181.0	−19.8	−743.7	−23.5	−120.4	7.7	75.3	33.6	3.8	2.0

（续）

省份	优		良		中		低		差	
	面积变化量	占比变化	面积变化量	占比变化	面积变化量	占比变化	面积变化量	占比变化	面积变化量	占比变化
福建	8.6	4.4	−78.6	−7.6	24.2	3.7	−2.7	−0.3	−2.3	−0.3
江西	−320.2	6.9	−811.3	−6.1	−344.7	−1.5	4.6	0.7	−4.5	−0.1
山东	232.6	3.8	−2172.7	−31.8	56.8	2.6	1557.2	24.4	63.4	1.0
河南	743.3	16.7	−860.5	−22.5	−374.4	−11.5	756.9	17.0	14.4	0.3
湖北	422.0	21.7	−359.1	−25.2	55.9	3.1	6.4	0.4	1.0	0.1
湖南	1291.6	17.3	−702.9	−20.3	146.8	2.4	27.6	0.5	3.8	0.1
广东	−37.4	−1.8	−11.0	4.0	−12.2	−0.5	−6.1	−1.9	0.1	0.2
广西	28.7	6.7	−960.8	−14.9	349.0	7.6	19.5	0.4	8.8	0.2
海南	3.7	1.7	−4.3	−10.7	7.1	7.1	2.8	3.5	−0.9	−1.6
重庆	197.5	41.2	−3209.2	−38.8	−210.9	−2.4	−3.0	0.0	−4.0	0.0
四川	26417.4	21.5	−22710.6	−20.0	−1965.0	−2.2	624.9	0.3	533.0	0.4
贵州	7010.3	24.3	−9785.4	−32.0	1803.1	6.2	448.5	1.5	8.9	0.0
云南	3146.9	7.8	−14246.2	−24.5	1350.9	5.0	4446.1	9.3	1176.8	2.4
西藏	9444.4	1.1	−9286.9	−1.2	−20386.2	−2.5	−49643.3	−6.1	86542.6	8.7
陕西	2909.8	6.3	1390.2	2.9	2538.0	5.3	1775.6	3.1	−7899.8	−17.7
甘肃	12906.4	9.9	−5788.8	−5.3	2421.5	1.5	−275.6	−1.6	−2773.4	−4.5
青海	25050.7	6.3	−17093.6	−4.9	−4786.8	−1.8	18758.1	4.0	−9728.0	−3.5
宁夏	139.4	0.6	271.9	1.1	449.5	1.8	1665.0	6.0	−293.3	−9.5
新疆	27550.6	5.4	−4770.0	−0.5	−4340.3	−0.3	−2158.4	0.8	−52013.3	−5.3

2010—2020年，大部分省（自治区、直辖市）草地生态资产质量得到改善。其中，西藏、青海、内蒙古、云南和四川等省（自治区）优等级草地生态资产面积增加较大，新疆优等级草地生态资产面积减少较多（表3-35）。

表3-35 各省（自治区、直辖市）草地生态资产质量变化（2010—2020年）

单位：面积变化量（km²），占比变化（%）

省份	优		良		中		低		差	
	面积变化量	占比变化	面积变化量	占比变化	面积变化量	占比变化	面积变化量	占比变化	面积变化量	占比变化
北京	110.2	24.1	−90.4	−7.7	−100.4	−10.8	−45.6	−5.1	−4.3	−0.5
天津	−7.3	7.2	−1.6	16.9	−16.6	0.2	−27.5	−16.5	−12.9	−7.8

（续）

省份	优 面积变化量	优 占比变化	良 面积变化量	良 占比变化	中 面积变化量	中 占比变化	低 面积变化量	低 占比变化	差 面积变化量	差 占比变化
河北	4025.2	20.8	5278.2	27.3	−1771.1	−9.6	−6704.7	−35.4	−602.6	−3.2
山西	9738.1	20.7	14406.6	30.6	−8328.5	−16.6	−14920.2	−30.3	−2091.3	−4.3
内蒙古	35919.8	7.2	79616.5	15.8	69273.3	14.1	−6221.6	0.1	−200926.4	−37.1
辽宁	−262.9	16.1	−180.7	10.6	−370.3	−13.2	−256.2	−13.2	−7.8	−0.4
吉林	1077.5	17.0	2153.2	33.7	970.2	16.6	−4012.2	−56.5	−757.3	−10.8
黑龙江	2030.8	40.9	283.5	6.9	−1261.1	−21.3	−1396.7	−24.2	−137.1	−2.4
上海	1.3	—	2.1	—	0.9	—	0.1	—	0.0	—
江苏	81.6	42.9	55.4	28.1	−36.2	−25.3	−64.3	−41.0	−7.4	−4.7
浙江	886.6	31.6	−0.1	−10.3	−117.3	−13.2	−45.4	−4.5	−41.9	−3.6
安徽	8.1	33.8	4.7	11.7	−28.9	−9.7	−82.6	−33.8	−4.9	−2.0
福建	−29.2	34.5	−203.7	−22.3	−92.4	−11.0	−7.1	−0.8	−2.4	−0.3
江西	2703.4	28.7	57.9	−12.0	−469.5	−15.0	−50.1	−1.6	−2.3	−0.1
山东	3604.2	55.8	818.8	12.5	−2627.6	−41.0	−1659.4	−25.9	−90.0	−1.4
河南	1083.4	49.2	−262.3	4.6	−1542.7	−34.1	−850.5	−19.2	−19.4	−0.4
湖北	741.6	24.1	−267.9	−17.4	−98.9	−6.0	−8.9	−0.5	−1.7	−0.1
湖南	1068.7	21.8	−829.2	−16.0	−266.4	−5.2	−28.2	−0.5	−3.9	−0.1
广东	71.3	46.6	−60.0	−28.5	−33.0	−15.9	−3.0	−1.4	−1.5	−0.7
广西	1380.2	39.7	−1389.5	−29.1	−471.8	−9.9	−20.8	−0.4	−9.6	−0.2
海南	22.9	51.8	−17.3	−19.3	−19.8	−25.9	−3.8	−5.0	−1.2	−1.6
重庆	−168.2	16.3	−534.3	−14.9	−41.7	−1.2	−4.7	−0.1	−2.0	−0.1
四川	27600.5	25.1	−7385.7	−5.5	−14701.5	−12.0	−7367.0	−6.1	−1945.4	−1.6
贵州	8616.5	38.3	−7776.8	−25.9	−3208.7	−10.8	−459.5	−1.6	−9.0	0.0
云南	31341.8	57.5	−6966.4	−15.5	−13432.9	−27.8	−5552.2	−11.4	−1342.6	−2.8
西藏	40480.5	4.9	39938.4	4.9	27558.6	3.6	109761.4	13.7	−252071.8	−27.2
陕西	4325.8	9.5	13572.6	29.6	9397.6	20.5	−19061.2	−41.2	−8468.6	−18.3
甘肃	10690.7	6.8	6910.6	4.5	15098.5	10.5	6471.4	3.1	−30193.0	−24.9
青海	39452.4	10.4	17412.6	4.7	3004.4	1.0	−5655.8	−1.1	−58412.1	−14.9
宁夏	772.7	3.0	2981.2	11.6	4651.1	18.1	10085.0	38.5	−16765.6	−71.2
新疆	−5781.0	−0.9	12156.8	2.4	22031.7	4.4	48832.7	9.7	−88025.2	−15.5

第四节 自然生态资产综合指数

一、自然生态资产综合指数

2020年，全国生态资产综合指数为964.20。全国各省（自治区、直辖市）生态资产综合指数以云南、四川和黑龙江最大，分别为95.49、85.41和84.13；其次是内蒙古、西藏和广西，生态资产综合指数分别为76.61、70.49和62.58；江苏、天津、上海等生态资产综合指数较小（图3-34，表3-36）。

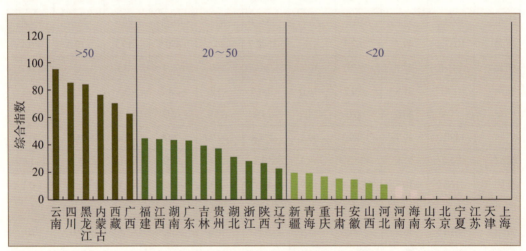

图3-34 各省（自治区、直辖市）生态资产综合指数（2020年）

表3-36 各省（自治区、直辖市）生态资产综合指数（2020年）

省份	生态资产综合指数	省份	生态资产综合指数
北京	1.89	湖北	30.85
天津	0.07	湖南	43.49
河北	10.91	广东	43.08

（续）

省份	生态资产综合指数	省份	生态资产综合指数
山西	11.81	广西	62.58
内蒙古	76.61	海南	6.85
辽宁	22.50	重庆	16.49
吉林	39.09	四川	85.41
黑龙江	84.13	贵州	37.14
上海	0.02	云南	95.49
江苏	0.64	西藏	70.49
浙江	27.68	陕西	26.18
安徽	14.72	甘肃	15.36
福建	44.82	青海	19.05
江西	44.24	宁夏	1.10
山东	2.50	新疆	19.53
河南	9.48		

二、自然生态资产综合指数变化

2000—2020年，生态资产综合指数上升显著，全国生态资产综合指数上升了348.50，增幅为56.60%。其中，云南生态资产综合指数增加最多，增加了33.85；排名第二的是四川，增加了31.81；排名第三的是黑龙江，增加了30.38（图3-35，表3-40）。

2000—2010年，生态资产综合指数上升显著，全国生态资产综合指数上升了134.55，增幅为21.85%。其中，四川生态资产综合指数增加最多，增加了14.04；排名第二的是云南，增加了13.47；排名第三的是黑龙江，增加了12.52（图3-35，表3-40）。

2010—2020年，生态资产综合指数持续上升，全国生态资产综合指数上升了213.95，增幅为28.52%。其中，内蒙古生态资产综合指数增加最多,增加了22.55;排名第二的是云南,增加了20.38;排名第三的是黑龙江,增加了17.86(图3-35,表3-37)。

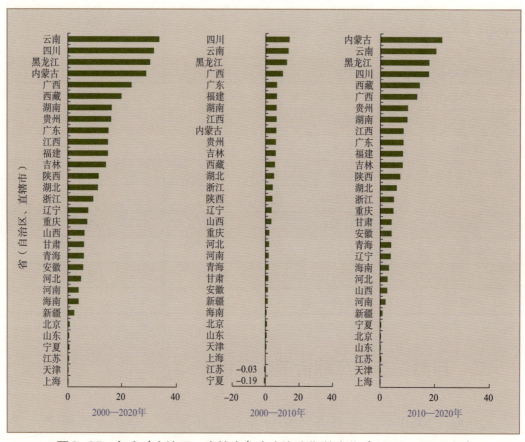

图3-35 各省(自治区、直辖市)生态资产指数变化(2000—2020年)

表3-37 各省(自治区、直辖市)生态资产指数变化(2000—2020年)

省份	生态资产指数			生态资产指数变化		
	2000年	2010年	2020年	2000—2020年	2000—2010年	2010—2020年
北京	1.08	1.44	1.89	0.82	0.36	0.45
天津	0.05	0.05	0.07	0.02	0.01	0.02
河北	5.98	8.11	10.91	4.93	2.13	2.80
山西	5.63	9.11	11.81	6.18	3.48	2.70
内蒙古	47.73	54.05	76.61	28.88	6.33	22.55
辽宁	14.94	18.56	22.50	7.56	3.62	3.94

（续）

省份	生态资产指数			生态资产指数变化		
	2000年	2010年	2020年	2000—2020年	2000—2010年	2010—2020年
吉林	24.88	30.84	39.09	14.20	5.95	8.25
黑龙江	53.75	66.26	84.13	30.38	12.52	17.86
上海	0.00	0.00	0.02	0.01	0.00	0.01
江苏	0.43	0.41	0.64	0.20	−0.03	0.23
浙江	18.31	22.58	27.68	9.37	4.27	5.10
安徽	9.01	10.49	14.72	5.71	1.48	4.23
福建	29.84	36.48	44.82	14.98	6.64	8.33
江西	29.25	35.68	44.24	15.00	6.44	8.56
山东	1.89	2.08	2.50	0.60	0.19	0.42
河南	5.43	7.38	9.48	4.05	1.95	2.10
湖北	19.74	24.75	30.85	11.11	5.01	6.10
湖南	27.08	33.56	43.49	16.41	6.47	9.94
广东	27.90	34.56	43.08	15.18	6.66	8.52
广西	38.96	49.08	62.58	23.63	10.12	13.51
海南	2.80	3.51	6.85	4.04	0.71	3.33
重庆	9.30	11.57	16.49	7.19	2.27	4.92
四川	53.60	67.64	85.41	31.81	14.04	17.77
贵州	20.95	27.00	37.14	16.19	6.06	10.13
云南	61.63	75.10	95.49	33.85	13.47	20.38
西藏	50.50	56.04	70.49	19.99	5.54	14.45
陕西	14.74	18.80	26.18	11.43	4.06	7.37
甘肃	9.38	11.12	15.36	5.98	1.74	4.24
青海	13.10	14.96	19.05	5.95	1.87	4.08
宁夏	0.74	0.54	1.10	0.36	−0.19	0.56
新疆	17.08	18.50	19.53	2.45	1.43	1.02
全国	615.70	750.25	964.20	348.50	134.55	213.95

第四章

中国生态产品总值

针对生态文明制度建设的迫切需求，以生态系统服务及其生态经济价值评估为基础，构建物质产品、调节服务、文化服务三大类生态产品指标体系，核算生态产品总值（GEP）。20年间，全国GEP和三大类生态产品价值均增长，各省（自治区、直辖市）GEP呈现不同程度的变化趋势，文化服务受疫情影响较大，各省（自治区、直辖市）价值增幅相对不高。

第一节 全国生态产品总值

一、生态产品总值构成

2020年，疫情给全国旅游事业发展造成极大冲击，旅游人数和收入增长缓慢，导致生态文化服务价值受影响，全国生态产品总值为69.54万亿元，是当年GDP的0.69倍（图4-1，表4-1）。

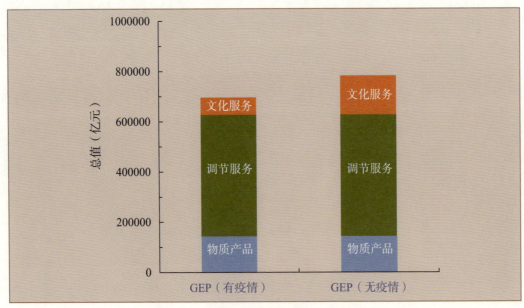

图4-1 全国生态产品总值（2020年）

若无疫情影响，根据往年旅游数据预估2020年旅游人数和收入，则全国生态产品总值预估为78.18万亿元，是当年GDP的0.77倍（表4-1）。

表4-1 全国生态产品总值（GEP）（2020年）

类别	2020年生态产品价值（万亿元）		2020年占比（%）	
	实际（有疫情）	预估（无疫情）	实际（有疫情）	预估（无疫情）
物质产品	14.25	14.25	20.49	18.22
调节服务	48.47	48.47	69.71	62.00
文化服务	6.82	15.46	9.80	19.77
GEP	69.54	78.18	100.00	100.00

全国GEP构成方面，生态系统物质产品总价值为14.25万亿元，占GEP的20.49%；生态系统调节服务总价值为48.47万亿元，占GEP的69.71%；生态系统文化服务总价值为6.82万亿元，占GEP的9.80%（图4-2、图4-3，表4-2、表4-3）。

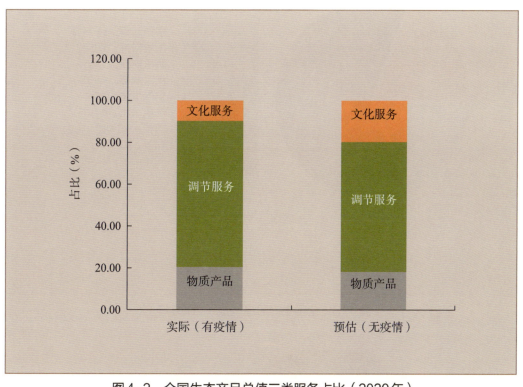

图4-2 全国生态产品总值三类服务占比（2020年）

若无疫情，生态系统物质产品总价值占 GEP 的 18.22%，调节服务总价值占 GEP 的 62.00%，文化服务总价值为 15.46 万亿元，占 GEP 的 19.77%。

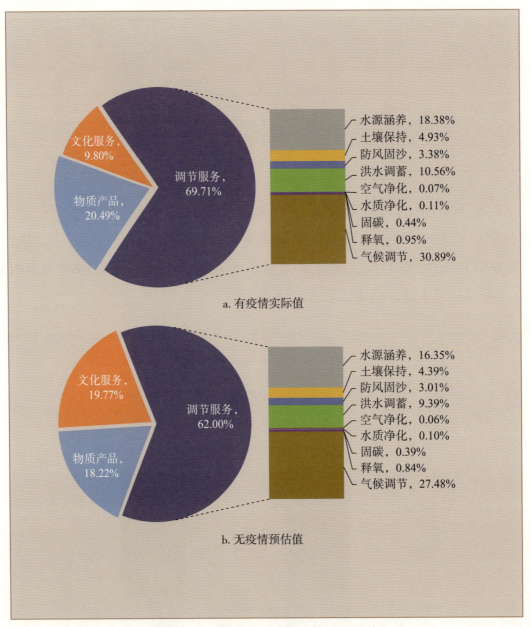

图 4-3　全国生产总值构成（2020 年）

表4-2 全国生态产品总值（2020年）（有疫情实际值）

类别	核算科目	核算科目	价值量（亿元）	合计价值（万亿元）	比例（%）
物质产品	物质产品	农产品	71748.84	14.25	20.49
		林产品	5961.57		
		畜牧产品	40266.69		
		渔产品	12775.88		
		生态能源	7182.59		
		水资源	4549.06		
调节服务	水源涵养	水源涵养	127798.92	12.78	18.38
	土壤保持	减少泥沙淤积	9067.04	3.43	4.93
		减氮少面源污染	13039.60		
		减少磷面源污染	12179.69		
	防风固沙	防风固沙	23526.91	2.35	3.38
	洪水调蓄	湖泊调蓄	26198.46	7.34	10.56
		水库调蓄	20742.97		
		沼泽调蓄	4901.48		
		植被调蓄	21561.91		
	空气净化	净化二氧化硫	215.26	0.05	0.07
		净化氮氧化物	132.83		
		净化工业粉尘	149.71		
	水质净化	净化COD	552.28	0.08	0.11
		净化总氮	53.51		
		净化总磷	171.24		
	固碳	固碳	3048.32	0.30	0.44
	释氧	释氧	6576.83	0.66	0.95
	气候调节	森林降温增湿	107346.40	21.48	30.89
		灌丛降温增湿	12098.87		
		草地降温增湿	15893.76		
		水面降温增湿	79482.01		
文化服务	休闲旅游	休闲旅游价值	68156.13	6.82	9.80
合计			695378.77	69.54	100.00

表4-3 全国生态产品总值（2020年）（无疫情预估值）

类别	核算科目	核算科目	价值量（亿元）	合计价值（万亿元）	比例（%）
物质产品	物质产品	农产品	71748.84	14.25	18.22
		林产品	5961.57		
		畜牧产品	40266.69		
		渔产品	12775.88		
		生态能源	7182.59		
		水资源	4549.06		
调节服务	水源涵养	水源涵养	127798.92	12.78	16.35
	土壤保持	减少泥沙淤积	9067.04	3.43	4.39
		减少氮面源污染	13039.60		
		减少磷面源污染	12179.69		
	防风固沙	防风固沙	23526.91	2.35	3.01
	洪水调蓄	湖泊调蓄	26198.46	7.34	9.39
		水库调蓄	20742.97		
		沼泽调蓄	4901.48		
		植被调蓄	21561.91		
	空气净化	净化二氧化硫	215.26	0.05	0.06
		净化氮氧化物	132.83		
		净化工业粉尘	149.71		
	水质净化	净化COD	552.28	0.08	0.10
		净化总氮	53.51		
		净化总磷	171.24		
	固碳	固碳	3048.32	0.30	0.39
	释氧	释氧	6576.83	0.66	0.84
	气候调节	森林降温增湿	107346.40	21.48	27.48
		灌丛降温增湿	12098.87		
		草地降温增湿	15893.76		
		水面降温增湿	79482.01		
文化服务	休闲旅游	休闲旅游价值	154596.12	15.46	19.77
合计			781818.77	78.18	100.00

二、生态产品总值变化

2000—2020年，扣除价格因素影响，按可比价计算，全国GEP从50.80万亿元增长到69.54万亿元，增长了18.74万亿元，增长率为36.88%，年均增长率为1.58%。其中，物质产品、调节服务、文化服务价值增长率分别为221.02%、5.73%、1216.93%，年均增长率分别为6.01%、0.28%、13.76%。单位面积GEP从536.05万元/km^2增长到733.74万元/km^2；人均GEP从40246.50元增长到49313.10元。若无疫情，预估全国GEP总值共增加53.89%，年均增长2.18%。其中，文化服务价值将增长14.94万亿元，增幅为2887.14%，年均增速为18.51%（表4-4，图4-4，图4-6至图4-10）。

2000—2010年，全国GEP增长8.22万亿元，增长率为16.18%，年均增长率为1.51%。其中，物质产品、调节服务、文化服务增长率分别为112.65%、2.31%、418.04%，年均增长率分别为7.84%、0.23%、17.88%（表4-4，图4-4、图4-10）。单位面积GEP从536.05万元/km^2增长到622.79万元/km^2；人均GEP从40246.50元增长到44250.14元。

2010—2020年，全国GEP增长10.51万亿元，增长率为17.81%，年均增长率为1.65%。其中，物质产品、调节服务、文化服务增长率分别为50.96%、3.35%、154.21%，年均增长率分别为4.20%、0.33%、9.78%（表4-4，图4-4、图4-10）。单位面积GEP从622.79万元/km^2增长到733.74万元/km^2；人均GEP从44250.14元增长到49313.10元（表4-4、图4-4至图4-10）。

表4-4 全国三大生态产品价值变化（2000—2020年）

单位：总量、变化量（万亿元），变化率（%）

类别	2020年	2010年	2000年	2000—2020年		2000—2010年		2010—2020年	
				变化量	变化率	变化量	变化率	变化量	变化率
物质产品	14.25	9.44	4.44	9.81	221.02	5.00	112.65	4.81	50.96

（续）

类别	2020年	2010年	2000年	2000—2020年		2000—2010年		2010—2020年	
				变化量	变化率	变化量	变化率	变化量	变化率
调节服务	48.47	46.90	45.85	2.63	5.73	1.06	2.31	1.57	3.35
文化服务	6.82	2.68	0.52	6.30	1216.93	2.16	418.04	4.13	154.21
GEP	69.54	59.02	50.80	18.74	36.88	8.22	16.18	10.51	17.81

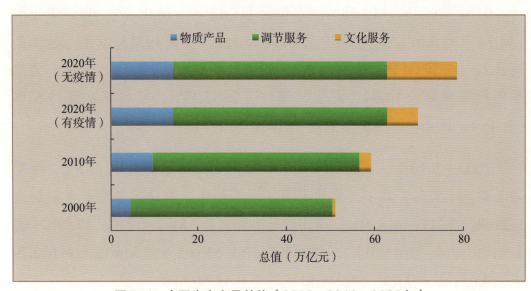

图 4-4　全国生态产品总值（2000、2010、2020年）

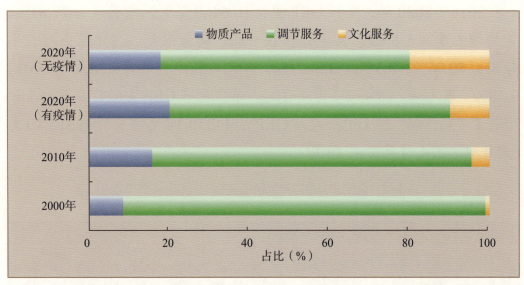

图 4-5　全国三大生态产品价值占比（2000、2010、2020年）

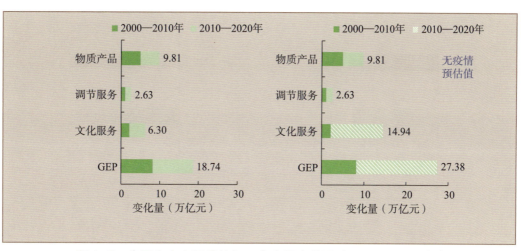

图4-6　全国生态产品总值与三大产品变化量（2000—2020年）

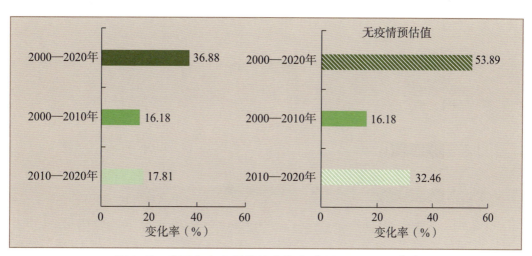

图4-7　全国生态产品总值变化率（2000—2020年）

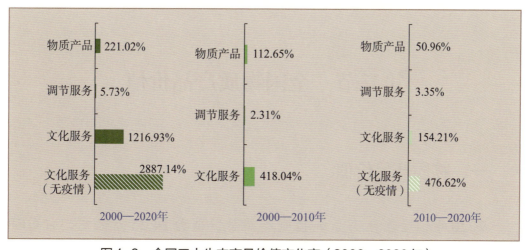

图4-8　全国三大生态产品价值变化率（2000—2020年）

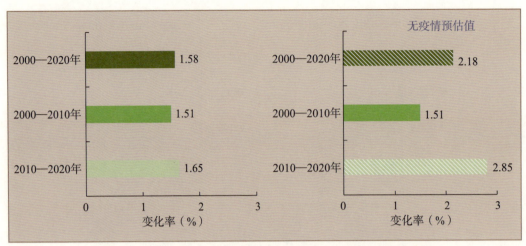

图4-9　全国生态产品总值年均变化率（2000—2020年）

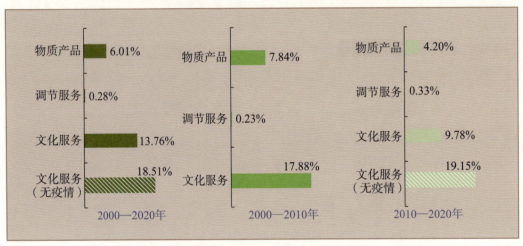

图4-10　全国三大生态产品价值年均变化率（2000—2020年）

第二节　全国物质产品价值

一、物质产品价值

2020年，全国生态系统物质产品总价值为14.25万亿元，占GEP总价值的20.49%。其中，农产品价值为7.17万亿元，林产品价值为

0.60万亿元，畜牧产品价值为4.03万亿元，渔产品价值为1.28万亿元，生态能源价值为0.72万亿元，水资源价值为0.45万亿元（表4-5，图4-11）。

表4-5　全国生态系统物质产品价值（2020年）

物质产品	价值（亿元）	占GEP比例（%）
农产品	71748.84	10.32
林产品	5961.57	0.86
畜牧产品	40266.69	5.79
渔产品	12775.88	1.84
生态能源	7182.59	1.03
水资源	4549.06	0.65
合计	142484.63	20.49

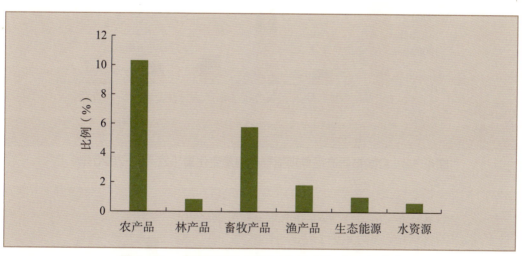

图4-11　全国各项物质产品价值占比（2020年）

二、物质产品价值变化

2000—2020年，全国物质产品总价值呈递增趋势，其中，生态能源价值增幅最大为509.30%；其次是林产品、畜牧产品、农产品、渔产品，增幅分别为302.48%、244.32%、226.95%、197.74%；水资源价值仅增长19.91%（图4-12、图4-13）。

2000—2010年，全国物质产品总价值呈递增趋势，其中，生态能源价值增幅最大，为224.69%；其次是畜牧产品、林产品、农产品、渔产品，水资源增幅最小（图4-12、图4-13）。

2010—2020年，全国物质产品总价值呈递增趋势，除水资源价值下降9.64%外，其他物质产品价值均增长，其中，生态能源增幅最大，为87.66%，其次是林产品、渔产品、农产品、畜牧产品（图4-12、图4-13）。

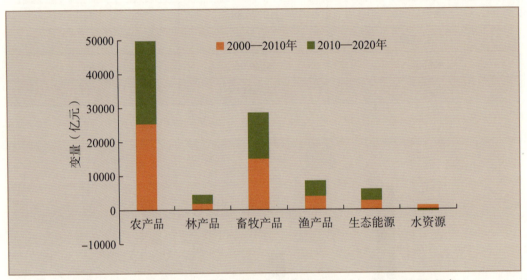

图4-12　全国物质产品单项指标价值量变化量（2000—2020年）

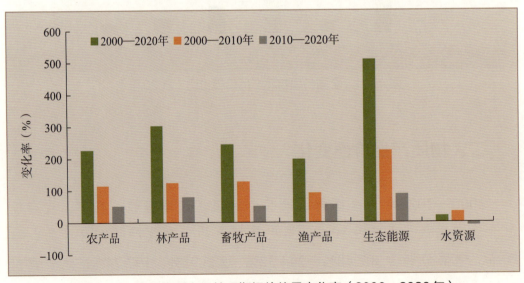

图4-13　全国物质产品单项指标价值量变化率（2000—2020年）

第三节 全国调节服务价值

一、调节服务价值

2020年，全国生态系统调节服务总价值为48.47万亿元，占全国GEP的69.71%。其中，气候调节价值最高，为21.48万亿元，占全国GEP的30.89%；其次是水源涵养，价值为12.78万亿元，占全国GEP的8.38%；洪水调蓄价值为7.34万亿元，占全国GEP的10.56%；土壤保持、防风固沙、释氧、固碳、水质净化、空气净化价值分别为3.44万亿元、2.35万亿元、0.66万亿元、0.30万亿元、0.08万亿元、0.05万亿元（图4-14，表4-6）。

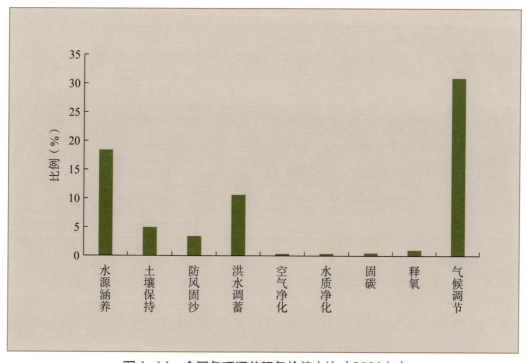

图4-14 全国各项调节服务价值占比（2020年）

表4-6　全国生态系统调节服务功能量与价值量（2020年）

服务	指标	功能量	单位	价值量（亿元）	小计
水源涵养	水源涵养	14137.05	亿 m³	127798.92	127798.92
土壤保持	减少泥沙淤积	374.09	亿 m³	9067.04	34286.34
	减少氮面源污染	7.45	亿 t	13039.60	
	减少磷面源污染	2.17	亿 t	12179.69	
防风固沙	防风固沙	830.15	亿 t	23526.91	23526.91
洪水调蓄	湖泊调蓄	2898.06	亿 m³	26198.46	73404.82
	水库调蓄	2294.58	亿 m³	20742.97	
	沼泽调蓄	542.20	亿 m³	4901.48	
	植被调蓄	2385.17	亿 m³	21561.91	
空气净化	净化二氧化硫	1708.40	万 t	215.26	497.80
	净化氮氧化物	1054.21	万 t	132.83	
	净化工业粉尘	4990.33	万 t	149.71	
水质净化	净化COD	3944.84	万 t	552.28	777.03
	净化总氮	305.79	万 t	53.51	
	净化总磷	305.79	万 t	171.24	
固碳	固碳	11.64	亿 t	3048.32	3048.32
释氧	释氧	8.46	亿 t	6576.83	6576.83
气候调节	森林蒸腾降温增湿	202540.38	亿 kW·h	107346.40	214821.04
	灌丛蒸腾降温增湿	22828.06	亿 kW·h	12098.87	
	草地蒸腾降温增湿	29988.23	亿 kW·h	15893.76	
	水面蒸发降温增湿	149966.06	亿 kW·h	79482.01	
小计				484738.02	484738.02

（一）水源涵养价值

2020年，全国生态系统水源涵养总量为14137.05亿 m³，总价值为12.78万亿元，占全国GEP的18.38%。

（二）土壤保持价值

2020年，全国生态系统土壤保持总量为2013.84亿t。推算得出，因生态系统土壤保持功能减少的泥沙淤积量为374.09亿m^3，因土壤保持功能减少氮面源污染量为7.45亿t，减少磷面源污染量为2.17亿t。

全国土壤保持功能总价值为3.43万亿元，占全国GEP的4.93%。其中，减少泥沙淤积价值为0.91万亿元，减少氮面源污染价值为1.30万亿元，减少磷面源污染价值为1.22万亿元。

（三）防风固沙价值

2020年，全国生态系统防风固沙总量为830.15亿t，总价值为2.35万亿元，占全国GEP的3.38%。

（四）洪水调蓄价值

2020年，全国洪水调蓄能力为8120.01亿m^3，其中，湖泊洪水调蓄能力为2898.06亿m^3，水库洪水调蓄能力为2294.58亿m^3，沼泽洪水调蓄能力为542.20亿m^3，植被洪水调蓄能力为2385.17亿m^3。

全国洪水调蓄总价值为7.34万亿元，占全国GEP的10.56%。

（五）空气净化价值

2020年，全国生态系统大气污染物净化量为7752.94万t。其中，生态系统净化二氧化硫量为1708.40万t，净化氮氧化物量为1054.21万t，净化工业粉尘量为4990.33万t。

全国生态系统空气净化总价值为497.80亿元，占全国GEP的0.07%。其中，净化二氧化硫价值为215.26亿元；净化氮氧化物价值为132.83亿元；净化工业粉尘价值为149.71亿元。

（六）水质净化价值

2020年，全国水质污染物净化量为4556.42万t。其中，净化COD量为3944.84万t，净化总氮量为305.79万t，净化总磷量为305.79万t。

全国水质净化总价值为777.03亿元，占全国GEP的0.11%。其中，净化COD价值为552.28亿元；净化总氮价值为53.51亿元；净化总磷价值为171.24亿元。

（七）固碳价值

2020年，全国生态系统固定二氧化碳量为11.64亿t。

全国生态系统固碳价值为0.30万亿元，占全国GEP的0.44%。

（八）释氧价值

2020年，全国生态系统释放氧气量为8.46亿t。

全国生态系统释氧价值为0.66万亿元，占全国GEP的0.95%。

（九）气候调节价值

2020年，全国因植被蒸腾吸热总消耗能量为255356.67亿kW·h。其中，森林蒸腾吸热消耗能量为202540.38亿kW·h；灌丛蒸腾吸热消耗能量为22828.06亿kW·h；草地蒸腾吸热消耗能量为29988.23亿kW·h。水面蒸发消耗能量为149966.06亿kW·h。综合可得，生态系统消耗总热量为405322.73亿kW·h。

全国气候调节总价值为21.48万亿元，占全国GEP的30.89%。其中，森林蒸腾降温增湿价值为10.73万亿元，灌丛蒸腾降温增湿价值为1.21万亿元，草地蒸腾降温增湿价值为1.59万亿元，水面蒸发降温增湿价值为7.95万亿元。

二、调节服务价值变化

2000—2020年,调节服务总价值增长26274.28亿元,增幅为5.73%。各项服务价值均呈增长趋势,其中,洪水调蓄和防风固沙增幅较大,分别为17.17%和17.12%,其次是气候调节、固碳和释氧,增幅分别为4.46%、4.16%和4.16%,空气净化、土壤保持、水源涵养、水质净化增幅相对较小,分别为2.30%、1.71%、1.53%、0.46%(表4-7,图4-15、图4-16)。

2000—2010年,调节服务总价值增长10578.10亿元,增幅为2.31%;其中,防风固沙增幅最大,为12.11%,其次是洪水调蓄,为6.96%,其他服务价值稳中有增(表4-7,图4-15、图4-16)。

2010—2020年,调节服务总价值增长15696.18亿元,增幅为3.35%;其中,洪水调蓄增幅最大,为9.55%,其次是防风固沙、固碳、释氧、气候调节,水源涵养、土壤保持等服务价值增幅较小(表4-7,图4-15、图4-16)。

表4-7 全国调节服务价值变化(2000—2020年)

调节服务	2020	2010	2000	2000—2020年		2000—2010年		2010—2020年	
				变化量	变化率	变化量	变化率	变化量	变化率
水源涵养	127798.92	126291.05	125869.07	1929.85	1.53	421.97	0.34	1507.87	1.19
土壤保持	34286.34	33940.20	33709.51	576.83	1.71	230.69	0.68	346.14	1.02
防风固沙	23526.91	22520.49	20087.44	3439.48	17.12	2433.06	12.11	1006.42	4.47
洪水调蓄	73404.82	67004.12	62645.81	10759.01	17.17	4358.31	6.96	6400.70	9.55
空气净化	497.80	491.28	486.61	11.19	2.30	4.67	0.96	6.52	1.33
水质净化	777.03	774.75	773.49	3.54	0.46	1.26	0.16	2.28	0.29
固碳	3048.32	2947.31	2926.54	121.78	4.16	20.77	0.71	101.01	3.43
释氧	6576.83	6358.89	6314.09	262.74	4.16	44.80	0.71	217.94	3.43
气候调节	214821.04	208713.75	205651.17	9169.87	4.46	3062.57	1.49	6107.30	2.93

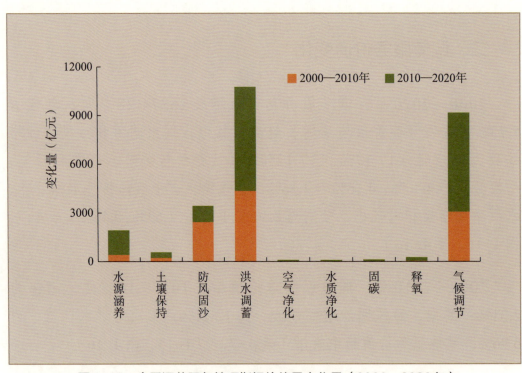

图 4-15　全国调节服务单项指标价值量变化量（2000—2020 年）

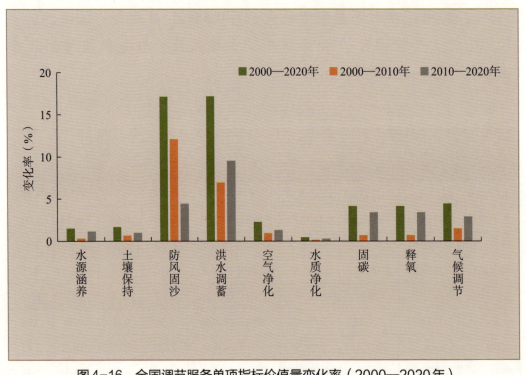

图 4-16　全国调节服务单项指标价值量变化率（2000—2020 年）

第四节 全国文化服务价值

一、文化服务价值

2020年，受疫情影响，全国旅游事业受到极大冲击，旅游人数和收入小幅增长，旅游人数为431379.45万人次，旅游总收入为12.12万亿元。生态系统文化服务价值为6.82万亿元，占全国GEP的9.80%。

二、文化服务价值变化

2000—2020年，全国生态系统文化服务价值由5175.39亿元增长至68156.13亿元，增长62980.73亿元，增幅为1216.93%。

2000—2010年，文化服务价值由5175.39亿元增长至26810.53亿元，增幅为418.04%。

2010—2020年，文化服务价值增长相对不高，由26810.53亿元增长至68156.13亿元，增幅为154.21%（图4-17，表4-9、表4-10、表4-11）。

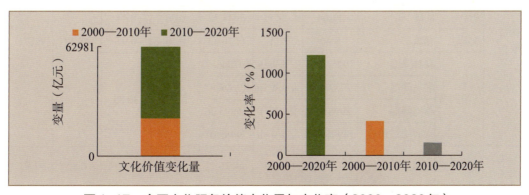

图4-17 全国文化服务价值变化量与变化率（2000—2020年）

表4-9 全国生态产品总值核算总表(2020年)

功能类别	核算科目	指标	功能量	单位	价值（亿元）	小计（万亿元）	比例（%）	总计（万亿元）	比例（%）
物质产品	农产品				71748.84	14.25	10.32	14.25	20.49
	林产品				5961.57		0.86		
	畜牧产品				40266.69		5.79		
	渔产品				12775.88		1.84		
	生态能源				7182.59		1.03		
	水资源				4549.06		0.65		
调节服务	水源涵养	水源涵养	14137.05	亿m³	127798.92	12.78	18.38		
	土壤保持	减少泥沙淤积	374.09	亿m³	9067.04	3.43	4.93		
		减少氮面源污染	7.45	亿t	13039.60				
		减少磷面源污染	2.17	亿t	12179.69				
	防风固沙	防风固沙	830.15	亿t	23526.91	2.35	3.38		
	洪水调蓄	湖泊调蓄	2898.06	亿m³	26198.46	7.34	10.56		
		水库调蓄	2294.58	亿m³	20742.97				
		沼泽调蓄	542.20	亿m³	4901.48				
		植被调蓄	2385.17	亿m³	21561.91				
	空气净化	净化二氧化硫	1708.40	万t	215.26	0.05	0.07		
		净化氮氧化物	1054.21	万t	132.83				
		净化工业粉尘	4990.33	万t	149.71				
	水质净化	净化COD	3944.84	万t	552.28	0.08	0.11		
		净化总氮	305.79	万t	53.51				
		净化总磷	305.79	万t	171.24				
调节服务	固碳	固碳	11.64	亿t	3048.32	0.30	0.44	48.47	69.71
	释氧	释氧	8.46	亿t	6576.83	0.66	0.95		
	气候调节	森林降温	202540.38	亿kW·h	107346.40	21.48	30.89		
		灌丛降温	22828.06	亿kW·h	12098.87				
		草地降温	29988.23	亿kW·h	15893.76				
		水面降温增湿	149966.06	亿kW·h	79482.01				
文化服务	休闲旅游	休闲旅游价值	431379.45	万人/年	68156.73	6.82	9.80	6.82	9.80
合计					695378.77	69.54	100.00	69.54	100.00

第四章 中国生态产品总值

表4-10 全国生态产品总值（2000、2010年2020年）

单位：价值（亿元），比例（%）

类别	核算科目	指标	2000年 价值	2000年 比例	2010年 价值	2010年 比例	2020年 价值	2020年 比例
物质产品	物质产品	农产品	21945.06	4.32	47304.74	8.01	71748.84	10.32
		林产品	1481.19	0.29	3323.61	0.56	5961.57	0.86
		畜牧产品	11694.70	2.30	26668.28	4.52	40266.69	5.79
		渔产品	4290.94	0.84	8224.13	1.39	12775.88	1.84
		生态能源	1178.82	0.23	3827.51	0.65	7182.59	1.03
		水资源	3793.71	0.75	5034.30	0.85	4549.06	0.65
	小计		44384.43	8.74	94382.57	15.99	142484.63	20.49
调节服务	水源涵养	水源涵养	125869.07	24.78	126291.05	21.40	127798.92	18.38
	土壤保持	减少泥沙淤积	8915.41	1.75	8975.98	1.52	9067.04	1.30
		减少氮面源污染	12819.75	2.52	12907.71	2.19	13039.60	1.88
		减少磷面源污染	11974.34	2.36	12056.50	2.04	12179.69	1.75
		小计	33709.51	6.64	33940.20	5.75	34286.34	4.93
	防风固沙	防风固沙	20087.44	3.95	22520.49	3.82	23526.91	3.38
	洪水调蓄	湖泊调蓄	24978.69	4.92	25407.83	4.30	26198.46	3.77
		水库调蓄	11568.85	2.28	15512.94	2.63	20742.97	2.98
		沼泽调蓄	5098.13	1.00	4939.13	0.84	4901.48	0.70
		植被调蓄	21000.14	4.13	21144.22	3.58	21561.91	3.10
		小计	62645.81	12.33	67004.12	11.35	73404.82	10.56

（续）

类别	核算科目	指标	2000年				2010年				2020年			
			价值	比例	价值	比例	价值	比例	价值	比例	价值	比例	价值	比例
调节服务	空气净化	净化二氧化硫	210.57	0.04	486.61	0.10	212.57	0.04	491.28	0.08	215.26	0.03	497.80	0.07
		净化氮氧化物	129.78	0.03			131.03	0.02			132.83	0.02		
		净化工业粉尘	146.26	0.03			147.68	0.03			149.71	0.02		
	水质净化	净化COD	549.76	0.11	773.49	0.15	550.66	0.09	774.75	0.13	552.28	0.08	777.03	0.11
		净化总氮	53.27	0.01			53.36	0.01			53.51	0.01		
		净化总磷	170.46	0.03			170.74	0.03			171.24	0.02		
	固碳	固碳	2926.54	0.58	2926.54	0.58	2947.31	0.50	2947.31	0.50	3048.32	0.44	3048.32	0.44
	释氧	释氧	6314.09	1.24	6314.09	1.24	6358.89	1.08	6358.89	1.08	6576.83	0.95	6576.83	0.95
	气候调节	森林降温	98003.31	19.29	205651.17	40.48	100357.33	17.00	208713.75	35.36	107346.40	15.44	214821.04	30.89
		灌丛降温	12927.06	2.54			12777.15	2.16			12098.87	1.74		
		草地降温	16618.31	3.27			16561.19	2.81			15893.76	2.29		
		水面降温增湿	78102.50	15.37			79018.06	13.39			79482.01	11.43		
文化服务	休闲旅游	休闲旅游价值	5175.39	1.02	5175.39	1.02	26810.53	4.54	26810.53	4.54	68156.13	9.80	68156.13	9.80
合计			508023.56	100.00	508023.56	100.00	590234.93	100.00	590234.93	100.00	695378.77	100.00	695378.77	100.00

表4-11 全国生态产品总值价值量变化总表（2000—2020年）

单位：变化量（亿元），变化率（%）

类别	核算科目	指标	2000—2020年 变化量	2000—2020年 变化率	2000—2010年 变化量	2000—2010年 变化率	2010—2020年 变化量	2010—2020年 变化率
物质产品	物质产品	农产品	49803.78	226.95	25359.67	115.56	24444.10	51.67
		林产品	4480.38	302.48	1842.42	124.39	2637.96	79.37
		畜牧产品	28571.99	244.32	14973.58	128.04	13598.41	50.99
		渔产品	8484.94	197.74	3933.19	91.66	4551.75	55.35
		生态能源	6003.77	509.30	2648.69	224.69	3355.08	87.66
		水资源	755.35	19.91	1240.59	32.70	-485.24	-9.64
调节服务	水源涵养	水源涵养	1929.85	1.53	421.97	0.34	1507.87	1.19
	土壤保持	减少泥沙淤积	151.63	1.70	60.57	0.68	91.05	1.01
		减少氮面源污染	219.85	1.71	87.96	0.69	131.89	1.02
		减少磷面源污染	205.35	1.71	82.16	0.69	123.19	1.02
	防风固沙	防风固沙	3439.48	17.12	2433.06	12.11	1006.42	4.47
	洪水调蓄	湖泊调蓄	1219.77	4.88	429.14	1.72	790.63	3.11
		水库调蓄	9174.12	79.30	3944.09	34.09	5230.03	33.71
		沼泽调蓄	-196.64	-3.86	-158.99	-3.12	-37.65	-0.76
		植被调蓄	7790.36	6.11	2147.01	1.68	5643.35	4.35
			98100.20	221.02	49998.14	112.65	48102.06	50.96
			576.83	1.71	230.69	0.68	346.14	1.02
			10759.01	17.17	4358.31	6.96	6400.70	9.55

（续）

类别	核算科目	指标	2000—2020年 变化量	2000—2020年 变化率	2000—2020年 合计变化量	2000—2020年 合计变化率	2000—2010年 变化量	2000—2010年 变化率	2000—2010年 合计变化量	2000—2010年 合计变化率	2010—2020年 变化量	2010—2020年 变化率	2010—2020年 合计变化量	2010—2020年 合计变化率
调节服务	空气净化	净化二氧化硫	4.68	2.22	11.19	2.30	2.00	0.95	4.67	0.96	2.69	1.26	6.52	1.33
调节服务	空气净化	净化氮氧化物	3.05	2.35			1.26	0.97			1.80	1.37		
调节服务	空气净化	净化工业粉尘	3.45	2.36			1.42	0.97			2.03	1.38		
调节服务	水质净化	净化COD	2.52	0.46	3.54	0.46	0.89	0.16	1.26	0.16	1.62	0.29	2.28	0.29
调节服务	水质净化	净化总氮	0.24	0.46			0.09	0.16			0.16	0.29		
调节服务	水质净化	净化总磷	0.78	0.46			0.28	0.16			0.50	0.29		
调节服务	固碳	固碳	121.78	4.16	121.78	4.16	20.77	0.71	20.77	0.71	101.01	3.43	101.01	3.43
调节服务	释氧	释氧	262.74	4.16	262.74	4.16	44.80	0.71	44.80	0.71	217.94	3.43	217.94	3.43
调节服务	气候调节	森林降温	9343.09	9.53	9169.87	4.46	2354.02	2.40	3062.57	1.49	6989.07	6.96	6107.30	2.93
调节服务	气候调节	灌丛降温	-828.18	-6.41			-149.90	-1.16			-678.28	-5.31		
调节服务	气候调节	草地降温	-724.55	-4.36			-57.11	-0.34			-667.43	-4.03		
调节服务	气候调节	水面降温增湿	1379.51	1.77			915.56	1.17			463.95	0.59		
文化服务	休闲旅游	休闲旅游价值	62980.73	1216.93	62980.73	1216.93	21635.14	418.04	21635.14	418.04	41345.60	154.21	41345.60	154.21
合计			187355.21	36.88	187355.21	36.88	82211.37	16.18	82211.37	16.18	105143.84	17.81	105143.84	17.81

第五节　省（自治区、直辖市）生态产品总值

一、生态产品总值

（一）GEP现状

2020年，生态产品总值位列全国前十的省（自治区）是：四川、云南、广西、湖南、内蒙古、江西、广东、湖北、西藏、福建。上海、天津、北京、宁夏等省（直辖市、自治区）生态产品总值相对较低（图4-18）。

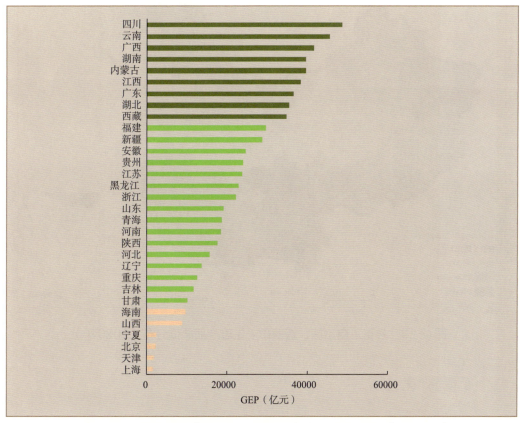

图4-18　全国各省（自治区、直辖市）生态产品总值（2020年）

从各省（自治区、直辖市）生态产品总值排序情况来看，四川生态产品总值最高，达到48414.93亿元；其次是云南和广西，生态产品总值分别为45321.31亿元和41461.23亿元。生态产品总值在30000亿~40000亿元的省（自治区）有6个，为湖南、内蒙古、江西、广东、湖北、西藏；生态产品总值在20000亿~30000亿元的省（自治区）有7个，为福建、新疆、安徽、贵州、江苏、黑龙江、浙江；生态产品总值在10000亿~20000亿元的省（自治区、直辖市）有9个，为山东、青海、河南、陕西、河北、辽宁、重庆、吉林、甘肃；低于10000亿元的省（自治区、直辖市）有6个，为海南、山西、宁夏、北京、天津、上海（图4-19）。

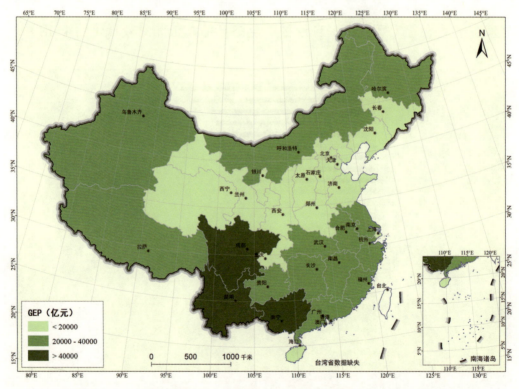

图4-19　各省（自治区、直辖市）生态产品总值分布（2020年）

1. 单位面积GEP

从单位面积GEP来看，福建价值最高，为2424.54万元/km²，其次是江苏、江西、浙江、广东，单位面积GEP均在2000万元/km²以上；1500万～2000万元/km²的省（自治区、直辖市）有湖北、海南、湖南、上海、安徽、广西、重庆；1000万～1500万元/km²的省（直辖市）有天津、贵州、北京、山东、云南、河南；低于1000万元/km²的省（自治区）主要位于我国西北和东北地区，有四川、辽宁、陕西、内蒙古等13个省（自治区）（图4-20、图4-21）。

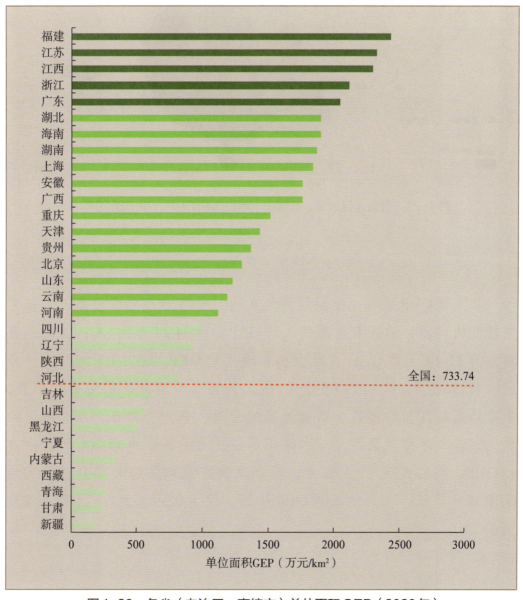

图4-20　各省（自治区、直辖市）单位面积GEP（2020年）

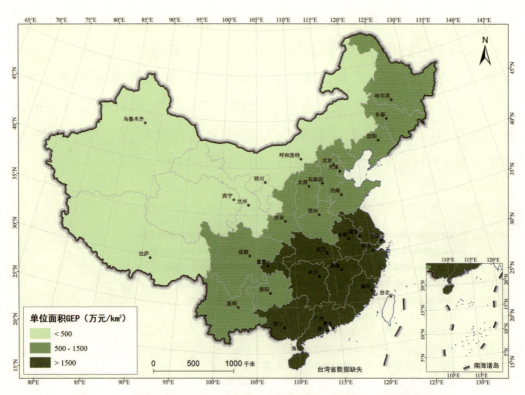

图4-21 各省(自治区、直辖市)单位面积GEP分布(2020年)

2.人均GEP

从人均GEP来看,全国经济欠发达、生态产品总值较高、人口密度较低的西藏自治区有最高的人均GEP,为94.21万元/人;其次是青海,为31.14万元/人;内蒙古和新疆人均GEP均在10万元以上,分别为16.36万元/人和11.05万元/人。此外,华南地区的海南和广西,华东地区的江西和福建,西南地区的云南、贵州、四川,东北地区的黑龙江以及华中地区的湖北和湖南等省(自治区)也都具有较高的人均GEP,均在5万元/人以上。而华北和东北地区的大部分省份人均GEP相对较低。上海的人均GEP最低,仅为0.59万元/人(图4-22、图4-23)。

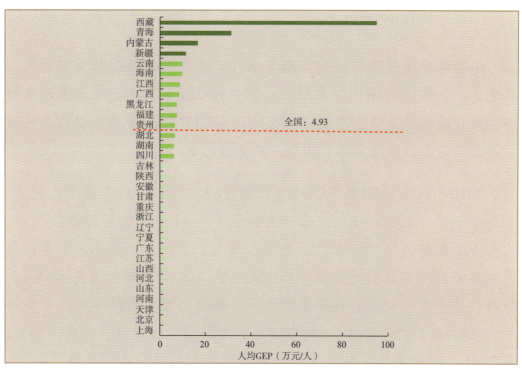

图4-22 各省（自治区、直辖市）人均GEP（2020年）

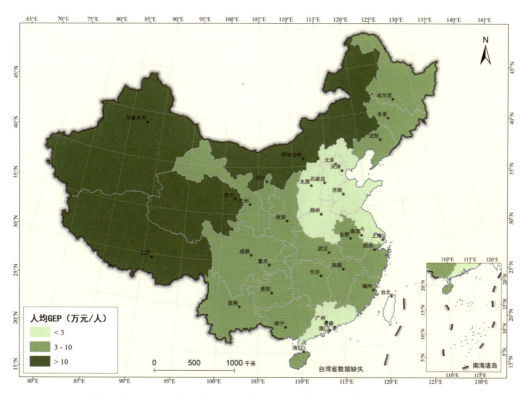

图4-23 各省（自治区、直辖市）人均GEP分布（2020年）

3. GEP与GDP的比值

生态环境是经济发展的基础与条件，生态产品总值从某种意义上代表了一个区域的GDP发展潜力，应该说GEP较高的区域代表着良好的生态环境和充沛的生产能力。在此，以GEP与GDP的比值作为区域经济发展对生态环境资源利用强度的衡量指标。

2020年，全国GEP与GDP比值为0.69。在全国31个省（自治区、直辖市）中，"比值>1"的省（自治区）有11个，包括西藏、青海、内蒙古、新疆、广西、云南、海南、黑龙江、江西、贵州、甘肃，属于对生态环境资源利用强度较低的地区，其中，西藏比值高达18.12，青海、内蒙古、新疆也具有较高水平，表现出其生态环境在区域发展中的重要地位；"比值≈1"的省有4个，包括四川、湖南、吉林、湖北，其GEP与GDP基本平衡，属于生态环境资源利用中等强度地区；"比值<1"的省（自治区、直辖市）有16个，属于生态环境资源利用强度较高地区，包括福建、陕西、安徽、宁夏、辽宁、山西、重庆、河北、浙江、河南、广东、山东、江苏、上海、北京、天津，其中，上海、北京、天津三个直辖市的GDP远远高于当地GEP总量，它们的经济发展是依靠消费其他地区的生态资产得以维系，属于特殊发展区（表4-12，图4-24、图4-25）。

表4-12　各省（自治区、直辖市）GEP总值（2020年）

省份	GEP（亿元）	单位面积GEP（万元/km²）	物质产品（亿元）	调节服务（亿元）	文化服务（亿元）	人均GEP（元/人）	GEP∶GDP
北京	2121.48	1293.13	326.18	1048.95	746.35	9691.54	0.06
天津	1664.81	1424.57	490.95	944.29	229.57	12002.95	0.12
河北	15423.71	821.55	6371.95	7170.46	1881.31	20664.14	0.43
山西	8803.28	561.49	1914.74	5300.00	1588.53	25224.29	0.50
内蒙古	39313.33	343.09	3554.26	33283.73	2475.34	163601.04	2.26
辽宁	13576.53	929.54	4529.39	7310.33	1736.80	31907.24	0.54

（续）

省份	GEP（亿元）	单位面积GEP（万元/km²）	物质产品（亿元）	调节服务（亿元）	文化服务（亿元）	人均GEP（元/人）	GEP：GDP
吉林	11546.92	604.62	3010.56	6975.20	1561.16	48132.21	0.94
黑龙江	22770.70	503.17	6365.33	14775.49	1629.88	71809.20	1.66
上海	1456.16	1831.20	436.66	435.67	583.83	5852.74	0.04
江苏	23573.78	2311.77	8058.97	13587.37	1927.45	27809.11	0.23
浙江	21999.84	2106.09	3678.96	16023.35	2297.53	34013.35	0.34
安徽	24568.91	1753.38	5657.47	16686.46	2224.99	40243.92	0.64
福建	29595.52	2424.54	5050.13	21745.97	2799.41	71125.97	0.67
江西	38113.23	2283.00	3912.26	31113.65	3087.32	84339.96	1.48
山东	19118.57	1222.67	9567.49	8032.79	1518.30	18808.24	0.26
河南	18456.20	1114.18	9639.33	6312.61	2504.26	18565.74	0.34
湖北	35160.51	1891.41	7925.55	24681.73	2553.22	61201.93	0.81
湖南	39413.24	1860.31	7527.59	27391.30	4494.35	59312.63	0.94
广东	36237.09	2042.33	8091.08	26782.47	1363.54	28704.92	0.33
广西	41461.23	1753.03	6120.89	31019.39	4320.95	82608.54	1.87
海南	9493.47	1886.88	1773.52	7157.11	562.84	93809.03	1.72
重庆	12421.17	1507.65	2933.7	7303.75	2183.71	38707.28	0.50
四川	48414.93	995.95	11025.64	30320.00	7069.29	57836.49	1.00
贵州	23919.35	1358.30	4676.12	13664.75	5578.48	61999.36	1.34
云南	45321.31	1182.72	7414.16	31292.31	6614.84	95979.06	1.85
西藏	34481.12	286.75	274.93	33814.58	391.61	942107.08	18.12
陕西	17550.29	853.82	3985.32	12084.02	1480.95	44374.94	0.67
甘肃	10053.77	236.31	2272.67	6443.74	1337.36	40199.01	1.12
青海	18464.18	265.04	830.26	17368.29	265.63	311369.02	6.14
宁夏	2257.63	434.51	710.74	1363.92	182.97	31312.51	0.58
新疆	28626.52	175.44	4357.83	23304.35	964.34	110527.10	2.07
全国	695378.77	733.74	142484.63	484738.02	68156.13	49313.10	0.69

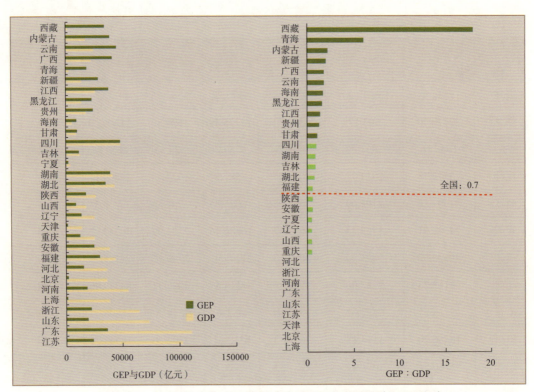

图4-24　各省（自治区、直辖市）GEP与GDP（2020年）

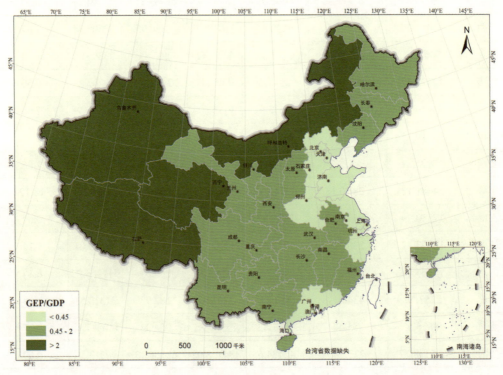

图4-25　各省（自治区、直辖市）GEP∶GDP分布（2020年）

（二）物质产品价值

2020年，生态系统物质产品价值超过5000亿元的省（自治区）有13个，分别为粮食主产区的四川、河南、山东、江苏、黑龙江、湖北、湖南、河北、安徽，及华南的广东、广西，西南的云南，华东的福建等。而受限于自然条件，西北大部分地区的物质产品价值较低。

从各省（自治区、直辖市）物质产品价值排序情况来看，四川的生态系统物质产品价值最高，达到11025.64亿元；其次是河南，生态系统物质产品价值为9639.33亿元；山东和广东的物质产品价值分别为9567.49亿元和8091.08亿元。生态系统物质产品价值位于5000亿~7000亿元的省（自治区）有5个，分别是河北、黑龙江、广西、安徽、福建。生态系统物质产品价值位于3000亿~5000亿元的省（自治区）有8个，分别是贵州、辽宁、新疆、陕西、江西、浙江、内蒙古、吉林。物质产品价值位于1000亿~3000亿元的省（直辖市）有4个，分别是重庆、甘肃、山西、海南。低于1000亿元的省（自治区、直辖市）有6个，分别是青海、宁夏、天津、上海、北京、西藏（表4-13，图4-26至图4-28）。

表4-13　各省（自治区、直辖市）生态系统物质产品价值（2020年）

单位：亿元

省市	农产品	林产品	畜牧产品	渔产品	生态能源	水资源	总计
北京	107.57	97.74	45.21	4.09	6.07	65.50	326.18
天津	228.76	15.73	145.47	68.09	0.05	32.85	490.95
河北	3413.34	255.35	2309.72	243.22	8.04	142.28	6371.95
山西	1075.94	137.08	606.32	6.62	24.78	64.00	1914.74
内蒙古	1699.01	89.78	1603.36	27.79	30.40	103.92	3554.26
辽宁	2056.82	121.04	1604.71	617.47	29.97	99.38	4529.39
吉林	1231.84	71.92	1547.38	41.43	49.74	68.25	3010.56

（续）

省市	农产品	林产品	畜牧产品	渔产品	生态能源	水资源	总计
黑龙江	4044.15	192.35	1912.96	115.57	16.95	83.35	6365.33
上海	138.00	15.16	55.06	50.95	0.00	177.49	436.66
江苏	4102.16	172.85	1315.84	1774.00	17.05	677.07	8058.97
浙江	1593.96	189.56	472.63	1130.63	110.82	181.36	3678.96
安徽	2525.42	387.47	1900.19	542.57	35.09	266.73	5657.47
福建	1818.18	390.57	1141.12	1373.12	154.64	172.50	5050.13
江西	1689.88	367.81	1125.41	473.50	76.79	178.87	3912.26
山东	5168.36	214.20	2571.87	1432.08	4.59	176.39	9567.49
河南	6244.84	126.69	2855.83	117.63	74.31	220.03	9639.33
湖北	3492.54	245.37	1864.78	1156.78	873.03	293.05	7925.55
湖南	3364.77	428.00	2721.63	477.55	304.04	231.60	7527.59
广东	3769.26	414.29	1778.18	1581.54	151.27	396.54	8091.08
广西	3268.80	437.36	1423.75	508.30	325.67	157.01	6120.89
海南	874.81	121.15	357.07	390.80	8.84	20.85	1773.52
重庆	1596.13	126.04	871.85	107.31	148.93	83.44	2933.7
四川	4701.88	379.82	3613.81	287.54	1876.93	165.66	11025.64
贵州	2781.80	293.66	1019.01	61.09	440.51	80.05	4676.12
云南	2902.24	429.50	2315.41	103.98	1568.79	94.24	7414.16
西藏	103.99	3.68	119.69	0.15	37.23	10.19	274.93
陕西	2807.70	116.89	893.35	30.01	67.90	69.47	3985.32
甘肃	1423.85	31.73	495.29	1.97	268.61	51.22	2272.67
青海	188.60	11.86	295.12	3.88	317.47	13.33	830.26
宁夏	397.91	10.92	246.59	18.98	11.93	24.41	710.74
新疆	2936.33	66.00	1038.08	27.24	142.15	148.03	4357.83
全国	71748.84	5961.57	40266.69	12775.88	7182.59	4549.06	142484.63

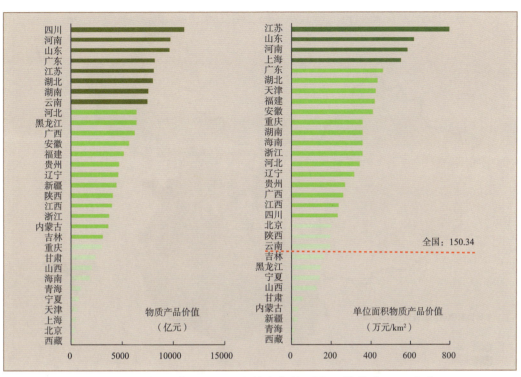

图4-26 各省(自治区、直辖市)物质产品价值(2020年)

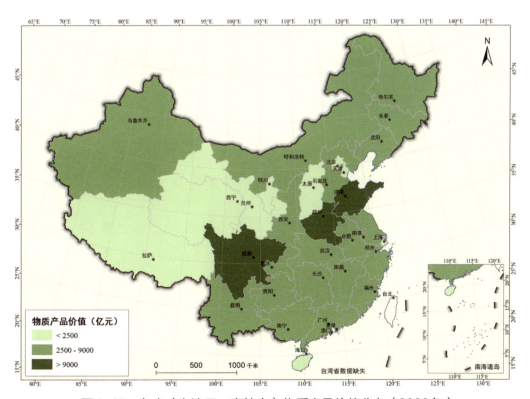

图4-27 各省(自治区、直辖市)物质产品价值分布(2020年)

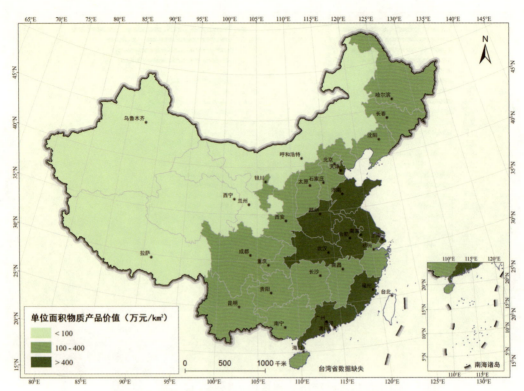

图4-28　各省（自治区、直辖市）单位面积物质产品价值分布（2020年）

（三）调节服务价值

2020年，全国调节服务价值较高的省（自治区）有西藏、内蒙古、云南、江西、广西、四川等。此外，湖南、广东、湖北、福建等中东部省份也都具有相对较高的调节价值。而上海、天津、北京、宁夏和山西等省（自治区、直辖市）的调节服务价值较低。

从各省（自治区、直辖市）调节服务价值排序情况来看，西藏生态系统调节服务价值最高，达到33814.58亿元；其次是内蒙古、云南、江西、广西、四川，生态系统调节服务价值均在30000亿元以上，分别为33283.73亿元、31292.31亿元、31113.65亿元、31019.39亿元、30320.00亿元。调节服务价值在10000亿～30000亿元的省（自治区）有12个分别为湖南、广东、湖北、新疆、福建、青海、安徽、浙江、黑龙江、贵州、江苏和陕西；调节服务价值低于10000亿元的省份有山东、辽宁、重庆、河北、海南、吉林等13个省（自治区、直辖市）（表4-14，图4-29～图4-31）。

表4-14　各省（自治区、直辖市）生态系统调节服务价值（2020年）

单位：亿元

省份	水源涵养	土壤保持	防风固沙	洪水调蓄	空气净化	水质净化	固碳	释氧	气候调节	合计
北京	105.05	61.74	12.44	154.04	1.32	0.82	11.29	24.37	677.87	1048.95
天津	70.00	5.18	0.00	79.90	0.16	3.79	2.02	4.36	778.88	944.29
河北	511.26	390.33	289.59	715.67	9.43	7.71	83.75	180.69	4982.02	7170.46
山西	748.03	1167.36	500.87	263.05	10.13	1.77	52.14	112.48	2444.17	5300.00
内蒙古	5434.34	664.12	7786.03	1784.54	61.44	107.35	166.55	359.34	16920.02	33283.73
辽宁	1352.94	646.45	400.78	1372.28	8.26	10.24	115.60	249.40	3154.38	7310.34
吉林	1740.44	479.98	492.87	1162.71	11.92	16.85	110.33	238.05	2722.03	6975.20
黑龙江	2512.40	538.76	581.74	2153.84	27.22	99.50	218.86	472.20	8170.97	14775.49
上海	117.63	1.48	0.00	62.40	0.15	1.40	1.14	2.45	249.01	435.67
江苏	1192.84	48.53	0.00	7055.99	1.26	35.65	22.56	48.67	5181.88	13587.37
浙江	5066.53	1679.24	0.00	2320.48	8.88	11.19	49.72	107.27	6780.04	16023.35
安徽	3687.57	868.12	0.00	5644.49	5.47	24.49	49.61	107.04	6299.66	16686.46
福建	7223.06	2553.78	0.00	2590.22	13.44	4.43	127.74	275.59	8957.72	21745.97
江西	9954.94	1878.83	0.00	7025.92	14.58	19.30	67.23	145.05	12007.80	31113.65
山东	608.16	187.66	0.00	1750.01	3.42	20.20	70.45	152.00	5240.88	8032.79
河南	635.70	420.98	0.00	1372.53	4.68	7.88	80.42	173.50	3616.91	6312.61
湖北	5231.70	811.71	0.00	9880.07	11.12	31.40	112.15	241.96	8361.62	24681.73
湖南	9436.13	1786.51	0.00	6622.39	16.61	18.27	132.40	285.65	9093.35	27391.30
广东	9622.18	2249.48	0.00	3950.55	15.70	19.71	57.89	124.90	10742.06	26782.47
广西	10268.72	2619.12	0.00	4807.24	21.23	9.75	125.21	270.15	12897.97	31019.39
海南	1705.45	433.14	0.00	918.23	3.20	2.83	5.91	12.76	4075.59	7157.11
重庆	2435.52	629.69	0.00	652.23	6.70	4.17	84.02	181.27	3310.16	7303.75
四川	10126.25	3608.12	14.83	2255.29	40.70	29.16	194.24	419.08	13632.33	30320.00

（续）

省份	水源涵养	土壤保持	防风固沙	洪水调蓄	空气净化	水质净化	固碳	释氧	气候调节	合计
贵州	5709.87	1059.93	0.00	1848.26	16.07	3.81	166.46	359.14	4501.21	13664.75
云南	11613.87	3739.65	2.06	2551.80	40.17	9.71	244.07	526.59	12564.39	31292.31
西藏	9566.49	1937.34	4329.67	1206.73	57.98	114.58	167.50	361.39	16072.89	33814.58
陕西	2229.92	1823.42	617.43	753.18	16.41	2.17	130.96	282.55	6227.97	12084.02
甘肃	1510.98	1087.70	1232.95	321.28	13.68	6.12	106.19	229.11	1935.72	6443.74
青海	3337.91	505.81	2778.28	1475.82	26.51	108.51	51.70	111.55	8972.19	17368.29
宁夏	91.65	107.99	485.61	57.58	2.04	1.37	13.80	29.77	574.11	1363.92
新疆	3951.37	294.19	4001.74	596.10	27.92	42.90	226.41	488.49	13675.22	23304.35
全国	127798.92	34286.34	23526.91	73404.82	497.80	777.03	3048.32	6576.83	214821.04	484738.02

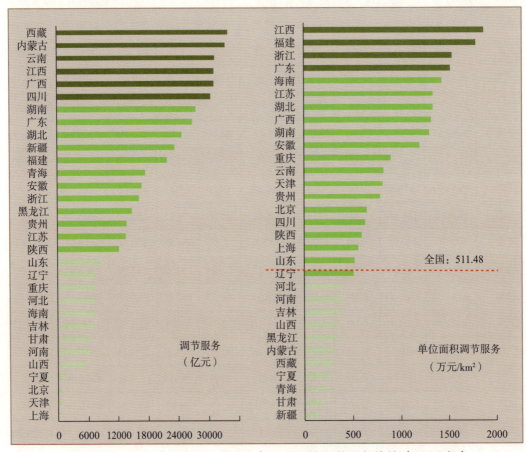

图4-29 各省（自治区、直辖市）生态系统调节服务价值（2020年）

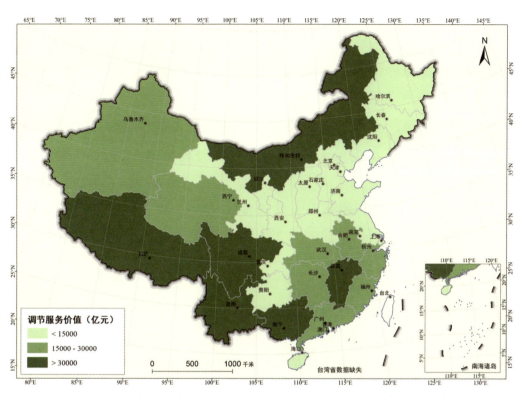

图4-30　各省（自治区、直辖市）调节服务价值分布（2020年）

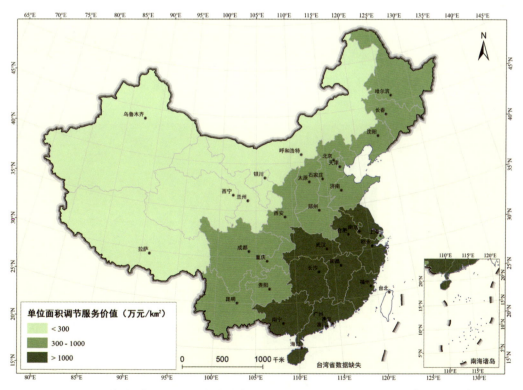

图4-31　各省（自治区、直辖市）单位面积调节服务价值分布（2020年）

1. 水源涵养价值

全国水源涵养价值较高的省（自治区、直辖市）大多集中在我国南方地区，分别为西南地区的云南、四川，华南地区的广西、广东，华东地区的江西，青藏高原的西藏，华中地区的湖南等。此外，福建、贵州、内蒙古、湖北、浙江等也都具有相对较高的水源涵养价值。而西北地区的新疆和青海虽然干旱少雨，但其山区森林丰茂，又为江河源区，是水源涵养较高的地区，从而提高了该区域的水源涵养价值。华北和西北地区其他省（自治区、直辖市）的水源涵养价值则相对不高。

从各省（自治区、直辖市）水源涵养价值排序情况来看，云南的生态系统水源涵养价值最高，达到11613.87亿元；其次是广西和四川，生态系统水源涵养价值分别为10268.72亿元和10126.25亿元。而江西、广东、西藏和湖南4省（自治区）的水源涵养价值均在8000亿元以上；水源涵养价值在3000亿～8000亿元的省（自治区）有福建、贵州、内蒙古、湖北、浙江、新疆、安徽和青海；水源涵养价值在1000亿～3000亿元的省（直辖市）有黑龙江、重庆、陕西、吉林、海南、甘肃、辽宁和江苏8个；低于1000亿元的省（自治区、直辖市）有山西、河南、山东、河北、上海、北京、宁夏、天津8个（图4-32）。

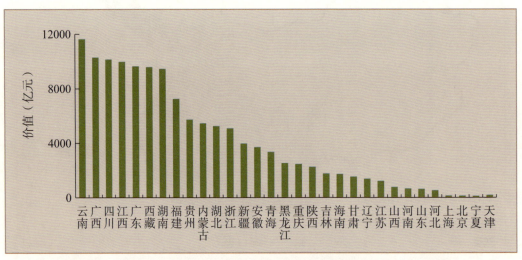

图4-32　各省（自治区、直辖市）生态系统水源涵养价值（2020年）

2. 土壤保持价值

全国土壤保持价值较高的省（自治区）有5个，分别为西南地区的云南、四川，华南地区的广东、广西，华东地区的福建。此外，西藏、江西、陕西、湖南、浙江等省（自治区）也有相对较高的土壤保持服务价值；而华北、华东、西北部分地区的土壤保持价值则相对较低。

从各省（自治区、直辖市）土壤保持价值排序情况来看，云南的生态系统土壤保持价值最高，达到3739.65亿元；其次是四川，为3608.12亿元；土壤保持价值在1000亿～3000亿元的省（自治区）有11个，分别为广西、福建、广东、西藏、江西、陕西、湖南、浙江、山西、甘肃、贵州；土壤保持价值在500亿～1000亿元的省（自治区、直辖市）有7个，为安徽、湖北、内蒙古、辽宁、重庆、黑龙江、青海；土壤保持价值在100亿～500亿元的省（自治区）有7个，为吉林、海南、河南、河北、新疆、山东、宁夏；土壤保持价值低于100亿元的省（直辖市）有4个，为北京、江苏、天津、上海（图4-33）。

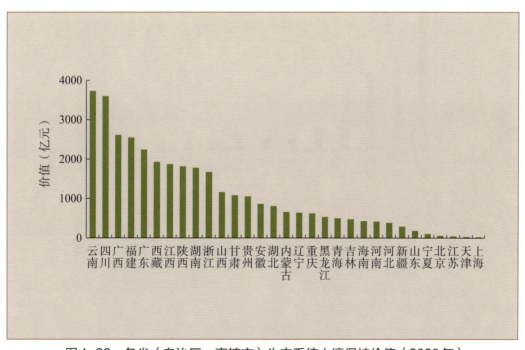

图4-33 各省（自治区、直辖市）生态系统土壤保持价值（2020年）

3. 防风固沙价值

全国具有防风固沙功能的区域主要集中在西北、华北和东北地区的15个省（自治区、直辖市），其中，内蒙古防风固沙价值最高。此外，西藏、新疆、青海、甘肃等省（自治区）也有相对较高的防风固沙价值。

从各省（自治区、直辖市）防风固沙价值排序情况来看，内蒙古生态系统防风固沙价值最高，达到7786.03亿元；其次是西藏、新疆和青海，生态系统防风固沙价值分别为4329.67亿元、4001.74亿元和2778.28亿元。防风固沙价值在500亿～1000亿元的省份有4个，分别为甘肃、陕西、黑龙江、山西；防风固沙价值在100亿～500亿元的省（自治区）有4个，分别为吉林、宁夏、辽宁、河北；防风固沙价值小于100亿元的省（直辖市）有3个，为四川、北京和云南（图4-34）。

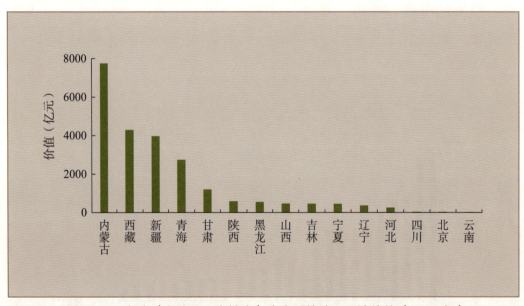

图4-34　各省（自治区、直辖市）生态系统防风固沙价值（2020年）

4. 洪水调蓄价值

全国洪水调蓄价值最高的省是湖北；其次是江苏、江西、湖南。

此外，安徽、广西、广东、福建、云南等地区也有相对较高的洪水调蓄价值，而华北、西北地区洪水调蓄价值普遍不高。

从各省（自治区、直辖市）洪水调蓄价值排序情况来看，湖北生态系统洪水调蓄价值最高，达到9880.07亿元；其次是江苏、江西、湖南、安徽，生态系统洪水调蓄价值分别为7055.99亿元、7025.92亿元、6622.39亿元、5644.49亿元。洪水调蓄价值在2000亿～5000亿元的省（自治区）有7个，分别为广西、广东、福建、云南、浙江、四川、黑龙江；洪水调蓄价值在1000亿～2000亿元的省（自治区）有8个，分别为贵州、内蒙古、山东、青海、河南、辽宁、西藏、吉林；洪水调蓄价值在100亿～1000亿元的省（自治区、直辖市）有8个，分别为海南、陕西、河北、重庆、新疆、甘肃、山西、北京；调蓄价值低于100亿元的直辖市（自治区）有3个，为天津、上海、宁夏（图4-35）。

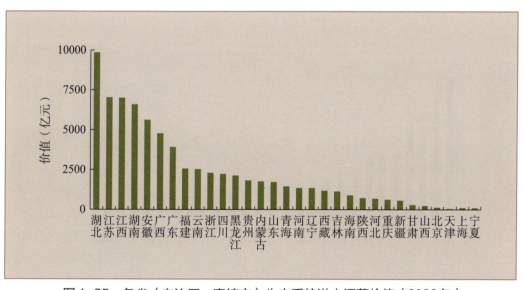

图4-35　各省（自治区、直辖市）生态系统洪水调蓄价值（2020年）

5.空气净化价值

全国空气净化价值较高的省（自治区、直辖市），主要是植被覆盖度较高的地区,如东北地区的内蒙古、青藏高原的西藏、西北地区的新疆、西南地区的四川和云南。除此之外,黑龙江、青海、广西等省(自治区)也具有相对较高的空气净化价值。而西北、华北等地的部分地区空气净化价值则相对不高。

从各省(自治区、直辖市)空气净化价值排序情况来看,内蒙古生态系统空气净化价值最高,为61.44亿元;其次是西藏、四川和云南,空气净化价值分别为57.98亿元、40.70亿元和40.17亿元;空气净化价值在16亿~40亿元的省(自治区)有8个,分别为新疆、黑龙江、青海、广西、湖南、陕西、贵州、广东;空气净化价值在10亿~15亿元的省有6个,分别为江西、甘肃、福建、吉林、湖北、山西;空气净化价值低于10亿元的省(自治区、直辖市)有13个,分别为河北、浙江、辽宁、重庆、安徽、河南、山东、海南、宁夏、北京、江苏、天津、上海(图4-36)。

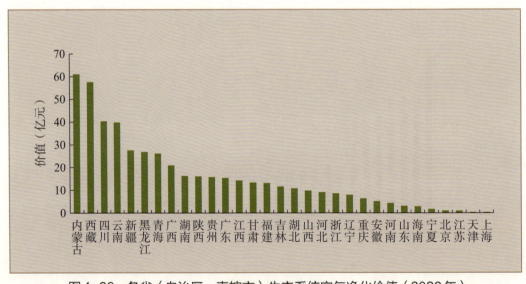

图4-36 各省(自治区、直辖市)生态系统空气净化价值(2020年)

6.水质净化价值

全国水质净化价值较高的省(自治区)有4个,主要集中在青藏高原区的西藏和青海，以及东北地区的内蒙古和黑龙江。此外，西北地区的新疆，华东地区的江苏，以及华中地区的湖北也具有相对较高的水质净化价值。就全国而言，华北、华南、华东部分地区的水质净化价值相对不高。

从各省（自治区、直辖市）水质净化价值排序情况来看，西藏生态系统水质净化价值最高，达到114.58亿元；其次是青海、内蒙古、黑龙江，生态系统水质净化价值分别为108.51亿元、107.35亿元和99.50亿元。水质净化价值在20亿～40亿元的省（自治区）有6个，分别为新疆、江苏、湖北、四川、安徽、山东；水质净化价值在10亿～20亿元的省有6个，分别为广东、江西、湖南、吉林、浙江、辽宁；水质净化价值在5亿～10亿元的省有5个，分别为广西、云南、河南、河北、甘肃；水质净化价值低于5亿元的省（自治区、直辖市）有10个，分别为福建、重庆、贵州、天津、海南、陕西、山西、上海、宁夏和北京（图4-37）。

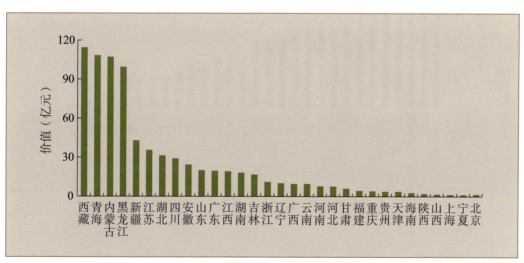

图4-37　各省（自治区、直辖市）生态系统水质净化价值（2020年）

7.固碳价值

全国固碳价值较高的省（自治区）为云南、新疆和黑龙江。此外，四川、西藏、内蒙古、贵州、湖南等省（自治区）也具有相对较高的固碳价值。而华东和华北地区的部分地区固碳价值相对不高。

从各省（自治区、直辖市）固碳价值排序情况来看，云南生态系统固碳价值最高，为244.07亿元；其次是新疆和黑龙江，固碳价值分别为226.41亿元和218.86亿元。固碳价值在100亿～200亿元的省（自治区）有12个，分别为四川、西藏、内蒙古、贵州、湖南、陕西、福建、广西、辽宁、湖北、吉林、甘肃；固碳价值在50亿～100亿元的省（直辖市）有8个，分别为重庆、河北、河南、山东、江西、广东、山西、青海；低于50亿元的省（自治区、直辖市）有8个，分别为浙江、安徽、江苏、宁夏、北京、海南、天津、上海（图4-38）。

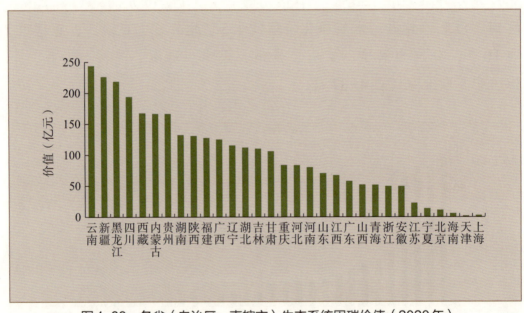

图4-38　各省（自治区、直辖市）生态系统固碳价值（2020年）

8. 释氧价值

全国释氧价值较高的省（自治区）为云南、新疆、黑龙江、四川。此外，西藏、内蒙古、贵州等省（自治区）也具有相对较高的释氧价值。而华东和华北地区的部分地区释氧价值相对不高。

从各省（自治区、直辖市）释氧价值排序情况来看，云南生态系统释氧价值最高，为526.59亿元；其次是新疆、黑龙江、四川，释氧价值分别为488.49亿元、472.20亿元、419.08亿元。释氧价值在200亿~400亿元的省（自治区）有11个，分别为西藏、内蒙古、贵州、湖南、陕西、福建、广西、辽宁、湖北、吉林、甘肃；释氧价值在100亿~200亿元的省（直辖市）有10个，分别为重庆、河北、河南、山东、江西、广东、山西、青海、浙江、安徽；释氧价值低于100亿元的省（自治区、直辖市）有6个，分别为江苏、宁夏、北京、海南、天津、上海（图4-39）。

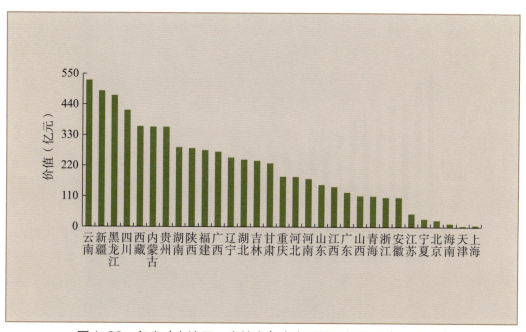

图4-39　各省（自治区、直辖市）生态系统释氧价值（2020年）

9.气候调节价值

全国气候调节价值较高的省（自治区）有3个，包括内蒙古、西藏和新疆。另外，四川、广西、江西、云南、青海等省（自治区）也都具有相对较高的气候调节价值。而华东、华北地区气候调节价值相对较小。

从各省（自治区、直辖市）气候调节价值排序情况来看，内蒙古的生态系统气候调节价值最高，达到16920.02亿元；其次是西藏，为16072.89亿元。气候调节价值在10000亿~15000亿元的省份有6个，分别为新疆、四川、广西、云南、江西、广东；气候调节价值在5000亿~10000亿元的省份有10个，分别为湖南、青海、福建、湖北、黑龙江、浙江、安徽、陕西；气候调节价值在2000亿~5000亿元的省（直辖市）有8个，分别为河北、贵州、海南、河南、重庆、辽宁、吉林、山西；气候调节价值低于2000亿元的省（自治区、直辖市）有5个，分别为甘肃、天津、北京、宁夏和上海（图4-40）。

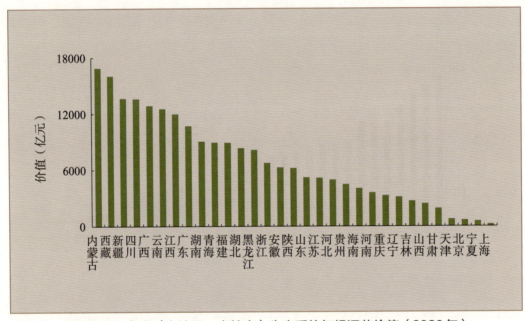

图4-40　各省（自治区、直辖市）生态系统气候调节价值（2020年）

（四）文化服务价值

2020年，因为疫情，全国旅游事业均受到影响，发展速度缓慢，全国文化服务价值最高的省份是四川，为7069.29亿元；价值大于4000亿元的省还有云南、贵州、湖南和广西，分别为6614.84亿元、5578.48亿元、4494.35亿元、4320.95亿元。文化服务价值在2000

亿~4000亿元的省（自治区）有8个，分别为江西、福建、湖北、河南、内蒙古、浙江、安徽、重庆；文化服务价值在1000亿~2000亿元的省（自治区）有10个，分别为江苏、河北、辽宁、黑龙江、山西、吉林、山东、陕西、广东、甘肃；文化价值低于1000亿元的省（自治区、直辖市）有8个，分别为新疆、北京、上海、海南、西藏、青海、天津、宁夏（图4-41~图4-43，表4-15）。

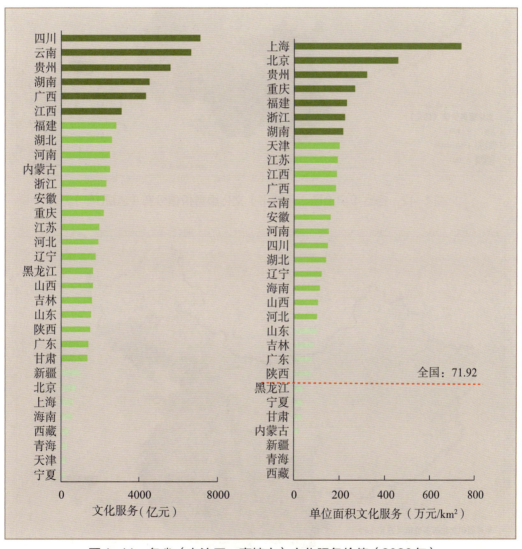

图4-41　各省（自治区、直辖市）文化服务价值（2020年）

全国陆地生态资产与生态产品总值（GEP）评估（2000—2020年）

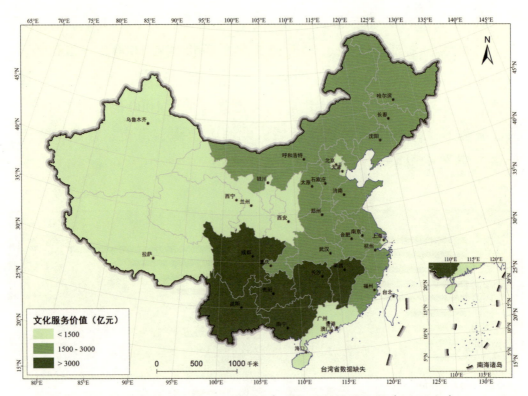

图4-42　各省（自治区、直辖市）文化服务价值分布（2020年）

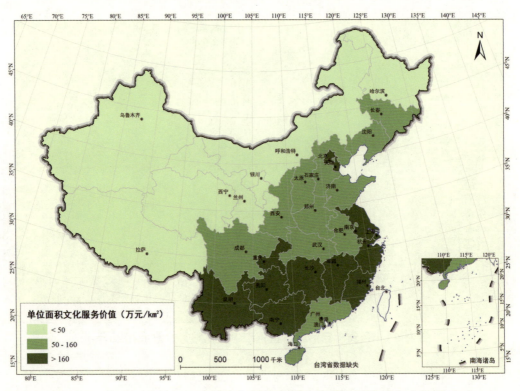

图4-43　各省（自治区、直辖市）单位面积文化服务价值分布（2020年）

表4-15 各省（自治区、直辖市）文化服务价值（2020年）

省份	文化价值（亿元）
北京	746.35
天津	229.57
河北	1881.31
山西	1588.53
内蒙古	2475.34
辽宁	1736.80
吉林	1561.16
黑龙江	1629.88
上海	583.83
江苏	1927.45
浙江	2297.53
安徽	2224.99
福建	2799.41
江西	3087.32
山东	1518.30
河南	2504.26
湖北	2553.22
湖南	4494.35
广东	1363.54
广西	4320.95
海南	562.84
重庆	2183.71
四川	7069.29
贵州	5578.48
云南	6614.84
西藏	391.61
陕西	1480.95

（续）

省份	文化价值（亿元）
甘肃	1337.36
青海	265.63
宁夏	182.97
新疆	964.34
全国	68156.13

二、生态产品总值变化

（一）GEP变化

1.总体变化

2000—2020年，各省（自治区、直辖市）GEP均呈增长趋势，有17个省（自治区、直辖市）增幅超过全国水平（36.88%）；其中，宁夏增幅最大，为106.63%，其次是贵州和河南，分别增长98.76%和95.94%；西藏增幅最小，为3.78%。

2000—2010年，各省（自治区、直辖市）均呈增长趋势，有18个省（自治区、直辖市）增幅超过全国水平（16.18%）；其中，河南增幅最大，为58.24%，其次是山东、宁夏等省（自治区）；西藏、江西、青海等省（自治区）增幅较低。

2010—2020年，大部分省（自治区、直辖市）均呈增长趋势，有14个省（自治区、直辖市）增幅超过全国水平（17.81%）；其中，贵州增幅最大，为59.26%，其次是云南、宁夏等省（自治区）；天津、北京、上海GEP有所下降，降幅分别为1.68%、12.04%、15.77%（图4-44~图4-47，表4-16）。

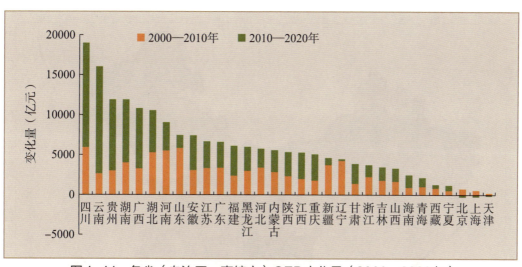

图4-44 各省（自治区、直辖市）GEP变化量（2000—2020年）

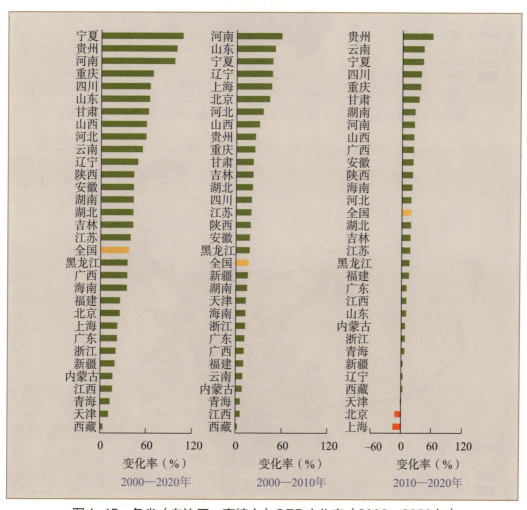

图4-45 各省（自治区、直辖市）GEP变化率（2000—2020年）

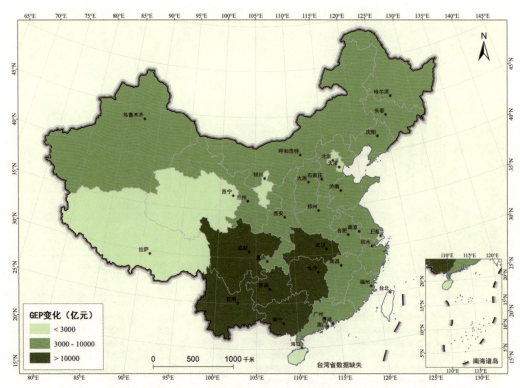

图4-46　各省（自治区、直辖市）GEP变化量分布（2000—2020年）

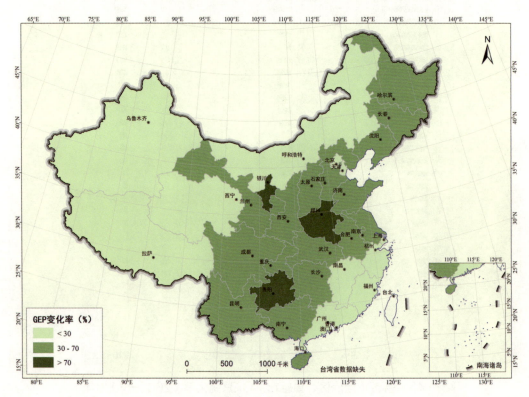

图4-47　各省（自治区、直辖市）GEP变化率分布（2000—2020年）

表4-16 各省(自治区、直辖市)GEP(2000、2010、2020年)

单位:亿元

省份	2000年	2010年	2020年
北京	1688.12	2411.95	2121.48
天津	1499.55	1693.18	1664.81
河北	9689.92	13069.01	15423.71
山西	5515.81	7167.25	8803.28
内蒙古	33765.10	36584.92	39313.33
辽宁	9133.07	13362.65	13576.53
吉林	8099.37	9874.96	11546.92
黑龙江	16794.63	19770.78	22770.70
上海	1188.94	1728.74	1456.16
江苏	16926.06	20232.04	23573.78
浙江	18288.79	20511.50	21999.84
安徽	17159.52	20211.70	24568.91
福建	23498.72	25867.29	29595.52
江西	32850.12	34813.27	38113.23
山东	11676.84	17490.90	19118.57
河南	9419.50	14905.74	18456.20
湖北	24624.75	29888.70	35160.51
湖南	27532.33	31521.09	39413.24
广东	29662.67	33011.24	36237.09
广西	30667.27	33916.24	41461.23
海南	7041.30	7926.13	9493.47
重庆	7374.99	9146.97	12421.17
四川	29440.82	35342.46	48414.93
贵州	12034.25	15018.91	23919.35
云南	29326.01	31943.41	45321.31
西藏	33226.51	34030.24	34481.12
陕西	12227.27	14540.58	17550.29
甘肃	6195.60	7569.74	10053.77

（续）

省份	2000年	2010年	2020年
青海	16345.91	17336.36	18464.18
宁夏	1092.59	1602.97	2257.63
新疆	24037.22	27744.01	28626.52
全国	508023.56	590234.93	695378.77

2. GEP与GDP变化

2000—2020年，31个省（自治区、直辖市）均实现GEP和GDP双增长，其中，贵州、宁夏、重庆等GEP和GDP增幅较大；天津、上海等增幅相对较小。2000—2010年，全国各省（自治区、直辖市）均双增长，其中，宁夏、北京、山西等省GEP和GDP增幅较大，云南、福建等两者均增幅相对较小。2010—2020年，各省（自治区、直辖市）GDP均增长，而天津、北京、上海3地GDP增长、GEP下降，其余各省（自治区、直辖市）GEP和GDP双增长。其中，贵州、云南、重庆、四川等省（直辖市）两者增幅均较大。

20年间，GEP与GDP增幅全国排名均靠前的省（自治区、直辖市）有贵州、宁夏、重庆、云南等；GEP增幅全国排名靠前，但GDP增幅全国排名靠后的省份有山东、甘肃、河北等；GEP增幅全国排名靠后，但GDP增幅全国排名靠前的省（自治区）有西藏、江西、内蒙古等；GEP、GDP增幅均高于全国均值的省（自治区、直辖市）有宁夏、贵州、河南、重庆、四川、山西、云南、陕西、安徽、湖南、江苏；GEP增幅低于全国均值，但GDP增幅高于全国均值的省（自治区、直辖市）有西藏、青海、江西、内蒙古、浙江、广东、北京、福建、海南、广西；GEP增幅高于全国均值，但GDP增幅低于全国均值的省份有山东、甘肃、河北、辽宁、湖北、吉林；GEP、GDP增幅均低于全国均值的省（自治区、直辖市）有天津、新疆、上海、黑龙江（图4-48）。

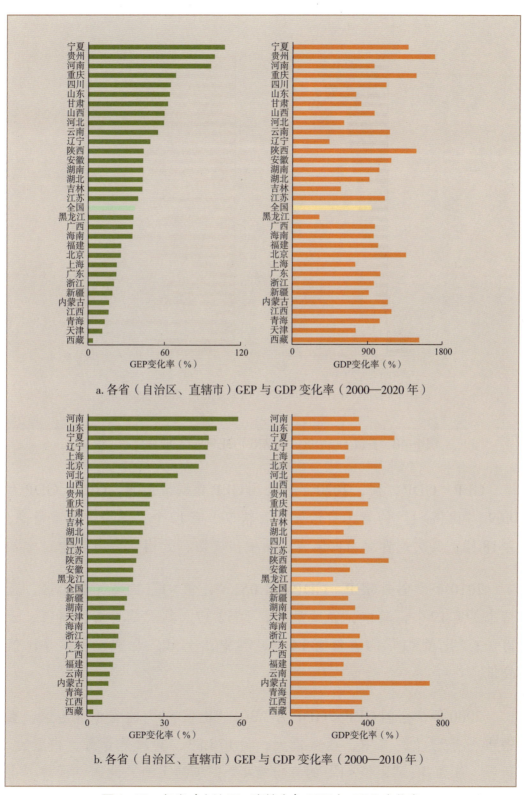

图4-48 各省（自治区、直辖市）GEP与GDP变化率

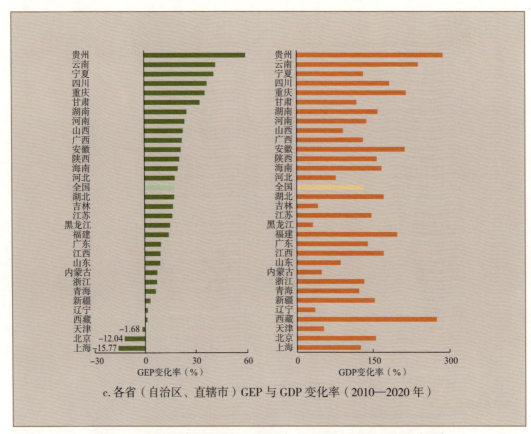

c. 各省（自治区、直辖市）GEP与GDP变化率（2010—2020年）

图4-48　各省（自治区、直辖市）GEP与GDP变化率（续）

GEP∶GDP方面，2020年，全国GEP受疫情影响，GEP∶GDP为0.69，"比值>1"的省（自治区、直辖市）有12个，其中，西藏最高，为18.12，其次是青海、内蒙古、新疆、广西、云南、海南等地。

2010年，全国GEP∶GDP为1.05，"比值>1"的省（自治区、直辖市）有17个，其中，西藏最大，为52.37，其次是青海、新疆、云南等；"比值<1"的省份有14个，其中，上海、北京、天津等比值较低。

2000年，全国GEP∶GDP为3.30，"比值>1"的省（自治区、直辖市）有27个，其中，西藏最大，为178.83，其次是青海、内蒙古、新疆、江西等；"比值<1"的省份有4个，包括上海、北京、天津、山东（图4-49）。

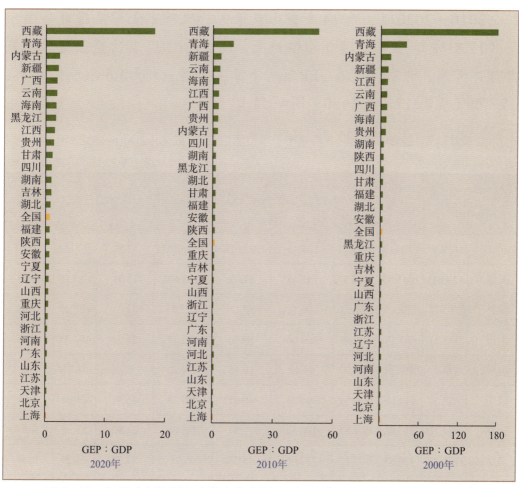

图4-49 各省（自治区、直辖市）GEP：GDP（2000、2010、2020年）

3.单位面积GEP变化

2000—2020年，各省（自治区、直辖市）单位面积GEP均呈增长趋势，有17个省（自治区、直辖市）增幅超过全国水平（36.88%）；其中，宁夏增幅最大，为106.63%，其次是贵州和河南，分别增长98.76%和95.94%；西藏增幅最小，为3.78%。

2000—2010年，有18个省（自治区、直辖市）增幅超过全国水平（16.18%）；其中，河南增幅最大，为58.24%，其次是山东、宁夏等地；西藏、江西、青海等地增幅较低。

2010—2020年，有14个省（自治区、直辖市）增幅超过全国水平（17.81%）；其中，贵州增幅最大，为59.26%，其次是云南、宁夏等地；天津、北京、上海GEP有所下降，降幅分别为1.68%、12.04%、15.77%（表4-17，图4-50、图4-51）。

表4-17　各省（自治区、直辖市）单位面积GEP变化（2000—2020年）

单位：变化量（万元/km²），变化率（%）

省份	2000年	2010年	2020年	2000—2020年		2000—2010年		2010—2020年	
				变化量	变化率	变化量	变化率	变化量	变化率
北京	1028.98	1470.18	1293.13	264.15	25.67	441.20	42.88	-177.05	-12.04
天津	1283.15	1448.85	1424.57	141.41	11.02	165.69	12.91	-24.28	-1.68
河北	516.14	696.13	821.55	305.41	59.17	179.99	34.87	125.42	18.02
山西	351.81	457.14	561.49	209.68	59.60	105.33	29.94	104.35	22.83
内蒙古	294.67	319.28	343.09	48.42	16.43	24.61	8.35	23.81	7.46
辽宁	625.31	914.89	929.54	304.23	48.65	289.58	46.31	14.64	1.60
吉林	424.10	517.08	604.62	180.52	42.57	92.97	21.92	87.55	16.93
黑龙江	371.12	436.88	503.17	132.05	35.58	65.76	17.72	66.29	15.17
上海	1495.15	2173.99	1831.20	336.05	22.48	678.84	45.40	-342.79	-15.77
江苏	1659.86	1984.06	2311.77	651.91	39.28	324.20	19.53	327.71	16.52
浙江	1750.82	1963.61	2106.09	355.27	20.29	212.78	12.15	142.48	7.26
安徽	1224.61	1442.43	1753.38	528.78	43.18	217.82	17.79	310.96	21.56
福建	1925.08	2119.11	2424.54	499.46	25.95	194.04	10.08	305.43	14.41
江西	1967.74	2085.34	2283.00	315.26	16.02	117.59	5.98	197.67	9.48
山东	746.76	1118.57	1222.67	475.91	63.73	371.82	49.79	104.09	9.31
河南	568.64	899.84	1114.18	545.54	95.94	331.20	58.24	214.34	23.82
湖北	1324.65	1607.82	1891.41	566.76	42.79	283.17	21.38	283.59	17.64
湖南	1299.53	1487.80	1860.31	560.78	43.15	188.27	14.49	372.51	25.04
广东	1671.79	1860.52	2042.33	370.54	22.16	188.73	11.29	181.81	9.77

（续）

省份	2000年	2010年	2020年	2000—2020年		2000—2010年		2010—2020年	
				变化量	变化率	变化量	变化率	变化量	变化率
广西	1296.65	1434.02	1753.03	456.38	35.20	137.37	10.59	319.01	22.25
海南	1399.50	1575.36	1886.88	487.38	34.83	175.86	12.57	311.52	19.77
重庆	895.16	1110.24	1507.65	612.49	68.42	215.08	24.03	397.42	35.80
四川	605.63	727.04	995.95	390.32	64.45	121.40	20.05	268.92	36.99
贵州	683.38	852.87	1358.30	674.91	98.76	169.49	24.80	505.43	59.26
云南	765.30	833.61	1182.72	417.42	54.54	68.30	8.93	349.11	41.88
西藏	276.32	283.00	286.75	10.43	3.78	6.68	2.42	3.75	1.32
陕西	594.86	707.40	853.82	258.97	43.53	112.54	18.92	146.42	20.70
甘肃	145.63	177.93	236.31	90.69	62.27	32.30	22.18	58.39	32.82
青海	234.64	248.85	265.04	30.41	12.96	14.22	6.06	16.19	6.51
宁夏	210.28	308.51	434.51	224.23	106.63	98.23	46.71	126.00	40.84
新疆	147.31	170.03	175.44	28.13	19.09	22.72	15.42	5.41	3.18

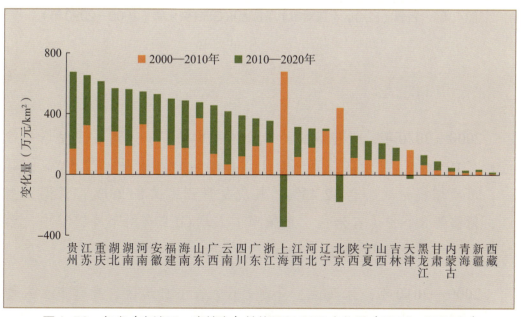

图4-50 各省（自治区、直辖市）单位面积GEP变化量（2000—2020年）

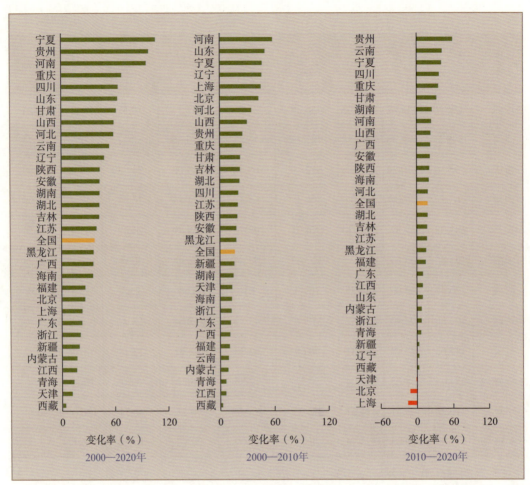

图4-51 各省（自治区、直辖市）单位面积GEP变化率（2000—2020年）

4. 人均GEP变化

2000—2020年，大多数省（自治区、直辖市）人均GEP呈增长趋势，有19个省（自治区、直辖市）增幅超过全国水平（22.53%）；其中，河南增幅最大，为82.43%，其次是贵州，为81.60%；青海、浙江、新疆等8个省（自治区、直辖市）人均GEP有所下降，其中，西藏降幅最大，下降25.71%。

2000—2010年，除江西、青海等6个省（自治区、直辖市）人均GEP有所下降外，其他省（自治区、直辖市）均增长，有17个省（自治区、直辖市）增幅超过全国水平（9.94%）；其中，河南增幅最大，为55.74%，其次是山东、辽宁等；天津降幅最大，下降12.99%。

2010—2020年，天津、广东等7个省（自治区、直辖市）人均GEP下降，其他省（自治区、直辖市）均增长，有16个省（自治区、直辖市）增幅超过全国水平（11.44%）；其中，贵州增幅最大，为43.62%；北京、上海降幅较大，分别下降21.16%和22.03%（图4-52，表4-18）。

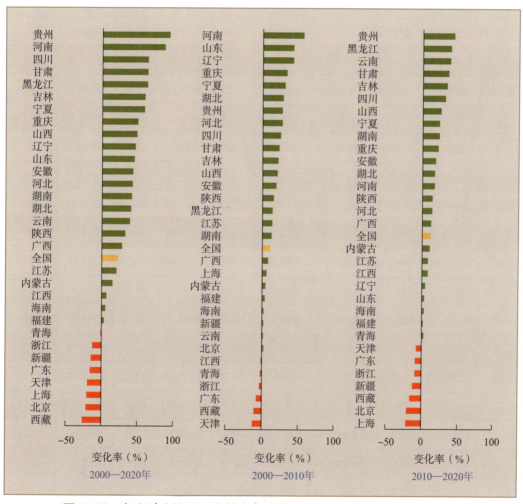

图4-52 各省（自治区、直辖市）人均GEP变化（2000—2020年）

表4-18 各省(自治区、直辖市)人均GEP变化(2000—2020年)

单位:变化量(亿元),变化率(%)

省份	2000年	2010年	2020年	2000—2020年		2000—2010年		2010—2020年	
				变化量	变化率	变化量	变化率	变化量	变化率
北京	12215.04	12293.32	9691.54	-2523.50	-20.66	78.28	0.64	-2601.78	-21.16
天津	14980.50	13034.52	12002.95	-2977.55	-19.88	-1945.98	-12.99	-1031.57	-7.91
河北	14368.21	18166.54	20664.14	6295.92	43.82	3798.32	26.44	2497.60	13.75
山西	16729.77	20053.87	25224.29	8494.52	50.77	3324.10	19.87	5170.42	25.78
内蒙古	142109.01	147997.26	163601.04	21492.03	15.12	5888.25	4.14	15603.78	10.54
辽宁	21550.43	30543.19	31907.24	10356.81	48.06	8992.76	41.73	1364.05	4.47
吉林	29689.76	35948.15	48132.21	18442.45	62.12	6258.39	21.08	12184.06	33.89
黑龙江	45526.25	51580.44	71809.20	26282.95	57.73	6054.19	13.30	20228.76	39.22
上海	7102.38	7506.49	5852.74	-1249.64	-17.59	404.11	5.69	-1653.76	-22.03
江苏	22756.20	25711.07	27809.11	5052.91	22.20	2954.88	12.98	2098.03	8.16
浙江	39103.68	37656.50	34013.35	-5090.33	-13.02	-1447.18	-3.70	-3643.15	-9.67
安徽	28666.09	33929.33	40243.92	11577.83	40.39	5263.24	18.36	6314.59	18.61
福建	67700.15	70044.10	71125.97	3425.82	5.06	2343.95	3.46	1081.87	1.54
江西	79348.11	78021.67	84339.96	4991.84	6.29	-1326.44	-1.67	6318.28	8.10
山东	12861.38	18242.49	18808.24	5946.86	46.24	5381.11	41.84	565.75	3.10
河南	10176.64	15848.74	18565.74	8389.10	82.43	5672.10	55.74	2716.99	17.14
湖北	40850.61	52179.99	61201.93	20351.31	49.82	11329.37	27.73	9021.94	17.29
湖南	42752.07	47977.31	59312.63	16560.56	38.74	5225.24	12.22	11335.32	23.63
广东	34323.85	31616.94	28704.92	-5618.93	-16.37	-2706.91	-7.89	-2912.01	-9.21
广西	68316.48	73571.03	82608.54	14292.06	20.92	5254.54	7.69	9037.52	12.28
海南	89470.20	91209.80	93809.03	4338.83	4.85	1739.60	1.94	2599.22	2.85
重庆	23867.27	31705.26	38707.28	14840.01	62.18	7837.98	32.84	7002.02	22.08
四川	35347.37	43930.97	57836.49	22489.12	63.62	8583.60	24.28	13905.53	31.65
贵州	34139.71	43170.18	61999.36	27859.64	81.60	9030.47	26.45	18829.18	43.62

（续）

省份	2000年	2010年	2020年	2000—2020年		2000—2010年		2010—2020年	
				变化量	变化率	变化量	变化率	变化量	变化率
云南	68390.87	69412.02	95979.06	27588.18	40.34	1021.15	1.49	26567.03	38.27
西藏	1268187.59	1130572.84	942107.08	−326080.51	−25.71	−137614.75	−10.85	−188465.77	−16.67
陕西	33917.53	38930.59	44374.94	10457.40	30.83	5013.06	14.78	5444.34	13.98
甘肃	24182.66	29569.30	40199.01	16016.35	66.23	5386.64	22.27	10629.71	35.95
青海	315558.16	307928.18	311369.02	−4189.14	−1.33	−7629.98	−2.42	3440.84	1.12
宁夏	19441.08	25323.32	31312.51	11871.43	61.06	5882.25	30.26	5989.19	23.65
新疆	124868.68	126974.85	110527.10	−14341.59	−11.49	2106.17	1.69	−16447.76	−12.95

（二）GEP三大类服务价值变化

2000—2020年，全国整体上，物质产品、调节服务和文化服务价值均表现出增长趋势，其中，物质产品价值增长了221.02%，调节服务价值增长了5.73%，文化服务价值增长了1216.93%，若无疫情影响，根据预估，文化服务价值应增长2887.14%。

1.物质产品

2000—2020年，大部分省（自治区、直辖市）物质产品总价值呈增长趋势，有16个省（自治区、直辖市）增幅超过全国水平（221.02%）；其中，云南和贵州增幅较大，为489.34%和468.34%，其次是青海、黑龙江等地；北京、上海有所下降，降幅为9.96%、20.59%。

2000—2010年，各省（自治区、直辖市）均呈增长趋势，有17个省（自治区、直辖市）增幅超过全国水平（112.65%）；其中，新疆和青海增幅较大，为187.74%和187.55%，其次是宁夏、内蒙古、黑龙江等地；上海增幅最低，仅为8.45%。

2010—2020年，总体而言，大部分省（自治区、直辖市）增长较上十年放缓，有15个省（自治区、直辖市）增幅超过全国水平（50.96%）；其中，贵州和云南增幅较大，为202.87%和166.93%，其次是西藏、重庆、黑龙江等地；北京、上海有所下降，降幅分别为29.21%、26.78%（表4-19、图4-53～图4-56）。

表4-19 各省（自治区、直辖市）物质产品价值（2000、2010、2020年）

单位：亿元

省份	2000年	2010年	2020年
北京	362.25	460.75	326.18
天津	269.59	418.17	490.95
河北	2556.26	5368.97	6371.95
山西	563.04	1341.96	1914.74
内蒙古	902.89	2432.76	3554.26
辽宁	1644.48	3957.04	4529.39
吉林	1052.34	2448.94	3010.56
黑龙江	1250.35	3365.74	6365.33
上海	549.87	596.34	436.66
江苏	3369.88	5774.11	8058.97
浙江	1890.45	3078.09	3678.96
安徽	2055.68	3926.33	5657.47
福建	1889.97	3317.15	5050.13
江西	1377.08	2596.19	3912.26
山东	3779.91	8309.04	9567.49
河南	3295.57	7343.30	9639.33
湖北	2165.02	5319.16	7925.55
湖南	2236.54	5201.13	7527.59
广东	3020.63	5337.93	8091.08
广西	1550.45	3847.22	6120.89

（续）

省份	2000年	2010年	2020年
海南	518.23	1050.34	1773.52
重庆	754.19	1523.96	2933.70
四川	2569.33	6008.46	11025.64
贵州	822.78	1543.96	4676.12
云南	1258.04	2777.52	7414.16
西藏	89.69	141.68	274.93
陕西	803.35	2134.93	3985.32
甘肃	623.41	1426.47	2272.67
青海	161.87	465.47	830.26
宁夏	144.26	403.37	710.74
新疆	857.05	2466.09	4357.83
全国	44384.43	94382.57	142484.63

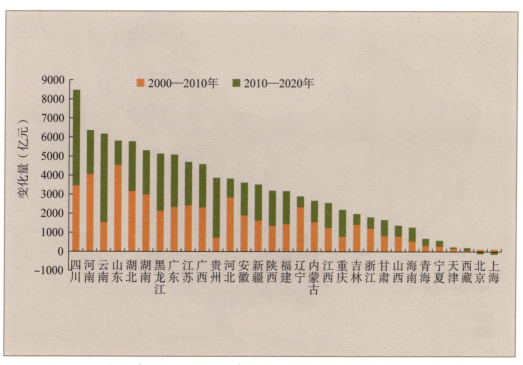

图4-53　各省（自治区、直辖市）物质产品价值变化量（2000—2020年）

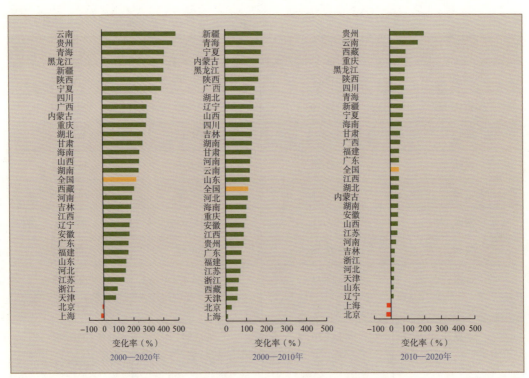

图4-54 各省（自治区、直辖市）物质产品价值变化率（2000—2020年）

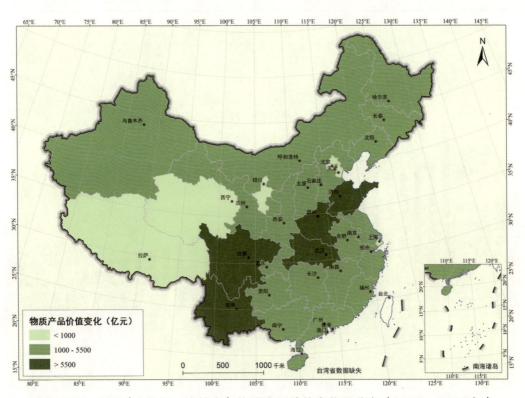

图4-55 各省（自治区、直辖市）物质产品价值变化量分布（2000—2020年）

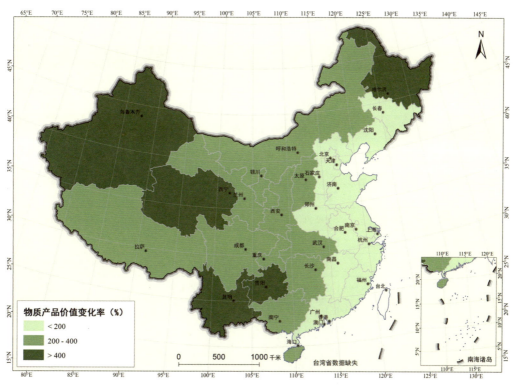

图4-56 各省（自治区、直辖市）物质产品价值变化率分布（2000—2020年）

2. 调节服务

2000—2020年，大部分省（自治区、直辖市）调节服务总价值呈增长趋势，有16个省（自治区、直辖市）增幅超过全国水平（5.73%）；其中，宁夏和贵州增幅较大，分别为45.94%和22.92%，其次是上海、甘肃、四川等地；吉林、北京、江西等6个省（直辖市）有所下降，其中，天津下降最多，降幅为15.12%。

2000—2010年，宁夏增幅最大，为19.82%，有14个省（自治区、直辖市）增幅超过全国水平（2.31%）；黑龙江、北京等5个省（直辖市）有所下降。

2010—2020年，总体而言，大部分省（自治区、直辖市）增长水平较上十年有所提高，有16个省（自治区、直辖市）增幅超过全国水平（3.35%）；其中，宁夏增幅最大，为21.80%；辽宁、浙江、江西等7个省自治区（直辖市）有所下降（表4-20，图4-57～图4-60）。

表4-20 各省（自治区、直辖市）调节服务价值（2000、2010、2020年）

单位：亿元

省份	2000年	2010年	2020年
北京	1053.55	1043.35	1048.95
天津	1112.54	1025.41	944.29
河北	6961.76	7100.50	7170.46
山西	4883.63	5070.54	5300.00
内蒙古	32796.85	33187.87	33283.73
辽宁	7231.08	7361.82	7310.34
吉林	6992.86	6832.89	6975.20
黑龙江	15335.49	15283.84	14775.49
上海	374.16	385.45	435.67
江苏	13338.84	13054.89	13587.37
浙江	16195.38	16255.65	16023.35
安徽	14971.67	15515.14	16686.46
福建	21341.97	21602.80	21745.97
江西	31352.74	31620.19	31113.65
山东	7734.69	8193.92	8032.79
河南	5832.11	6033.95	6312.61
湖北	22202.13	23478.43	24681.73
湖南	25171.55	25326.72	27391.30
广东	26208.69	26512.77	26782.47
广西	28958.11	29342.95	31019.39
海南	6442.94	6663.06	7157.11
重庆	6490.43	6957.97	7303.75
四川	26472.42	26953.80	30320.00
贵州	11116.65	12164.53	13664.75
云南	27737.56	27849.21	31292.31
西藏	33131.28	33793.72	33814.58
陕西	11301.44	11730.90	12084.02
甘肃	5545.17	5864.32	6443.74
青海	16168.70	16787.29	17368.29
宁夏	934.58	1119.80	1363.92
新疆	23072.76	24928.16	23304.35
全国	458463.73	469041.83	484738.02

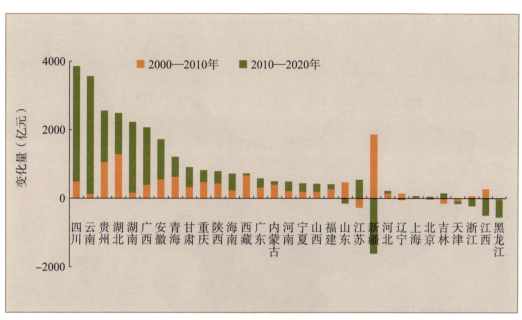

图4-57 各省（自治区、直辖市）调节服务价值变化量（2000—2020年）

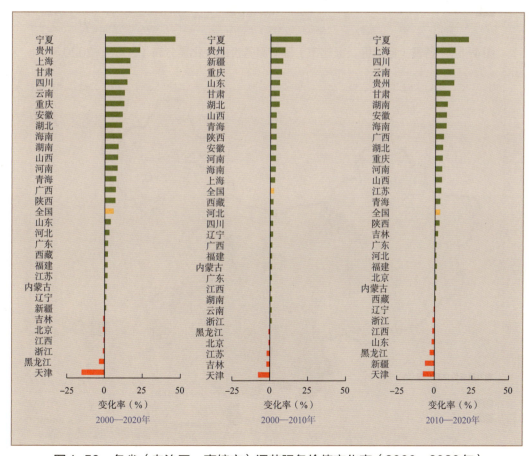

图4-58 各省（自治区、直辖市）调节服务价值变化率（2000—2020年）

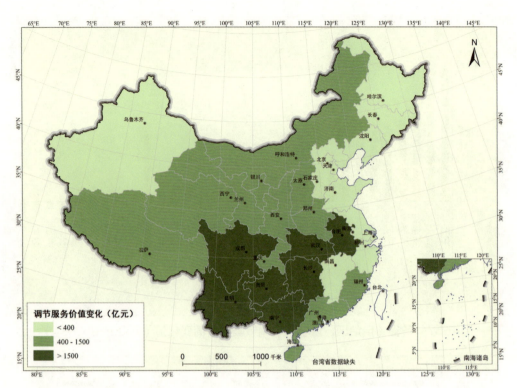

图4-59 各省（自治区、直辖市）调节服务价值变化量分布（2000—2020年）

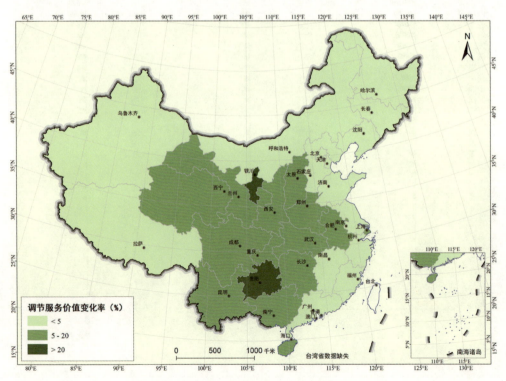

图4-60 各省（自治区、直辖市）调节服务价值变化率分布（2000—2020年）

3.文化服务

2000—2020年,各省(自治区、直辖市)文化服务总价值均呈增长趋势,有15个省(自治区、直辖市)增幅超过全国水平(1216.93%);其中,西藏增幅最大,为6962.44%,其次是贵州(5782.72%);天津、上海、北京增幅较小,分别为95.52%、120.39%、174.07%。

2000—2010年,各省(自治区、直辖市)文化服务总价值均增长,有18个省(自治区、直辖市)增幅超过全国水平(418.04%);其中,西藏、内蒙古、贵州增幅较大,分别为1610.42%、1375.21%、1281.89%;天津、海南、广东、上海增幅相对较小。

2010—2020年,受疫情影响,各省(自治区、直辖市)较上十年增长率均下降,其中,广西、江西、云南增幅较大,为495.11%、417.24%、402.39%;而上海、北京、辽宁、天津4个省(直辖市)呈下降趋势(表4-21,图4-61～图4-64)。

表4-21 各省(自治区、直辖市)文化服务价值(2000、2010、2020年)

单位:亿元

省份	2000年	2010年	2020年
北京	272.32	907.85	746.35
天津	117.42	249.60	229.57
河北	171.91	599.54	1881.31
山西	69.13	754.76	1588.53
内蒙古	65.37	964.29	2475.34
辽宁	257.51	2043.79	1736.80
吉林	54.17	593.13	1561.16
黑龙江	208.79	1121.21	1629.88
上海	264.91	746.95	583.83
江苏	217.34	1403.04	1927.45

（续）

省份	2000年	2010年	2020年
浙江	202.96	1177.76	2297.53
安徽	132.18	770.24	2224.99
福建	266.79	947.33	2799.41
江西	120.29	596.89	3087.32
山东	162.24	987.93	1518.30
河南	291.82	1528.50	2504.26
湖北	257.59	1091.11	2553.22
湖南	124.24	993.24	4494.35
广东	433.36	1160.54	1363.54
广西	158.71	726.08	4320.95
海南	80.13	212.73	562.84
重庆	130.36	665.04	2183.71
四川	399.07	2380.20	7069.29
贵州	94.83	1310.42	5578.48
云南	330.41	1316.68	6614.84
西藏	5.54	94.84	391.61
陕西	122.48	674.75	1480.95
甘肃	27.01	278.95	1337.36
青海	15.34	83.59	265.63
宁夏	13.75	79.80	182.97
新疆	107.41	349.76	964.34
全国	5175.39	26810.53	68156.13

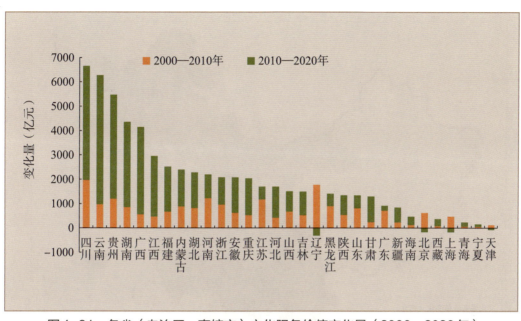

图4-61 各省（自治区、直辖市）文化服务价值变化量（2000—2020年）

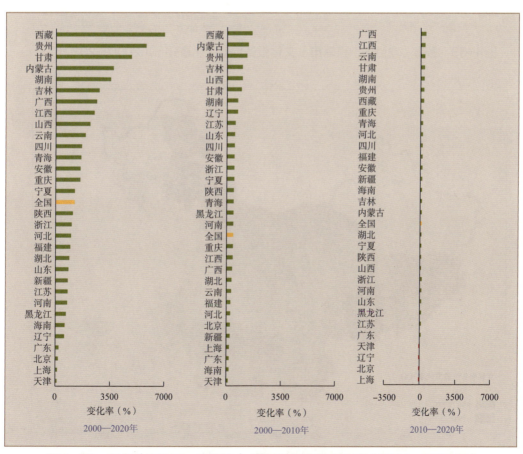

图4-62 各省（自治区、直辖市）文化服务价值变化率（2000—2020年）

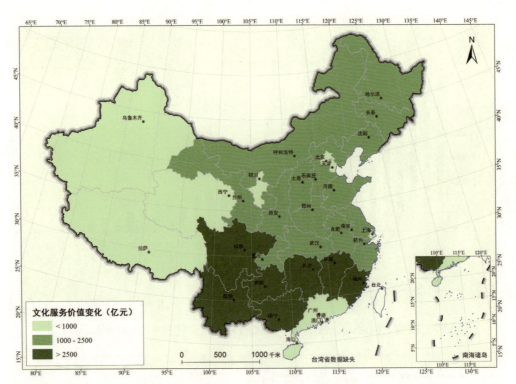

图4-63 各省（自治区、直辖市）文化服务价值变化量分布（2000—2020年）

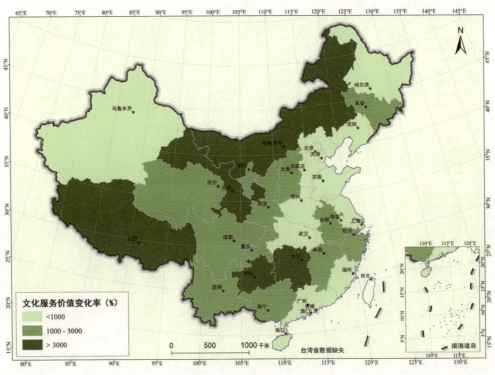

图4-64 各省（自治区、直辖市）文化服务价值变化率分布（2000—2020年）

（三）GEP单项指标变化

生态产品总值由3大类16小类指标构成，全国三大产品价值和总值均呈递增趋势，但各省（自治区、直辖市）价值升降不一；受疫情影响，全国范围内文化服务价值增幅较小或下降。

2000—2020年，全国9项调节服务均增长，其中，洪水调蓄和防风固沙增幅最大，为17.17%和17.12%，其次是气候调节、固碳、释氧等。2000—2010年，洪水调蓄和防风固沙增幅分别为6.96%和12.11%；2010—2020年，两项服务增幅分别为9.55%和4.47%。其他调节服务呈稳中有升的趋势。

根据各省（自治区、直辖市）调节服务指标价值量变化，2000—2020年，增幅最大的是洪水调蓄功能，其中，云南和四川增幅最大，分别增长122.71%和97.96%；防风固沙功能中宁夏、陕西增幅最大，为39.61%、26.31%；气候调节功能中宁夏增幅最大，均为57.98%。新疆的固碳和释氧功能增幅最大，均为87.18%。其他调节服务价值变化不大。2000—2010年，贵州的洪水调蓄、宁夏的防风固沙和土壤保持、上海的空气净化等价值增幅相对较大；而北京的水质净化、上海的水源涵养、江苏的固碳和释氧、天津的水源涵养和气候调节等价值有所下降。2010—2020年，云南的洪水调蓄和防风固沙、新疆的固碳和释氧、宁夏的气候调节和水源涵养、北京和上海的水源涵养等增幅相对较大；而上海和海南的固碳释氧、北京的洪水调蓄、新疆的水源涵养等价值有所下降。

第五章

中国生态资产与生态产品总值变化驱动力

2000—2020年，城镇化、退耕还林等生态保护恢复政策、农田开垦、气候变化等是全国生态系统、质量及其功能变化的主要驱动因素，重大生态保护恢复工程对生态系统质量和功能的提升起到重要作用，尤其是促进优、良等森林和灌丛生态系统面积显著提升。气候变化带来的降雨的增加促进了生物量和生态系统服务功能的提升。

第一节　生态保护修复

2000—2020年，我国实施了大规模的生态保护恢复工程，如天然林资源保护工程、退耕还林还草工程、京津风沙源治理工程、"三北"防护林工程及长江流域防护林工程等。据统计，各项生态保护恢复工程完成营造林面积超过4900万 hm²（个别年份数据缺失），为全国生态系统及其质量、生态系统服务功能的提升作出了较大贡献（图5-11）。

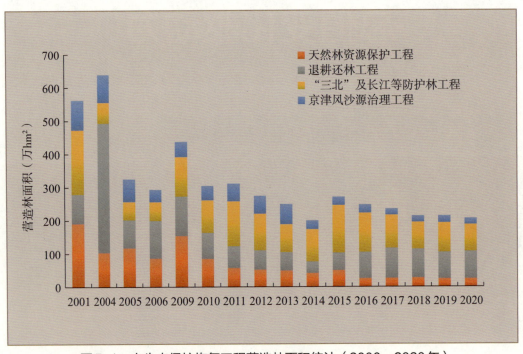

图5-1　大生态保护恢复工程营造林面积统计（2000—2020年）

2000—2020年,天然林资源保护工程区范围内生态系统质量显著提升。其中,优等和良等森林生态系统面积分别增加288.9%和119.2%,低、差等森林生态系统面积分别减少44.3%和7.3%(图5-2)。

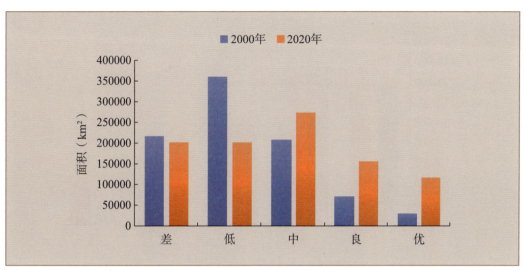

图5-2　天然林资源保护工程区内森林生态系统质量变化(2000—2020年)

2000—2020年,退耕还林还草工程区范围内生态系统质量显著提升。其中,优等和良等森林生态系统面积分别增加362.7%和157.3%,低、差等森林生态系统面积分别减少48.2%和11.4%(图5-3)。

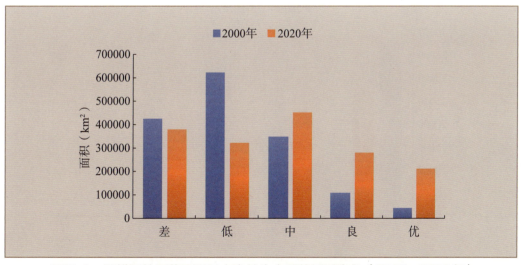

图5-3　退耕还林还草工程区内森林生态系统质量变化(2000—2020年)

2000—2020年,"三北"防护林工程区范围内生态系统质量显著提升。其中,优等和良等森林生态系统面积分别增加121.3%和55.9%,低、差等森林生态系统面积分别减少41.7%和0.9%(图5-4)。

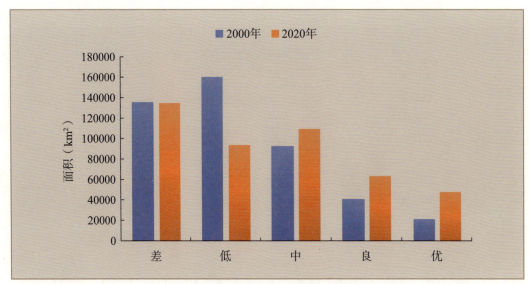

图5-4 "三北"防护林工程区内森林生态系统质量变化(2000—2020年)

2000—2020年,京津风沙源治理工程区范围内生态系统质量显著提升。其中,优等和良等森林生态系统面积分别增加386.9%和214.1%,差等森林生态系统面积减少28.3%(图5-5)。

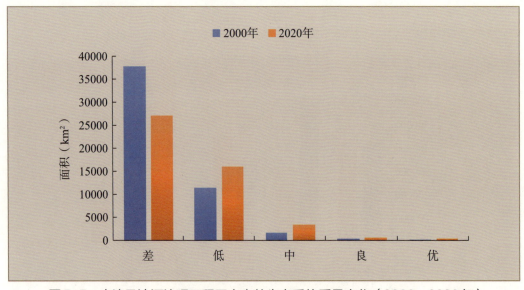

图5-5 京津风沙源治理工程区内森林生态系统质量变化(2000—2020年)

2000—2020年，其他生态保护恢复工程区生态系统质量也呈现提升趋势。例如，长江流域防护林工程区内生态系统质量显著提升，优等和良等森林生态系统面积分别增加845.2%和286.1%，低、差等森林生态系统面积分别减少48.0%和14.5%（图5-6）。

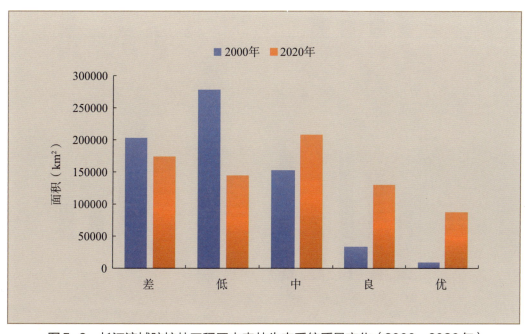

图5-6　长江流域防护林工程区内森林生态系统质量变化（2000—2020年）

除此之外，生态保护与恢复工程在提升生态系统质量的同时促进了生态系统土壤保持、防风固沙、固碳和水源涵养服务功能的提升。分析表明，这些生态保护恢复工程区内的生态系统服务功能总体呈现提升趋势。其中，天然林资源保护工程、退耕还林还草工程和长江流域防护林工程区内水源涵养量提升最为显著，2000—2020年分别提升了195.5%、58.3%和111.2%；各生态保护工程区内防风固沙量提升率都超过了100%；天然林资源保护工程、退耕还林还草工程和长江流域防护林工程区内固碳量提升最为显著，分别提升了54.7%、53.3%和54.8%；"三北"防护林工程区内土壤保持总量提升最显著，提升了16.8%（图5-7）。

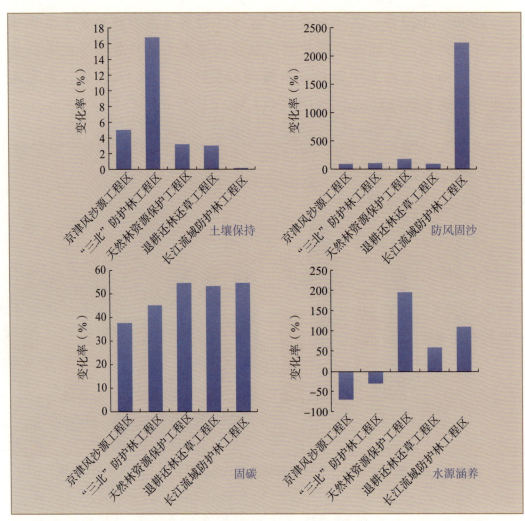

图5-7 重大生态保护与恢复工程区内生态系统服务变化（2000—2020年）

第二节 城镇化

城镇化是生态系统格局变化的重要驱动力。城镇化使得农村用地变为城镇用地，促进农村人口向城市人口转移，带来产业转型，而农业活动向非农业活动转型对生态系统产生直接和间接影响。

城镇化直接导致生态系统发生变化。2000—2020 年,全国各类生态系统类型转化为城镇生态系统的面积达 10.40 万 km²。其中,农田生态系统 7.58 万 km²,森林生态系统 0.79 万 km²,草地生态系统 0.91 万 km²,湿地生态系统 0.45 万 km²,灌丛生态系统 0.33 万 km²,荒漠生态系统 0.26 万 km²,其他生态系统 0.08 万 km²。

农村人口的减少一定程度上促进了生态系统的恢复。2000—2020 年,全国城镇人口从 4.59 亿人增加到 9.02 亿人,全国城镇化率从 36.2% 提升至 63.8%。其中,河南、河北、贵州、江西、甘肃、云南、四川、重庆、安徽、宁夏的城镇人口比例均增长超过 1 倍。湖南、陕西、广西、西藏、山西、江苏、青海、新疆、山东、福建、内蒙古、湖北、海南的城镇人口比例均增长超过 50%(图 5-8)。其中,西北和西南地区城镇人口均增长显著,这些地区多为山区或高原,自然生态系统广泛分布,是我国重要生态保护区域,其农村人口的减少使得毁

图 5-8　城镇人口比例分布图(2000—2020 年)

林开荒、薪柴砍伐、牲畜养殖、放牧等开发利用自然生态系统的活动减少，降低了对自然生态系统的干扰，促使生态系统恢复和生态环境改善。分析结果也表明，城镇用地的增加与生态系统防风固沙量的提升显著正相关（$P<0.05$），与石漠化面积和沙化面积的减少显著正相关（$P<0.05$）。

第三节　耕地开垦

2000—2020年，由于农田开垦导致的生态系统面积减少量达到 6.8 万 km^2。其中，影响最大的自然生态系统类型是草地生态系统和湿地生态系统。20年间，由于农田开垦导致的草地生态系统面积减少量达到 2.45 万 km^2，由于农田开垦导致的湿地生态系统面积减少量达到 1.43 万 km^2。农田开垦使得生态系统服务功能降低，生态敏感脆弱性问题加剧。分析结果也表明，农田面积的变化与生态系统固碳量、水源涵养量、土壤保持量的变化显著负相关（$P<0.05$），与水土流失发生面积的变化显著正相关（$P<0.05$）。

第四节　气候变化

中国升温速率高于同期全球平均水平，是全球气候变化的敏感区。近20年是20世纪初以来中国的最暖时期，2021年，中国地表平均气温较常年值偏高 0.97℃，为1901年以来最高值，平均暖昼日数也为1961年以来最多。中国平均年降水量呈增加趋势，降水变化区域间差异明显。2021年，中国平均降水量较常年值偏多 6.7%，其中，华北地区平均降水量为1961年以来最多,而华南地区平均降水量为近10年最少。中国高温、强降水等极端天气气候事件趋多、趋强。

就温度和降水变化的空间分布格局来看,2000—2020年全国年平均气温普遍升高,尤其是东北和西北部区域最为明显,如黑龙江、吉林、青海、西藏,20年间年均气温升高比例超过20%(图5-9)。2000—2020年全国降雨量总体提升,但其变化存在较大的空间差异。降雨量提升最快的是东北地区,尤其是黑龙江、内蒙古和辽宁,年降雨量提升比例超过45%;而东南沿海降雨量下降明显,尤其是海南和福建,年降雨量减少比例超过20%(图5-10)。

气候变化对生态系统产生了影响。首先,气候变化加速了冰川消融,中国天山乌鲁木齐河源1号冰川、阿尔泰山区木斯岛冰川、祁连山区老虎沟12号和长江源区小冬克玛底冰川均呈现加速消融趋势。青藏公路沿线多年冻土呈现退化趋势。

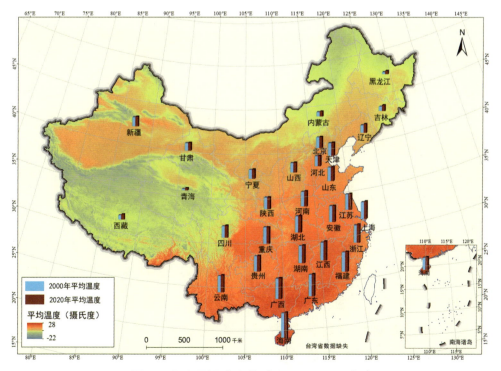

图5-9　全国温度变化(2000—2020年)

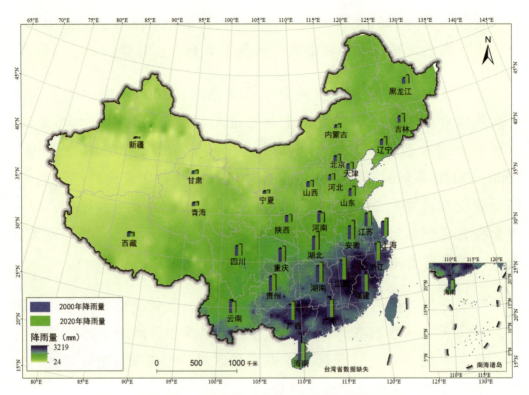

图 5-10 全国降雨量变化（2000—2020 年）

气候变化对生态系统的影响较为复杂。就全国尺度来看，温度和降水的总体升高促进了生物量的增加。温度和降水的变化与生物量变化呈显著正相关（$P<0.05$）。分地理区来看，虽然华北、东北、西北温度和降水变化与生物量变化呈显著正相关（$P<0.05$），但华中、西南地区温度变化与生物量变化呈显著负相关（$P<0.05$）。也就是说，虽然北方降雨量和温度的显著提升促进了生态系统质量的提升，但中部和西南部分地区温度的升高可能造成生态系统退化，尤其是降雨相对较少的区域。

温度和降水的变化对生态系统服务功能的影响显著。2000—2020年，就全国尺度来看，水源涵养量的变化与温度变化呈显著正相关（$P<0.001$）；防风固沙量的变化与降水变化呈显著正相关（$P<0.001$）。气候变化对生态敏感脆弱问题的发生影响显著。降水变化与石漠化发生面积的变化呈显著正相关（$P<0.001$）。

第六章

生态资产与生态产品总值核算应用

1992年联合国环境与发展大会通过的《21世纪议程》，明确提出了开展自然资本和生态系统的评估研究，世界各国陆续开始了对自然资本核算的研究与实践。我国自2013年欧阳志云等学者提出GEP核算以来，相关部门和不同地区在生态产品价值核算领域开展了大量实践和探索，形成了以国家总体战略为引领、地方具体实践为抓手的GEP核算推进格局。国家发展和改革委员会、国家统计局、自然资源部等先后部署实施了一系列核算试点，据不完全统计，目前我国与生态产品价值核算相关的各级试点已覆盖18个省（自治区、直辖市）57个地级市76个县（区）；有15个省（自治区、直辖市）相继出台有关政策、工作方案，把生态产品价值核算作为重点工作实施开展，为践行"绿水青山就是金山银山"理念，促进生态资产与生态系统生产总值核算成果纳入决策、支撑生态保护绩效考核等生态文明制度建设和美丽中国建设提供基础和依据。

第一节 国际应用

20世纪50年代，挪威、芬兰、荷兰等发达国家开始对自然资源核算展开评估研究和实践探索。20世纪70年代后期，各国统计部门开始探索编制"环境及能源账户"并构建"环境与国民经济核算矩阵"（NAMEA）和"环境经济综合核算体系"（SEEA）等自然资源核算理论体系。1992年，联合国环境与发展大会的召开为环境和资源核算以及国民经济账户体系的研究提供了新的契机。1993年，联合国联手世界银行和国际货币基金组织建立起与国民账户体系（SNA）一致的可系统核算环境资源存量和资本流量的框架，即"综合环境与经济核算体系"（SEEA-1993），并在墨西哥、博茨瓦纳、泰国等国开展试点。

国际组织陆续推动一系列大型生态系统价值核算研究，主要有2001年联合国的千年生态系统评估（MA）、2007年欧盟的生态系统和生物多样性经济学项目（TEEB）、2010年世界银行的财富账户与生态系统价值核算项目（WAVES）和2014年联合国统计署（UNSD）发布的基于环境经济核算体系（SEEA）的"试验性生态系统核算"（EEA）等。

根据联合国环境经济专家委员会（UNCEEA）的倡议，截至2020年1月，全球共有24个国家建立了官方的生态系统价值核算账户。在国家层面，荷兰、澳大利亚和英国发布的生态系统价值核算报告最为详细。美国与加拿大则对城市、海洋生态系统进行了生态价值核算的尝试，同步讨论人类对生态系统服务价值的影响与干扰。西班牙和南非也定期发布区域层面的生态系统价值核算报告。欧盟定期评估成员国生态账户状况并发布报告。经济合作与发展组织（OECD）成员国通过本国的国际援助渠道或通过世界银行、联合国等机构联合大学和科研机构支持一些发展中国家开展生态系统价值核算。

美国的保护性退耕计划（NRC）是目前全球最大的生态价值有偿使用项目，该计划利用补偿手段引导农民休耕或退耕还林还草；世界自然基金（WWF）在克罗地亚、罗马尼亚、土耳其和保加利亚等国开展了森林和草地恢复的生态价值有偿使用项目，项目重点关注水流动调节服务、固碳、景观效果和生物多样性保护4个领域；全球环境基金（GEF）通过世界银行、联合国开发署等项目执行机构在全球资助了近百个生态价值有偿使用项目，95%的项目在发展中国家开展，超过一半的项目与生物多样性保护和气候变化直接相关。

在国土空间规划方面，印度尼西亚地方政府要求在空间规划中开展生态价值核算，将基于高分辨率影像的生态价值空间数据整合在空间规划中，也为地方政府制定和实施森林管理政策提供支撑；在生态修复方面，欧盟国家在采石场生态恢复方案设计中加入了生态价值核算；在自然资源管理方面，美国联邦能源监管委员会（FERC）在批准水电站运行许可时，要求申请机构提交基于生态价值核算的报告；在流域管理方面，匈牙利为改造本国多瑙河下游湿地的利用方式，对其开展了生态价值核算和情景分析。

一、英国巴尼特（Barnet）区域生态环境资产负债表编制

位于英国伦敦北部郊区的巴尼特作为伦敦的大区，生态系统类型丰富，以草地和林荫为主，公园、河谷遍布。但随着区域内人口的增长，巴尼特地区的环境压力逐渐加大，同时，当地政府的预算压力也在不断加大。为此，在CNCA（Corporate Natural Capital Account企业自然资本核算）框架下，管理部门对区域内的生态资产进行了核算，以明确区域内生态环境的质量与价值，并量化其维护成本。巴尼特地区开创了伦敦为其公园和绿地使用地区性环境账户核算的先河，并为量化巴尼特地区生态系统所产生的经济、社会及环境效益提供了扎实的基础。巴尼特地区的生态系统所提供的价值包括：①吸收污染物，改善空气质量；②过滤水源，降低城市水处理成本；③调节当地气候，为酷暑降温；④提供居民户外休闲场所；⑤抵御洪水，减缓水流；⑥为各类物种提供栖息地。巴尼特地区测算了生态环境绿化区每年所带来的娱乐、身体健康、房产溢价及气候调节四方面的服务价值及其相应成本，并据此编制了实物流量账户、价值流量账户，将相关结果折现从而编制资产负债表（表6-1、表6-2）。根据测算，未来25年，生态资产总价值估计超过10亿英镑，同期维护这些生态环境绿化区的成本估计为7200万英镑，不到其收益的1/10。若将测算期调整为永续，价值则更为显著。

表6-1 巴尼特地区生态产品价值及成本（每年）

核算指标	实物量	价值量
娱乐服务	绿化区每年访客量超过1050万人	估计价值每年超过4100万英镑
健康服务	超过10万人（约30%人口）通过巴尼特地区绿化区达到身体锻炼目的	估计价值每年超过1900万英镑
房产溢价	五个代表地点的案例研究表明，绿化区周围超2000处住房价格上浮10%~15%，超50处商业物业价格上浮3%	房产价格溢价估计价值为7000万~1.4亿英镑，除此之外，每年还有超过20万英镑的租金溢价
气候调节	巴尼特地区绿化区每年二氧化碳封存量超过1000t	估计价值每年超过7万英镑
成本	测算的成本包括运营、清洁、建筑物维护以及固定资产（例如，游乐场设备）的购置以及绿植、草地种植等，成本测算结果为每年420万英镑	

表6-2 巴尼特地区生态资产负债表

项目		私有属性价值（百万英镑）	外部属性价值（百万英镑）	总价值（百万英镑）
资产	资产价值	—	1944	1944
	资产合计	—	1944	1944
负债	维护成本	−134	—	−134
	负债合计	−134	—	−134
净生态资产		—	1944	1810

该测算结果将有利于当地政府更好地理解生态环境的经济效益，为其相关的投资决策、资源分配、城市建设规划、未来发展蓝图提供更有效的政策支撑。

二、美国巴尔的摩绿色步道项目生态环境影响经济核算

巴尔的摩位于美国马里兰州中部，2020年当地政府计划建设巴尔

的摩绿色步道网络。该项目计划投资2800万美元为居民建造10英里[①]的新步道以扩大和连接现有的城市步道，建成后将形成一个总长35英里，连接75个社区的健康绿色步道网络，届时将对巴尔的摩产生一定的经济、社会和环境效益。从绿道的建设增加巴尔的摩建筑业相关的经济活动及就业、提升房产价值、转变出行方式及提升道路安全、促进商业发展、环境效益及健康效益6个方面，对其生态系统服务进行量化，例如，通过绿道所带来的出行方式的转变（减少私驾出行），可以计算其每年带来的污染物排放减少量，通过城市植被的增加量，可以计算每年增加的碳汇及碳封存量；运用特定的估值方法对其生态产品价值进行测算，例如，通过居民增加步行或骑行的出行方式的频率，可以计算每年减少的医疗支出。最后的测算结果表明，该项目所带来的生态价值远远超过项目投资的2800万美元成本（表6-3）。

表6-3 巴尔的摩绿色步道生态价值构成

经济与社会效益	指标	实物量	生态产品价值（万美元）	生态资产价值（万美元）
直接经济影响	绿道建设相关商品和服务的采购支出			4800
	项目建设期间每年直接或间接提供工作机会	246个		
	增加劳动者收入，进一步提升居民消费水平		1700	
房产价值提升	房产价值增加			12600~31400
	绿道附近住宅及商业租金水平上升		500~1300	
交通方式转变及道路安全	绿道推动汽车出行转变为步行、自行车出行	5.1m~6.9m miles		
	绿道推动汽车出行转变为公共交通出行	0.5m~0.7m miles		
	车辆减少从而道路安全得到提升，事故减少的费用节省		50~70	

① 1英里≈1.6千米。以下同。

（续）

经济与社会效益	指标	实物量	生态产品价值（万美元）	生态资产价值（万美元）
当地商业发展	绿道附近的居民生活零售和旅游业消费增加		8400～11300	
	居民零售及相关旅游业发展所提供工作机会增加	863～1163个		
环境效益	绿道带来的交通出行方式转变使得每年车辆污染排放减少	2900～3900t		
	减少道路车辆	550～750辆		
	约等于减少汽车里程	6.3m～8.5m miles		
	公园及绿植增加每年产生碳汇	138t		
	公园及绿植增加每年产生碳储存量	87t		
健康效益	居民增加步行或骑行的方式促进了身体锻炼从而节省的年医疗保健费用		2400	

该测算报告为当地政府后续规划工作提供了有效的信息，协助其通过制定相关政策，如支持劳动力发展、经济适用住房、公共卫生、艺术和文化以及资源的公平分配，从而使居民都能享受到绿色步道项目的经济效益。

三、芬兰生态系统服务经济重要性和社会意义

2015年，芬兰的 TEEB 对一些关键生态系统服务的经济重要性进行了初步估计，这一开创性项目旨在启动一个系统的国家进程，将生态系统服务和相关生物多样性（即自然资本）纳入各级决策。该项目包括对芬兰最相关的生态系统服务、影响生态系统服务提供的主要驱动因素和未来趋势、评估生态系统服务现状和未来趋势的方法进行研究。此外，该项目还考虑了改善监管和管理系统的可能因素，这些因素可以确保未来生态系统服务的提供及芬兰的生物多样性。

专家组会议确定了全国重要的生态系统服务，并选择了28个最重要的生态系统服务指标（表6-4）。

其中包括10项供给服务：森林部门在国家战后发展中的作用尤为重要；芬兰种植的最重要的作物是谷物、土豆、甜菜、芜菁和油菜，最常见的饲养动物包括家禽、猪和牛；渔业仍然是生计和就业的重要来源；其他主要供给服务是清洁水和遗传物质，水作为一种供应服务直接用于家庭和工业过程，并用于灌溉，而遗传物质保存在本地品种、花园和基因库中。

确定了12项调节服务，其中一些与生态系统结构有关（如水质净化），而另一些则更具功能性（如授粉）。森林和沼泽（泥炭地）共同覆盖了芬兰74%的陆地表面，两者都含有大量的碳储量；土壤质量是土壤生物广泛功能多样性的结果，例如，土壤微生物能中和（或）去除受污染土地和地下水中的有害物质；与水有关的生态系统服务在芬兰发挥着至关重要的作用，保水、侵蚀控制和养分保持可以被视为同一现象的不同方面；苗圃栖息地为幼年动物提供庇护和营养，并确保许多具有经济重要性的物种的种群生存；活生物体的授粉是一种不可或缺的生态系统服务功能，有效的授粉会带来更大的产量；城市地区的植被提升了空气质量和降低了噪声。

表6-4 芬兰生态系统服务指标

生态系统服务	核算指标
供给服务	浆果和蘑菇
	猎物
	驯鹿
	木材
	清洁的水
	生物能
	鱼虾
	农作物
	牲畜
	遗传物质

（续）

生态系统服务	核算指标
调节服务	保水
	水质净化
	气候调节
	氮吸收
	侵蚀控制
	土壤质量
	养分滞留
	废毒排解
	栖息地
	授粉
	空气质量
	噪声消减
文化服务	娱乐
	自然旅游
	自然遗产
	景观
	艺术与流行文化
	科学教育

列出了6项文化服务。在过去的几十年里，娱乐在芬兰越来越受欢迎，超过一半的人口在大自然中散步、游泳和骑自行车，采摘野生浆果，并在海滩和度假别墅度过一段时间；芬兰最受欢迎的自然旅游目的地是国家公园，除了对健康的积极影响和宝贵的精神体验外，国家公园还为周边地区带来了可观的经济效益；与自然有关的遗产是芬兰文化的基本组成部分，芬兰自然中留下了许多圣地（湖泊、泉水等）；景观被认为是维护文化历史、提供美学体验和促进旅游业的核心；艺术在民族认同的发展中也发挥着重要作用；芬兰人有着悠久的生态研究和监测传统，既有专业学术研究的形式，也有对物种和栖息地的业余兴趣。

芬兰TEEB（2013—2014年）的结果有助于支持环境部和其他国家决策者确定生态系统服务的价值和社会意义。初步得出结论：在过去20年中，产品供给服务在利用收益方面相对稳定，但随着其他领域经济的增长，林业、农业和渔业部门的相对重要性有所下降；调节服务中的碳循环和相关气候调节服务随着气候变化逐渐成为讨论的关键；同样尚未被认可的文化服务需要得到关注，许多娱乐价值也在增加，据估计，芬兰近距离家庭娱乐和夜间自然之旅的年总价值约为29亿欧元，而根据生态系统和景观特征对户外娱乐价值影响的研究，通过增强生物多样性和避免在娱乐区出现明显的集约林业痕迹，如砍伐森林，可以进一步提高娱乐生态系统服务的价值。

四、荷兰生态系统服务和资产实验性货币估值

2016年，荷兰统计局和瓦赫宁根大学代表荷兰经济事务部、基础设施和环境部启动了一个为期3年的项目"荷兰生态系统核算"。该项目旨在测试和实施荷兰的SEEA EEA生态系统价值核算。

研究项目的重点主要是陆地生态系统（陆地和内陆水域），而不是海洋生态系统；只估算生态系统对人类利益贡献的经济价值，不包括非经济价值（如景观的文化价值）和"非人类"利益（如作为动物栖息地的生态系统）；只为最终生态系统服务赋值；关注生态系统服务的实际使用，而不是生态系统以可持续方式提供服务的能力；计算的是生态系统服务的交换价值，而不是福利价值。

该项目估计了10种生态系统服务的价值：①作物生产；②饲料/草生产；③木材生产；④空气净化；⑤生物量固碳；⑥水净化；⑦授粉；⑧自然娱乐；⑨自然旅游；⑩舒适服务。对于每一种生态系统服务，都选择了概念上有效的估价方法，这些方法产生的价值与国民账户体系一致。此外，这些方法可以依据可靠的统计数据来应用，从而

提高其可靠性和可信度。采用净现值（NPV）法，使用生态系统服务的价值来计算生态系统资产的货币价值。

2015年，荷兰十大生态系统服务的年流量总和为129.80亿欧元，相当于国内生产总值的1.9%；生态资产价值为4189.32亿欧元，生态系统资产价值约占荷兰经济中非金融资产总价值的11%（表6-5）。

表6-5 荷兰2015年生态系统服务流量和相关资产价值

核算指标		价值（亿欧元）	
		生态系统服务	生态资产
物质供给	作物生产	4.15	131.25
	饲料/草生产	8.72	275.69
	木材生产	0.44	13.81
调节服务	水净化	1.77	76.20
	生物量固碳	1.71	73.91
	授粉	3.59	154.70
	空气净化	0.86	37.00
文化服务	自然娱乐	38.73	1223.94
	自然旅游	59.46	1878.80
	舒适服务	10.37	324.02
合计		129.81	4189.31

荷兰的价值核算排除了5种生态系统服务，2种供给服务（非农业来源的生物量、渔业）和3种调节服务（自然害虫控制、侵蚀预防、防止强降雨）。此外，核算未包括与淡水生态系统有关的其他生态系统服务（如供水、河流滤水）和海洋环境（如渔业）提供的生态系统服务。

荷兰生态系统经济评估可以就特定变化对特定生态系统的影响提供有用的估计。它有助于估计自然资本的价值，使这一价值能够反映在政策决策、指标和会计制度中，有助于保护生物多样性和生态系统。

五、欧盟生态系统及其服务核算

欧盟 Integrated Natural Capital Accounting（综合自然资本核算，INCA）项目于2015年启动，于2021年完成，其结果表明，生产一个遵循 SEEA EEA 指导的范围广泛的生态系统账户是可行的。INCA项目报告介绍了欧盟的生态系统范围账户（针对9大类生态系统）、生态系统状况账户（针对森林、农业生态系统以及河流和湖泊）和生态系统服务账户（针对生态系统服务的子集），并对2019年欧盟生态系统服务所提供的经济价值进行了初步估计。

INCA项目的生态系统范围账户是使用哥白尼地球观测计划的Corine土地覆盖数据建立的。生态系统状况通常被称为生态系统健康或生态完整性，可以通过选择一组适当的生态系统变量来衡量，记录了生态系统在非生物、生物和景观特征方面的质量信息。生态系统状况决定了生态系统可以提供何种类型和数量的生态系统服务。生态系统服务账户可以估计和跟踪社会发展从自然中消耗和使用的流量或数量。在生态系统账户框架中，生态系统服务是生态系统与企业、家庭和政府的生产和消费活动之间的联系概念。生态系统服务账户可以以实物单位和货币单位编制。生态系统服务账户本质上由两个表组成：一个供应表和一个使用表。供应表衡量特定生态系统提供的服务量，通过生态系统服务潜力估计了生态系统所能提供的服务，而使用表则将这一数量分配给不同的经济部门或从中受益的家庭，研究通过简单的假设来绘制需求图。

INCA项目编制了7个生态系统服务账户，即高价值自然地区的作物授粉、作物和木材供给、水净化、防洪、碳固存和自然娱乐。核算结果表明，2012年，欧盟7项生态系统服务的价值总计1715亿欧元。森林提供了7种测量生态系统服务总供应量的47.46%，农田贡献了35.80%，城市生态系统不到1%。按单位面积计算，森林提供的生态系统服务价值几乎是城市地区提供的生态服务价值的9倍。水净化是价值最高的生态系统服务（每年555亿欧元），其次是基于自然的娱乐，即人们在具有高自然质量的生态系统中拥有的日常娱乐机会（505亿欧元）（表6-6）。

表6-6 欧盟生态系统服务提供的经济价值

核算指标	价值（亿欧元）									
	城市生态系统	农田生态系统	草地生态系统	森林生态系统	湿地生态系统	荒地和灌木生态系统	稀疏植被生态系统	河流湖泊生态系统	海洋生态系统	总值
作物供给	0	208	0	0	0	0	0	0	0	208
木材供给	0	0	0	147	0	0	0	0	0	147
作物授粉	0	45	0	0	0	0	0	0	0	45
碳固存	0	0	0	92	0	0	0	0	0	92
防洪	1	10	31	114	3	4	0	0	0	163
水净化	11	310	41	154	3	3	2	31	0	555
自然娱乐	1	41	75	307	23	31	14	10	3	505
总值	13	614	147	814	29	38	16	41	3	1715

INCA项目编制的生态系统服务账户被用作第一次欧盟范围生态系统评估的关键投入，这是一份具有里程碑意义的研究。INCA授粉账户已成为支持实施欧盟投票人倡议的工具之一，它量化了传粉昆虫的经济贡献以及它们的减少对农业生产、进出口的影响。此外，它还确定了目前农业部门对授粉需求得不到满足的地方，量化这种未被满足的需求有助于确定恢复传粉昆虫栖息地可以带来最大经济效益的优先领域。2020年5月通过的《欧盟2030年生物多样性战略》将自然资本核算确定为将生物多样性考虑纳入公共和商业决策的关键工具之一，该战略包括一项欧盟自然恢复计划，INCA制定的核算框架可以支持这一计划。生态系统账户可用于指导大规模恢复，方法是绘制生态系统

退化的地图，监测恢复后生态系统状况的变化，并通过生态系统服务评估生态系统恢复的效益。

六、英国生态系统价值核算账户与生态资产核算

英国生态账户的建立背景，可以追溯到2009年，《约克香农报告》的研究呼吁政府更好地了解自然资源和生态系统服务的价值，以避免环境破坏、可持续发展和经济增长之间的矛盾。随着环境问题在全球范围内变得越来越突出，英国政府意识到了这一问题的紧迫性，于是启动了生态账户的项目。账户建立的意义在于，通过将自然资源和生态系统服务的价值体现在经济活动中，促进生态保育与可持续性经济的发展。传统的GDP等经济指标衡量了经济规模的增长，但往往忽略了环境和生态系统服务所作出的贡献。生态系统价值核算账户通过收集、分析、概括和展示自然资源和生态系统服务价值的数据，可以帮助政府、企业和公众更好地了解这些资源和服务的贡献和价值，维持保护环境和促进可持续的经济发展之间的平衡。

生态资产价值由3个指标组成：供给服务、调节服务和文化服务。供给服务是来自生态系统的产品，如食物、水、能源和材料，具体包括：①农业生物量，如作物、饲料和放牧的价值；②水，为公共供水、排水；③化石燃料提取，即原油、天然气的生产，以及煤炭；④可再生能源发电；⑤木材生产；⑥矿物提取；⑦鱼类捕获。调节服务有利于维护良好的生态环境，包括：①温室气体的封存和排放；②净化空气污染物；③城市降温；④缓解噪声。文化服务是从生态系统中获得的非物质惠益，包括：①旅游和娱乐；②娱乐对健康的益处；③景观增值。

2020年，英国生态产品总值为543.1亿英镑，生态资产价值为1.8万亿英镑，其中，文化服务最高（72%），其次为供给服务（24%），

调节服务最低（4%）（表6-7）。

表6-7 英国生态产品与生态资产价值

单位：亿英磅

核算指标		生态产品价值	生态资产价值
供给服务	农业生产	73.1	1534.6
	供水	68.2	1340.0
	化石燃料提取	98.9	870.0
	可再生能源发电	19.9	300.4
	矿物	9.7	208.2
	木材	3.7	126.1
	渔业生产	3.0	54.1
调节服务	碳固存	−14.1	−810.2
	空气净化	23.9	1245.2
	城市降温	4.3	266.1
	噪声消减	0.2	9.0
文化服务	旅游娱乐	155.8	6234.8
	健康效用	68.3	5986.5
	景观增值	28.2	838.5
总计		543.1	18203.3

英国政府一直在推动使用生态系统价值核算账户的方法，以更好地利用和保护生态环境与资源，例如，在规划和项目评估中考虑生态资产的价值，为政府决策、商业决策和城市规划提供支持。

第二节 生态保护成效与区域生态关联：青海省GEP

一、青海省生态系统格局

（一）青海省生态系统空间分布特征

青海省自然环境独特，气候条件特殊，生态系统类型多样，格局复杂，草地生态系统面积最大，总面积为38.2万 km^2，占青海省总面积的54.8%；其次是荒漠和裸地生态系统，面积分别为13.3万 km^2 和9.1万 km^2；这三类生态系统面积占全省面积的87%。青海省湿地生态系统占地4.6万 km^2，灌丛生态系统面积为2.6万 km^2，占比分别为6.6%和3.8%；冰川/永久积雪面积为0.4万 km^2，占比0.6%。

从各类生态系统构成来看，草地生态系统中草原、稀疏草地和草甸面积比例相当，占比分别为39.1%、32.8%和28.1%；荒漠生态系统以荒漠盐碱地和荒漠裸土为主，占荒漠总面积的73.3%；湿地生态系统中，沼泽面积最大，占比65.1%，湖泊面积占比31%；灌丛生态系统以落叶阔叶灌木林为主导，占比98.4%；农田生态系统全部为旱地；城镇生态系统中采矿场和居住地分别占35.7%和33.8%。

从各类生态系统分布情况来看，草地生态系统广泛分布于青海省的东部和南部，三江源区的玉树藏族自治州（简称玉树州）和海西州草地面积占比最大，分别占全省草原面积的36.3%和30.9%，其中，海西蒙古族藏族自治州（简称海西州）的草地主要分布在西南部格尔木市的唐古拉山镇。青海省的灌丛生态系统面积不大，主要分布在果洛藏族自治州（简称果洛州）、海北藏族自治州（简称海北州）和海南藏族自治州（简称海南州），占主导地位的落叶阔叶灌木林的56.9%分布于这三个州。青海省森林生态系统面积较小，主要以常绿针叶林为主，其中，21.3%的常绿针叶林分布于海东市，17.5%的常绿针叶林分布于黄南藏族自治州（简称黄南州）。

位于三江源区的玉树州分布有大面积的湿地生态系统，占全省湿地面积的45.8%，其中，草地沼泽占主导地位，面积达到16.6万 km^2，占青海省沼泽总面积的55.2%；同时，该区域内的湖泊面积占全省湖泊总面积的28.1%。青海省荒漠生态系统几乎全部分布在西北部海西州的柴达木盆地，以荒漠盐碱地和荒漠裸土为主，占比分别为38.8%和34.4%。同时，海西州分布有全省面积最大的冰川/永久积雪，占比高达65.8%。全省的裸地生态系统主要分布在玉树州和海西州，比例分别为44%和37.3%，包括了全省81.4%的裸岩和87.3%的裸土。

青海省的农田生态系统以旱地为主，主要分布在东部自然条件比较好的海东市、西宁市和海南州，尤其是海东市拥有青海省36.4%的旱地。城镇生态系统的54.5%分布在海西州，其中，采矿场和交通用地分别占城镇面积的60.4%和23%。

（二）青海省生态系统格局变化特征

2000—2015年，青海省生态系统类型格局基本稳定，发生少许变动和转换。从2000年和2015年青海省生态系统类型空间分布来看，青海省生态系统类型转变主要发生在农田、湿地、城镇和冰川/永久积雪方面。

从生态系统变化的空间分布来看，生态系统类型发生较大变化的区域主要位于海西州、西宁市、海东市和玉树州。

2000—2015年，青海省城镇和湿地显著增加，农田和冰川/永久积雪面积明显减少，草地面积有少许下降；其中，城镇面积增幅最大，增长了 180.5%；农田面积减幅最大，减少了 39.5%。同时，湿地面积增加了 15.5%，冰川/永久积雪面积减少了 23%。青海省共有近 2 万 km² 的生态系统发生转变，转变面积较大的分别是草地和湿地互相转变、农田转变为湿地和草地以及冰川/永久积雪转变为裸地。

从空间分布来看，剧烈的生态系统转变主要集中在湿地、冰川/永久积雪和裸地转变较多的三江源区玉树州、果洛州和海西州的唐古拉山镇，以及海北州、海东市和海西州等农田和城镇转变聚集的区域。

二、面向生态效益评估的青海省 GEP 核算

（一）青海省 GEP 核算指标体系

根据青海省生态系统特点和生态区位特征，建立了包括农业产品、林业产品、畜牧业产品、渔业产品、花卉苗木产品、水资源供给等 6 项物质服务，洪水调蓄、土壤保持和面源污染控制、水体净化、空气净化、防风固沙、碳固定 6 项调节服务和休闲游憩 1 项非物质服务在内的青海省生态系统生产总值 GEP 核算指标体系（图 6-1）。

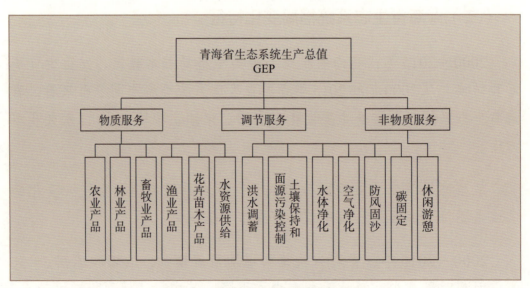

图 6-1 青海省 GEP 核算指标体系

(二)青海省GEP及其变化

2015年,青海省GEP为1854.6亿元,其中,物质服务价值为1199.3亿元,占GEP总量的64.7%;调节服务价值为439.1亿元,占比为23.7%;非物质服务的价值为216.2亿元,占GEP的11.7%。作为"中华水塔"提供的惠益,青海省的水资源供给服务是价值最大也是最重要的单项服务,占比超过青海省2015年GEP的一半,达到57.6%。物质服务中,除水资源供给外,畜牧业产品和农业产品的价值占比分别为3.1%和3%。调节服务中,最重要的服务是防风固沙,价值为316.8亿元,占GEP的比例为17.1%;其次是土壤保持和面源污染控制、碳固定,占比分别为3.9%和2.5%。

以可比价计算,青海省2015年的GEP比2000年增长755.3亿元,增幅为68.7%。价值增长较多的服务分别是非物质服务的休闲游憩、物质服务的水资源供给和调节服务的碳固定以及防风固沙。GEP变化的主要原因有3个方面:①生态系统产品和服务供给的变化;②生态系统产品和服务价格的变化;③生态系统产品和服务用途的变化。15年间,青海省的水资源供给量由452.5亿m^3下降到395.6亿m^3,但同期水资源供给的价值由478亿元增加到1067亿元。这其中有144亿元(24.4%)变化来源于价格的变化;然而,水资源供给价值增加的最主要原因是水的用途发生变化,比如,下游水电站数量的增加使15年间下游水电站发电量从21.3亿kW·h增加到920亿kW·h。这表明青海省的水资源供给为下游生产、生活和发展提供了基础,使其创造的价值有所增加。

从农业产品来看,青海省的农业产品产量在15年间几乎翻了一番,但是价值却增加了5.8倍。其中,价格因素变化导致的价值增量为4亿元,占价值增量的9.5%;而导致价值增加更重要的因素是农业产品结构的改变和产量的增加,比如,青海省的农业种植结构由传统粮食种植向单位质量价值更高的高原蔬菜、瓜果和中药材等农业产品转变。

通过进一步分析可以得知,2000—2015年,青海当地的供给变化和当地及下游对生态系统产品和服务用途的变化使GEP增加了755.3亿元，而价格的变化使GEP增加了283.8亿元。GEP的变化趋势受生态资产的质量和数量的影响，其中，影响生态系统产品和服务供给的重要因素是，15年间大规模的生态系统保护和恢复工程增加了青海省生态资产的数量，提升了生态资产质量，因此提高了生态系统服务流量的供给量，使GEP翻了一番。

（三）利益相关者分析

作为重要的江河源区，青海省提供的许多生态系统产品和服务不仅为当地的人们提供了惠益，还为省外下游其他省（自治区、直辖市）甚至其他国家的居民提供了惠益。本研究对青海省提供的每一项生态系统产品和服务进行了利益相关者分析说明，以青海省以外的省（自治区、直辖市）行政单元为相关利益者分析单元，明确其受益者分布区域，以期为市场化生态补偿机制的建立提供理论基础。

在青海省提供的各项生态系统产品和服务中，水资源供给主要使下游人民受益，防风固沙主要使下风向人民受益，而碳固定则为全球带来惠益。笔者根据所产生的惠益来核算所有服务的价值，根据享受惠益的位置来确定利益相关者，因此将青海的生活用水、工业用水及水力发电的价值划分为当地利益，而水资源供给带来的其他惠益的利益相关者则是下游地区，属于区域利益。对于水资源供给以外的农业产品、畜牧业产品、林业产品、渔业产品和花卉苗木产品等其他物质服务来说，青海的生产者通过在市场上销售产品或自己消费产品来获得惠益，因此笔者将这部分价值全部划分为当地利益。同时，笔者认为空气净化的受益者也主要是当地的人们。除空气净化和碳固定之外的洪水调蓄、土壤保持和面源污染控制、防风固沙和水体净化等调节服务的惠益都属于区域利益，而碳固定的惠益则属于全球利益。

在青海省2015年产生的生态系统产品和服务中，只有不到1/5造福于青海当地居民，其余则输出到省外向其他省（自治区、直辖市）和全球人类提供惠益。将近80%惠益的受益者是青海下游的我国其他省（自治区、直辖市），只有2.5%的惠益是供给全球的（图6-2）。研究结果表明，惠益的利益相关空间分布不仅与生态系统产品和服务的供给相关，还与生态系统产品和服务的需求与使用相关。青海省的降水量由西北向东南递增，导致东部地区与水相关的生态系统产品和服务供给较多，价值则明显高于西部；同时，青海省内和全国范围内人口分布特征都是东部人口密度大于西部，这使得东部的水资源供给、防风固沙等服务的价值高于西部。

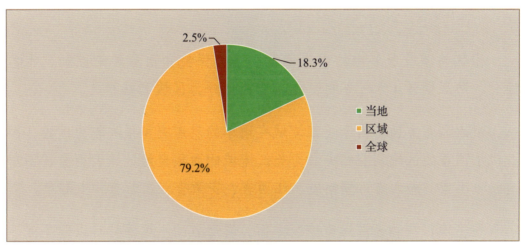

图6-2　青海省GEP的利益相关者分布（2015年）

本研究进一步在我国范围内对青海省向省外受益者提供的惠益进行了空间化。

1.物质服务

本研究将物质服务中的农业产品、畜牧业产品、林业产品、渔业产品、花卉苗木产品以及对青海省本地的水资源供给的受益者范围划分为当地利益相关。

对于青海省向下游提供的水资源受益者范围则划分为区域利益相

关,本研究分别按照工业用水价值、居民生活用水价值、农业用水价值和水力发电价值4个类别进行惠益利益相关者的空间化。由于黄河一半以上的水资源来源于青海省,位于黄河流域的山东、河南等省份人口数量多,工业、农业发达,因此山东省和河南省是下游地区水资源供给受益最大的两个省份,受益价值均在100亿元以上;其次是黄河流域的陕西省和甘肃省,受益价值在50亿元以上;黄河流域的宁夏和内蒙古自治区的受益价值均在45亿元左右;长江流域的四川、湖南、江西和云南省的受益价值在10亿～30亿元;受益价值在10亿元以下的分别是山西、湖北、重庆、江苏、上海、安徽和西藏等省(自治区、直辖市)。

2. 调节服务

团队将调节服务中的洪水调蓄、土壤保持和面源污染控制、水体净化、防风固沙4类服务的受益者范围划分为区域利益相关。

洪水调蓄方面,由于长江流域在雨季的洪涝灾害损失较为严重,因此洪水调蓄的区域利益相关者为长江流域的西藏自治区、云南省、四川省、重庆市、湖北省、湖南省、江西省、安徽省、江苏省和上海市。

在土壤保持和面源污染控制方面,青海省的土壤保持可以避免泥沙随水流流向下游造成河道泥沙淤积。在下游长江流域和黄河流域的所有省份中,甘肃省、宁夏回族自治区、陕西省和内蒙古自治区受益较多。

与土壤保持和面源污染控制相似,青海省生态系统的水体净化服务可以减少水体中的污染物随水流输入下游地区。水体净化服务的受益者范围同样是下游长江流域和黄河流域的所有省(自治区、直辖市),其中,甘肃、宁夏、四川、陕西等省(自治区)受益较多。

防风固沙方面,由于沙尘向下风向输送有一定的距离范围,受益者主要包括西藏、四川和甘肃3个省(自治区)。人口密度较大的甘肃省是主要受益省份;其次是四川省;人口密度较低的西藏自治区受益较少。

3.非物质服务

团队将非物质服务生态旅游休闲游憩价值的受益者范围划分为区域利益相关。

根据调查问卷显示的游客来源区域，计算各区域到青海省旅游的游客数量和平均旅行成本，核算各省（自治区、直辖市）的受益价值。其中，工资收入水平较高的北京市、距离青海较近的甘肃省的受益价值在10亿元以上；其次是工资收入水平较高的广东省、浙江省的受益价值；而距离较远的辽宁省、福建省等省（自治区、直辖市）的受益价值则较低。

青海省GEP核算和利益相关分析结果表明，将生态效益纳入经济社会考评体系至关重要。一方面，GEP可以与生态资产相结合用于生态保护和恢复工程成效的评估。2000—2015年青海省生态系统产品和服务的供给量增加，重要的影响因素是大规模的生态系统保护和恢复工程增加了青海省生态资产的存量，提升了生态资产质量，因此提高了生态系统服务流量的供给量。另一方面，评估结果还可以用于市场化、多元化生态补偿机制的建立和完善。2000年青海省GEP为814.7亿元，比同期GDP高出550亿元；即使在15年间经济快速发展导致GDP增长8.2倍的情况下，2015年青海省GEP仍然是同期GDP的3/4，这是因为GEP衡量了GDP市场价值以外的非市场生态系统产品和服务的价值。对于人类来说，这部分非直接市场交易的生态系统产品和服务的价值日益变得稀缺和重要；对于青海来讲，这部分非直接市场交易生态系统产品和服务大部分供给至下游的发达地区，但青海并没有得到相应量级的付费。以水资源供应为例，青海省输出的水资源为下游水力发电、农业、工业和家庭使用提供了重要的投入。如果通过建立"水基金"使生态产品进入市场，让所有受益者向青海省付费，不仅可以使青海省有更多资金投入生态资产保护与恢复，还可以在减贫方面发挥作用，使青海省经济得到发展，实现绿色发展。

第三节　生态文明建设：北京市延庆区GEP

一、延庆区概况

延庆区属于首都生态涵养区，功能定位是首都西北部重要生态保育及区域生态治理协作区、生态文明示范区、国际文化体育旅游休闲名区、京西北科技创新特色发展区，是2019北京世界园艺博览会（以下简称世园会）举办地、2022年北京冬奥会和冬残奥会三大赛区之一，被称为"首都的后花园"。延庆区距北京市区74km，地域总面积1994.88km^2，其中，山区占72.8%，平原占26.2%，水域占1%，下辖11个镇4个乡3个街道，常住人口约34.6万人。延庆区地处延怀盆地，山地多，海拔高，平均海拔500m以上，气候冬冷夏凉，年平均气温8℃，素有北京"夏都"之称。延庆区山青水净，天朗气清，森林覆盖率61.63%，林木绿化率72.98%，是全域水源保护地，PM$_{2.5}$累计平均浓度29μg/m^3。延庆区位于密云水库上游，境内有四级以上河流46条，分属潮白河、永定河、北运河三大水系，有官厅水库、白河堡水库等5座水库，总库容42.6亿m^3（其中，官厅水库41.6亿m^3，1/3位于延庆区），其中，白河堡水库建成至今为密云水库输水14.61亿m^3。延庆区有自然保护区10个，其中，国家级1个、市级2个，批复面积55168.56hm^2，占全区国土总面积的27.65%，高于全国、世界平均水平。

延庆区一脉相承、矢志不渝守护绿水青山，自20世纪80年代起，先后实施"冷凉战略""三动战略"，逐步形成现在所实施的"生态文明发展战略"，以愚公移山的担当精神，战天斗地，接续奋斗，不断美化延庆山河，将曾经的秃岭荒山变成了现在的绿水青山。全区森林覆盖率从新中国成立初期不足7%（20世纪80年代不足30%）提高到现在的61.63%，林木绿化率从1978年的20%增加到现在的72.98%，6项大气污染物浓度连续2年达到国家二级标准，地表水环境质量指数保持全市前列，空气质量达到国家二级标准，河湖水质达标，地下水位回升超3m（截至2021年年底），土壤环境质量稳定，生态环境状况指数连续3年保持优等级。自1996年获评首批全国生态示范县起，特别是党的十八大以来，延庆先后获评国家生态文明建设示范区、"绿水青山就是金山银山"实践创新基地、国家森林城市、全国水生态文明城市、中国天然氧吧等荣誉称号。延庆区在生态文明建设上取得的成绩，为延庆赢得冬奥会世园会举办等前所未有的重大发展机遇、推动高质量发展奠定了坚实基础，也进一步加深了延庆人民对守护绿水青山极端重要性的认识，坚定了延庆人民用生态赢得未来的信心和决心。

二、工作背景

2019年4月28日，习近平总书记出席北京世园会开幕式并发表重要讲话。世园会是一张当代中国的"绿色名片"，传递着中国绿色发展的最新成就，讲述了绿色发展的"中国故事"。总书记在讲话中强调"我希望，这片园区所阐释的绿色发展理念能传导至世界各个角落"，倡导"我们要像保护自己的眼睛一样保护生态环境，像对待生命一样对待生态环境"，用"五个追求"从不同角度阐释了绿色发展理念，为推进生态文明建设、建设美丽中国、共建地球美好家园指明了方向、提供了遵循。

2021年1月18日，习近平总书记在冬奥会延庆赛区考察调研时提出"延庆是属于未来的"政治嘱托。总书记对一个县级行政单位给予这种关注和评价，在全国范围内几乎没有先例，这是对延庆一以贯之守护绿水青山、打下良好生态本底的充分肯定，是对延庆坚定不移践行"两山"理念，坚持生态优先、绿色发展方向的高度认可，显示了总书记对延庆好山好水好风光的由衷赞赏，寄寓了总书记对把绿色发展理念传导至世界各个角落的激励鞭策，进一步坚定了延庆人民接续奋斗实施生态文明建设的信心和决心。

2021年4月，中共中央办公厅、国务院办公厅印发了《关于建立健全生态产品价值实现机制的意见》（以下简称《意见》），2022年9月，国家发展和改革委员会、国家统计局印发了《生态产品总值核算规范（试行）》（以下简称《规范》），为各地开展GEP核算，以核算为抓手巩固生态文明建设成效、推动绿色发展提供了依据。延庆区自2015年开始进行GEP核算，是北京市首个开展GEP核算的区，并率先将GEP核算至乡镇级，在摸清生态家底、算清绿水青山经济账方面具有良好的工作基础。国家规范出台后作为首都生态涵养区，延庆区扛起"绿色担当"，按照国家规范再次开展核算，结合实际对核算方法、相关参数进行细化、筛选，在核算结果应用方面积极探索实践，以实际行动践行总书记的政治嘱托，坚决守住好山好水好生态，建设绿色发展聚宝盆。

三、延庆区GEP核算

（一）GEP核算工作基础

2015年，延庆区在北京率先开展GEP核算。基于良好的自然生态本底，延庆区为了描绘生态系统运行总体状况，评估生态系统保护成效、贡献等情况，两次聘请国内GEP核算研究技术相对成熟、水平相对较高的研究机构（原环境保护部环境规划院），对2014—2018年全区和各乡镇GEP进行核算，初步梳理了生态家底，核算结果在"两山"实践创新基地成功创建和评估过程中发挥了重要作用。2022年，在国家规范出台后，延庆区第一时间委托为国家规范出台提供技术支持的研究团队，开展新一轮GEP核算工作，这也是一次对国家规范的率先试算和校验。新一轮核算，通过制定本地核算规范、搭建自动化核算与管理平台、创新开发核算方法模型，让核算方法更科学有效，得到了乡镇的认可。与前两次核算相比，本轮核算更全面地反映了生态系统对经济社会发展的支撑作用、对人类福祉的贡献情况和生态保护的工作成效以及区域间的生态差异。

（二）GEP核算中的工作探索

1. 从指标选择设置角度进行校验

国家发展和改革委员会要求，要对《规范》的指标、方法等进行深入研究，结合核算实际提出意见建议。考虑延庆区作为首都生态涵养区，当前生态环境水平已经处于相对较高的水平，调节服务价值的提升空间较小，应更多在巩固调节服务和促进农业品质提升、发展休闲旅游服务业上下功夫，因此保留了物质供给、调节服务和文化服务3项一级指标，并结合延庆实际设置了14项二级指标。其中，物质供给包括绿色有机农产品1项指标，调节服务包括水源涵养、减少泥沙淤积、控制面源污染、防风固沙、洪水调蓄、空气净化、水质净化、固碳、局部气候调节、噪声消减共10项指标，文化服务包括旅游康养、休闲游憩、景观增值3项指标。特别是对于物质供给，一方面考虑到传统的核算指标（农林牧渔增加值）的范围过于宽泛，另一方面结合延庆区都市型现代农业的发展导向，突出对纯生态产品的核算，将核算指标调整为绿色有机产品增加值。此外，对于文化服务，对旅游康养、休闲游憩、景观增值3项指标的概念和核算方法进行梳理研究，考虑到延庆区景区景点以及人们活动的公园绿地等均属于自然风光类的特点，认为这三类均属于生态系统提供的服务，其价值应纳入GEP核算中，而且目前的核算方法已经最大程度扣除了与GDP重合的部分。例如，旅游康养核算的是游客旅行成本（包括时间成本和实际消费两部分）中愿意为自然景观支付的费用，这种方法核算的是生态系统为人类活动提供的服务价值，从概念上理解应该纳入GEP。休闲游憩和景观增值亦如此，都是生态产品总值的组成部分。

2. 从参数本地化角度进行校验

《规范》明确，"核算时优先使用实测数据""在数据资料收集时要开展必要的实地观测调查，进行数据预处理以及参数本地化"。延庆区在开展GEP核算时充分考虑数据的可获取性，优先采用统计数据、部门数据、遥感数据等相对权威的数据，最大化使用本地参数，核算结果与当地实际情况相符，为验证本地数据对核算结果客观真实性的影响提供了参考。

通过实测调查直接获取本地参数。对于《规范》中明确采用实测数据的和优先采取实测数据的，采取实测方式获取数据。如为获取路侧噪声削减指标涉及的路侧绿地降噪能力参数（可采用实测数据），设置了覆盖全区15个乡镇不同等级道路的400余个监测点位进行实测；为获取减少泥沙淤积和面源污染指标涉及的本地土壤属性参数（应采用实测数据），对覆盖全区15个乡镇不同生态系统进行了土样采集分析，明确了土壤有机质、黏粒、粉粒砂粒、总磷、总氮含量的空间分布特征；为获取旅游康养指标涉及的景区游客消费行为特征（应采用实测数据），对延庆区内各旅游景区的到访游客进行了问卷调查，统计分析各景区游客在交通、住宿、餐饮、门票等类目上的消费特征以及游客消费行为中对自然景观的偏好度；为获取休闲游憩指标涉及的居民公共绿地访问特征（应采用实测数据），对延庆区常住人口进行了问卷调查，统计分析全区各乡镇常住人口的日常游憩比例、游憩时间、游憩消费等信息。

通过文献调查间接获取本地参数。对于《规范》中明确采用本地数据，且相关数据可通过专业期刊、统计公报、部门信息等途径直接获取的，采取文献调查法获取最小尺度本地数据。如为获取固定二氧化碳和减少泥沙淤积指标涉及的固碳速率、土壤容重系数，选择国家规范附录中北京所在的暖温带北部落叶栎林地带（华北）的推荐参考值；为获取洪水调蓄指标涉及的水库防洪系数、湖泊换水次数以及固定二氧化碳指标涉及的湖泊湿地固碳速率，选择国家规范附录中北京所在的东部平原区所对应的推荐参考值；为获取气候调节指标涉及的水面蒸发系数，选择国家规范附录中北京市的推荐参考值；为获取休闲游憩指标涉及的人均工资，采用北京市统一的人均工资标准；为获取各项指标中涉及的水资源费、合表电价、碳排放权交易、污染物税费等价格，采用北京市统一定价标准，对于北京市无相关定价标准的，如核算路侧噪声削减指标涉及的隔音墙建造成本，采用深圳市标准进行测算。此外，由于非普查年份乡镇常住人口数据缺失，核算中涉及的乡镇常住人口均采用第七次人口普查数据，且将沿用至下一次人口普查。

3.从方法可操作角度进行校验

《规范》明确，"要积极探索尚未成熟的生态产品价值核算方法""根据生态产品价值核算最新研究成果，及时改进和完善价值核算的指标与方法"。延庆区在开展GEP核算时，围绕可操作、可实施的原则，对国家规范中各项二级指标的核算方法进行逐项梳理，基于当前技术研究水平，选择相对科学合理、符合本地特点的方法，初步解决了"有没有"的问题，为循序渐进开展GEP核算工作提供了参考。

对于《规范》中未明确详细核算方法的，对核算方法进行细化处理。综合考虑承担延庆区GEP核算工作的专业机构GEP核算技术相对成熟、认可度较高，且为了方便研究机构实际操作，选择其研究开发的方法或模型参与核算，作为对《规范》的细化补充。如核算路侧噪声削减指标涉及的道路两侧平均降噪分贝数据时，在路侧绿化带一定宽度两侧布设噪声计，采用新开发的"路侧噪声削减模型"对全区各镇各级道路的路侧绿化降噪能力进行了科学测度；核算休闲游憩指标涉及的休闲游憩人数时，采用新开发的"休闲游憩模型"，结合问卷调查（按照1∶1比例在区内区外共发放1000份问卷，并设置严格的目标群体筛选条件）获得的游客经济社会特征数据测算得出；核算景观溢价指标涉及的从城市生态景观获得增值的酒店客房数时，采用研究中的酒店景观溢价模型，结合酒店销售网络大数据与部门统计数据测算得出；核算景观溢价指标涉及的从城市生态景观获得增值的自住房面积时，采用研究中的住房景观溢价模型，结合全区人口空间分布和各乡镇人均住房建筑面积数据测算得出。

对于《规范》中明确了详细核算方法但乡镇尺度指标数据获取难度大或缺失的，对相关指标数据进行科学合理分摊。按照某种原则将数据分摊至下一层级是统计工作中常用的处理手段和方式。如在核算乡镇旅游康养价值涉及的旅游人次时，因此项指标仅核算至区级，需合理分摊至各乡镇，综合考虑乡镇层面现有数据中与旅游人次直接相关且相对权威的数据仅有乡村旅游人次，遂根据各乡镇乡村旅游人次在全区占比，将全区旅游人次分摊至各乡镇。

（三）GEP变化特征

核算结果表明，2014—2021年延庆区GEP从363亿元逐年增长至424亿元，年均增速2.24%。同时期，延庆区GDP从115.6亿元逐年增长至204.7亿元（2020年受疫情影响出现小幅下降），年均增速达到6.3%左右。GEP与GDP双增长表明，延庆既守住了绿水青山的底色，又在努力推动"两山"转化，较好实现了经济社会与生态环境保护的协调发展。

（四）GEP结构特征

从GEP结构上看，调节服务价值占比最大，达到85.88%～92.38%，文化服务价值占比次之，为5.96%～7.89%，物质供给价值占比最小，为0.4%～7.26%。各乡镇GEP增长趋势和全区基本一致，3项功能占比与乡镇功能定位基本相符，其中千家店、珍珠泉等生态保护责任重、贡献大的山区乡镇调节服务价值占比普遍达到95%左右，文化服务占比仅为3%以下，而延庆镇、大榆树镇等经济相对发达、生态保护责任较小的山区乡镇文化服务占比能够达到20%以上。这反映出延庆区在生态保护方面取得了积极成效，在生态价值实现方面还有挖掘潜力，接下来需要在两个方面继续发力：一方面要突出有为政府价值导向，通过制度设计进行激励，使资金安排、绩效考评、干部任用等与GEP成正相关，让GEP提升成为指挥棒和工作导向；另一方面还要借助有效市场实现生态价值,通过机制创新,使市场主体从参与生态产品价值实现中获益,增强其市场参与的积极性,为GEP提升注入更多动力和活力,成为广泛社会共识和绿色发展标识。

四、延庆区GEP核算结果应用

(一)GEP进补偿切实让"保护者受益"

生态保护补偿制度作为生态文明制度的重要组成部分,是落实生态保护权责、调动各方参与生态保护积极性、推进生态文明建设的重要手段。党的十八大以来,习近平总书记高度重视生态保护补偿制度建设,多次强调"中央和地方都要加大投入,落实好生态保护补偿机制"。延庆区深入落实生态保护补偿制度,为有效激发全区各乡镇保护生态本底、提升生态效益、促进"两山"转化的行动自觉,制定《延庆区生态产品总值(GEP)核算考核奖励办法(试行)》,设立总规模为5000万元/年的奖励资金,额度超过乡镇年度"活钱"的20%,采取分类分档的方式进行分配。基于延庆区正处在践行"两山"理念跨越发展的关键窗口期,生态优势仍需持续巩固和扩大,生态产品价值实现尚处于起步阶段,需要突出生态保护补偿,把生态本底保护和生态效益提升放在同等重要的位置,并对生态产品价值实现的创新典型案例进行奖励,将奖励资金分为基础奖励资金、提升奖励资金和创新奖励资金,按照45%:45%:10%的比例分配基础规模。

对生态本底保护行为进行补偿。基础奖励资金的基础规模为2250万元,以调节服务GEP不降低为前提,按人均调节服务GEP排名分档,其中,第1~5名为第一档,最高可获200万元/年;第6~10名为第二档,最高可获150万元/年;第11~15名为第三档,最高可获100万元/年。此外,保留政府考核乡镇生态保护和绿色产业发展责任落实情况的15项重点指标,按照指标完成比例进行打分(各乡镇最终获得的基础奖励资金=相应档位资金指标得分对应的百分比)。本项资金年内未分配完的部分转入创新奖励资金池。

对生态效益提升行为进行补偿。提升奖励资金的基础规模为2250万元/年，以GEP总量增长为前提，按人均GEP增量排名分档分配资金，第1~5名为第一档，每年200万元；第6~10名为第二档，每年150万元；第11~15名为第三档，每年100万元。本项资金年内未分配完的部分转入创新奖励资金池。

对生态价值实现创新典型案例进行奖励。创新奖励资金基础规模为500万元/年，根据案例推广应用价值分配资金。为促进生态资源保值增值，以发展为导向，采取项目化方式，借助金融等手段，鼓励在生态产品价值实现上创新尝试，助推"农村美、农业强、农民富"目标实现。延庆区聚焦壮大农村集体经济、促进农民增收、发展绿色产业等重点，以各乡镇为主体申报，建立创新典型案例库，对其中具有较好推广应用价值的优秀案例给予支持奖励。奖励资金按照程序拨付至乡镇，与区内融资担保机制联动挂钩，以有效增强农村集体经济组织的造血能力。未使用完的创新奖励资金自动滚动到下一年度创新奖励资金池。资金使用细则单独制定。

（二）GEP进考核激励树牢绿色发展理念

政府绩效考核发挥着指挥棒、风向标、助推器作用，深刻影响和塑造着党员干部的政绩观和发展观。为引导乡镇干部塑造正确的政绩观，形成以生态保护为先、抢抓绿色发展机遇的行动自觉，延庆区将GEP纳入政府绩效考核体系。参照GDP构成中占比达到5%以上的产业为支柱产业，将GEP绩效考核分值按照不低于5%设定。基于绩效考核的最终效果是激励GEP提升，与提升补偿资金分配依据保持一致，根据各乡镇人均GEP增量进行排名并打分，同时将考核结果在一定范围内公开。

（三）GEP进规划推动"两山"实践创新

规划是地区发展的长远总体计划安排，专项规划是总体规划在特定领域的延伸和细化，是指导该领域发展的重要依据。延庆区生态文明建设规划是深入推进"两山"实践创新和生态文明建设工作的纲领性文件，将GEP写入《延庆区生态文明建设规划（2021—2035年）》，对常态化GEP核算、多元化结果应用、建立专家咨询机制和依托现有机构成立生态产品价值实现研究智库等进行部署，体现了将生态产品价值实现纳入生态文明建设和经济社会发展全局。通过不断丰富应用场景，调动了政府部门和干部队伍参与GEP提升的积极性，形成了更加清晰、精准的GEP提升导向。

第四节　人与自然和谐：深圳市GEP核算制度

一、深圳市概况

深圳市位于我国广东省南部，珠江口东岸，东临大亚湾和大鹏湾；西濒珠江口和伶仃洋；南边深圳河与香港相连；北部与东莞、惠州两城市接壤。全市面积1997.47km^2，其中39.39%为森林。深圳市在全国主体功能区划中属于国家级优化开发区，2020年全市地区生产总值27670.24亿元，仅次于北京和上海，常住人口1756万人，属于超大城市。

深圳市作为我国改革开放的先行城市，不仅在经济体制改革领域取得了令人瞩目的成绩，同时在城市生态环境治理领域也长期走在全国前列。2005年，深圳在全国率先划定基本生态控制线，比全国开展生态保护红线划定工作早近10年（以2014年原环境保护部下发的《国家生态保护红线——生态功能红线划定技术指南（试行）》为基准）。2014年深圳盐田区率先开展城市GEP核算，相较全国开展GEP核算工作早近6年（以2020年生态环境部下发《陆域生态系统生产总值（GEP）核算技术指南》为基准）。2019年8月18日，中共中央、国务院印发《关于支持深圳建设中国特色社会主义先行示范区的意见》，明确要求深圳率先探索实施生态系统服务价值核算制度。2021年3月23日，深圳市召开新闻发布会，宣布完成了以GEP核算实施方案为统领，以技术规范、统计报表制度和自动核算平台为支撑的"1+3"核算制度体系建设。

二、深圳市GEP核算结果

在深圳市GEP核算过程中，应用《深圳市生态系统生产总值核算技术规范》（DB 4403/T 141—2021）保障了核算方法的科学性和规范性；应用《深圳市GEP核算统计报表制度》保障了核算数据来源的准确性，尽可能地提升了核算结果的行政效力；应用"深圳市GEP一键在线核算平台"保障了核算过程的准确性，极大地降低了人为误差。2020年度的详细核算结果和"十三五"期间历年核算主要结果如下。

（一）2020年GEP功能量核算结果

从生态系统服务功能量角度看，2020年深圳市生态系统通过林冠、凋落物、根系等保护土壤，减少泥沙淤积1107.42万t，减少面源污染6.57万t总磷、22.50万t总氮；植被和水库共削减暴雨日潜在洪涝径流6.71亿t，相当于年降水总量的23%；绿色植被共吸收二氧化硫807.50t，氮氧化物2801.48t，滞留粉尘337.50t；植被和水体提供的气候调节服务可节能680.95亿kW·h，相当于深圳2020年用电量的69%；涵养水源量达19.18亿t，相当于2020年本地水资源供应量的16倍；水域湿地生态系统共净化化学需氧量9892.83t，净化总磷766.84t，净化总氮766.84t；全年特色生态景区接待游客数2618.77万人次，自然公园、城市公园、社区公园和绿道等免费生态空间提供约10亿人次休闲游憩服务（表6-8）。

表6-8 深圳生态系统服务功能量及价值量（2020年）

指标名称	功能量	价值量（亿元）	占比（%）*
总计	—	1303.82	100
物质产品	—	23.55	1.8
农林牧渔产品	—	22.29	1.7
水资源	11870.55万m³	1.26	0.1
调节服务	—	699.52	53.7
减少泥沙淤积	1107.42万t	1.40	0.1
减少面源污染	—	15.23	1.2
总磷	6.57万t	7.36	0.6
总氮	22.50万t	7.88	0.6
调节气候	680.95亿kW·h	488.24	37.4
固定二氧化碳	28.12万t	0.06	0.005
削减洪涝	—	69.23	5.3
城区植被	10361.37万t	34.54	2.6
郊区植被	38175.56万t	23.33	1.8
水库	18597.47万t	11.36	0.9
涵养水源	191778.64万t	117.19	9.0
削减交通噪声	8258.91dB·km	6.19	0.5
防护海岸带	101.24km	1.51	0.1
净化空气	—	0.07	0.005
二氧化硫	807.50t	0.015	0.001
氮氧化物	2801.48t	0.053	0.004
粉尘	337.50t	0.002	0.0001
净化水体	—	0.40	0.03
化学需氧量	9892.83t	0.28	0.02
总磷	766.84t	0.09	0.01
总氮	766.84t	0.03	0.002
文化旅游服务	—	580.75	44.5
旅游休闲服务	—	419.39	32.2
自然景观溢价	—	109.75	8.4

（续）

指标名称	功能量	价值量（亿元）	占比（%）*
房产交易溢价	—	95.54	7.3
酒店销售溢价	—	14.21	1.1
康养服务	—	51.61	4.0
减少门诊费用	—	0.09	0.01
减少住院费用	—	0.28	0.02
减少死亡成本	—	51.24	3.9

注：*为此表各数值分别四舍五入，加总后出现末位误差。

（二）2020年GEP价值量核算结果

深圳市2020年GEP为1303.82亿元，单位面积GEP为0.65亿元/km^2，具体构成见表6-8。从生态系统服务的价值量角度看，3项一级指标中，物质产品价值23.55亿元，占比1.8%；调节服务价值699.52亿元，占比53.7%；文化旅游服务价值580.75亿元，占比44.5%。在二级指标中，调节气候价值488.24亿元，占比最大，约占GEP的37.4%；旅游休闲服务价值419.39亿元，约占GEP的32.2%；自然景观溢价价值109.75亿元，约占GEP的8.4%；涵养水源服务价值117.19亿元，约占GEP的9.0%。

陆域生态系统调节服务价值与生态系统及其质量的空间分布呈现显著的正相关关系，梧桐山、七娘山、阳台山、塘朗山、南山、马峦山、三洲田、凤凰山等区域为单位面积调节服务价值高值区域，盐田、坪山区南部、大鹏新区等地为优质调节服务价值供给连片区域。陆域生态系统文化服务价值高值区域则主要分布在福田区和南山区，主要是因为这些地方均为深圳商业经济和社会发展更充分地区，休闲游憩、景观溢价等生态系统服务的年度实际发生量大；而自然景观优异的盐田区和大鹏新区由于活动人口和成交总量低，所以该值并不突出。

(三)"十三五"期间GEP核算结果

除了2019年和2020年深圳GEP核算为各部门依据统计报表制度提供数据外,笔者还通过函件调研和科研数据对2016—2018年的深圳GEP开展了补充核算。核算结果表明:①"十三五"期间,深圳GEP总体保持增长态势,年均增速2.24%;但是由于疫情防控因素使2020年生态系统文化服务价值受到显著影响,致使2020年GEP较2019年下降。②"十三五"期间,深圳市生态系统调节服务价值逐年持续增长,年均增速3.41%,反映出城市生态管理的成效和生态安全水平提升(图6-3)。

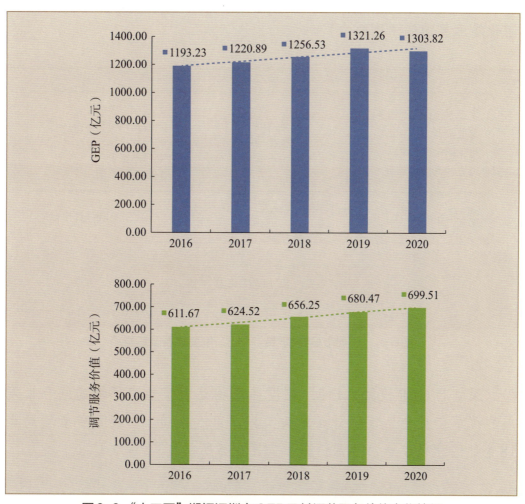

图6-3 "十三五"期间深圳市GEP及其调节服务价值变化特征

三、深圳市GEP核算"1+3"制度体系

深圳市GEP核算"1+3"制度体系主要由1个统领和3个支撑组成。1个统领，即深圳市GEP核算实施方案，其明确了GEP核算的主要工作流程、主要参与部门，以及重要时间节点。3个支撑，即①深圳市GEP核算技术规范，它设定了用于每种生态系统服务的核算方法，以及推荐的参数、可比定价的设定、可比气象条件的设定等；②深圳市GEP核算统计报表制度，它规定了每个数据的来源部门，数据格式和数据时间；③深圳市GEP核算平台，它部署于政务云，提供了包括统计数据在线报送、数据审查、自动核算、自动报表、结果地图化展示等功能（图6-4）。

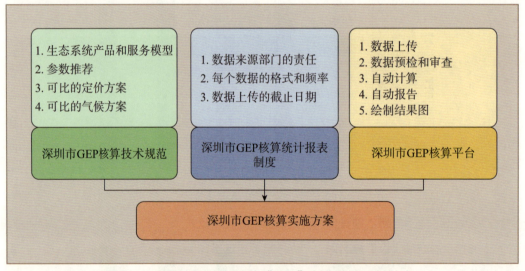

图6-4 深圳市GEP核算"1+3"制度体系及其特点

深圳市GEP核算"1+3"制度体系构建由市生态环境局联合市发展和改革委员会、市统计局牵头实施，市气象局、市场监督管理局等18个部门积极参与，各部门分工如图6-5所示。

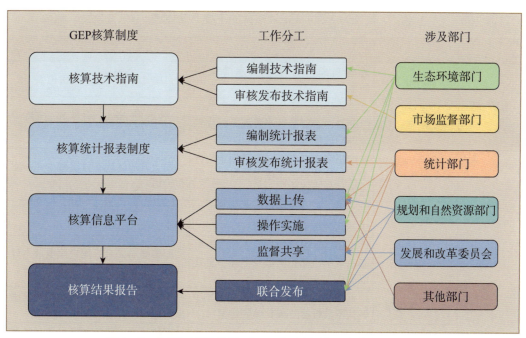

图6-5 深圳GEP核算"1+3"制度体系中各部门分工

（一）GEP核算技术标准

深圳市于2021年3月正式发布实施了《深圳市生态系统生产总值核算技术规范》（DB 4403/T 141—2021）。该技术规范与联合国统计局的生态系统核算（SEEA-EA）技术指南和国家GEP核算标准相互衔接，是我国首个高度城市化地区的GEP核算技术规范，明确了GEP核算两级指标体系，其中，一级指标有3项，分别为物质产品、调节服务和文化服务，二级指标15个，包括农林牧渔产品、调节气候、涵养水源、净化空气、削减交通噪声、防护海岸带、自然景观溢价、康养服务（呼吸道疾病改善服务）、旅游休闲服务等。削减交通噪声服务、呼吸道疾病改善服务、自然景观溢价服务、防护海岸带服务系首次进入同类技术规范，为后续国内外相关标准的完善提供了积极的借鉴意义（表6-9）。

表6-9 深圳GEP核算的主要方法概述

一级指标	二级指标	功能量核算方法概述	价值量核算方法概述
物质产品	农林牧渔产品	查阅当地统计年鉴或农业部门数据	来自统计年鉴实际交易价值
	水资源	总供水量中，由当地自然水资源供给的量；查阅当地水资源公报或水务部门数据	以原水价格计算自然水资源价值
调节服务	减少泥沙淤积	在产流降雨条件下，由通用土壤流失方程计算得出土壤保持量，再乘以泥沙形成系数	利用土方清运成本计算减少泥沙淤积价值
	减少面源污染	减少泥沙淤积量乘以单位重量泥沙中的面源污染物含量	利用污染物治理成本计算减少面源污染价值
	调节气候	在高于适宜温度时期，本地各类生态系统单位面积蒸散发消耗热量乘以面积，并加总	利用普通居民合表用户用电成本计算调节气候价值
	固定二氧化碳	根据净初级生产力数据和NPP/NEP转换系数计算二氧化碳固定量	基于碳交易价格和固碳总量计算固碳价值
	削减洪涝	在城市范围内利用SCS模型计算指标削减径流量；以及利用监测数据计算湖泊、水库的滞留水量	城区植被暴雨径流调节价值基于海绵城市蓄水池建设成本计算；郊野植被暴雨径流调节价值和水库洪水调蓄价值基于水库单位库容造价和管养费用计算
	涵养水源	本地降雨量减去径流量，再减去蒸散发量	基于水库单位库容造价计算涵养水源价值
	削减交通噪声	根据在不同路段的典型样地监测数据，评估道路绿化（两侧及内部）平均消减噪声量	利用人工降噪幕墙建设成本计算削减交通噪声价值
	防护海岸带	利用自然岸线法，计算区域内起到防护作用的自然岸线总长度	利用人工岸线建设成本计算防护海岸带价值
	净化空气	根据本地大气污染物达标水平，选择污染物排放量或者净化量（每类生态系统单位面积净化量乘面积）为实物量	利用污染物治理成本计算净化空气价值
	净化水体	根据本地水质达标水平，选择水体污染物排放量或者净化量（每类生态系统单位面积净化量乘面积）为实物量	利用污染物治理成本计算净化水体价值
文化服务	旅游休闲服务	根据抽样调查统计获取的自然风景旅游与休闲人数和平均滞留时间	根据调查问卷
	自然景观溢价	根据抽样调查统计获取当年房屋交易中的景观溢价价值，以及酒店交易中的景观溢价价值	销售数据的拟合公式模拟
	康养服务（呼吸道疾病改善服务）	根据中国城市大气污染健康终端效应时间序列的Meta分析和WHO的"污染物浓度—死亡风险"变化曲线，计算暴露人口的变化量	门诊、住院成本 人力资本替代成本

（二）GEP核算统计报表制度

2020年10月12日，深圳市统计局首次批准实施了GEP核算统计报表制度（2019年度），并于2021年再次批准实施了GEP核算统计报表制度（2020年度），该报表制度也是全国首份正式批准施行的GEP核算统计报表。其将200余项核算数据分解为生态系统监测、环境与气象监测、社会经济活动与定价、地理信息4类数据，全面规范了数据来源和填报要求，数据来源涉及18个部门，共有48张表单。在统计报表的编制中，形成了一套相对成熟的技术流程（图6-6）。

首先，需要确定当地的GEP核算模型，并整理出所需的数据需求清单，并根据各部门的职能，通过征求意见的形式确定数据来源部门。其次，与每个数据来源部门对接，议定最终的数据格式和填报时间，并据此编制统计报表。再次，根据经统计部门批准后的统计报表制作GEP核算数据的抄报系统；对于不能满足计算格式的原始数据，需要额外开发数据预处理功能，使抄报数据最终能够应用于自动化的GEP核算。最后，每年GEP核算统计报表制度实施完成后，需按照要求向

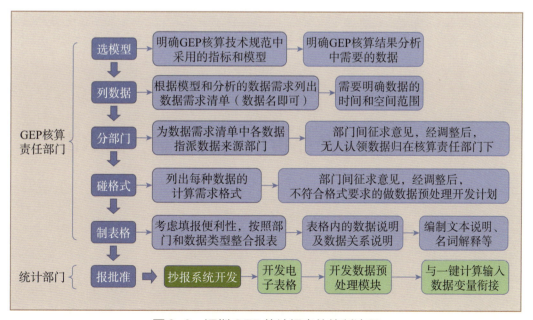

图6-6　深圳GEP统计报表的编制流程

统计部门发送数据和结果留存，并着手编制下一年度的统计报表制度。

（三）GEP一键在线核算平台

2020年8月，深圳市率先上线了GEP在线自动核算平台，是我国也是全球首个GEP自动核算平台。该核算平台基于中国科学院生态环境研究中心IUEMS平台开发设计，提供了部门数据报送、一键自动计算、任意范围圈图核算、结果展示分析等功能模块，可以实现数据在线填报和核算结果的一键生成，极大地提高了核算效率和准确性（图6-7）。

图6-7　深圳GEP一键在线核算平台的主要功能

第五节　生态产品价值实现机制：丽水市

一、丽水市概况

丽水市，位于浙江省西南部，市域面积1.73万km²，占浙江省陆地面积的1/6，是全省面积最大的地级市。2020年全市户籍总人口

270.7万人，现辖莲都区、龙泉市、青田县、云和县、庆元县、缙云县、遂昌县、松阳县、景宁县。

丽水市地势以中山、丘陵地貌为主，海拔1000m以上山峰3573座。丽水市属于典型的亚热带季风气候，年平均气温17.9℃，年均降雨1599mm，年均雨日166天。

丽水市生态系统类型主要有森林、灌丛、湿地、草地、农田和城镇等类型。其中，森林面积13234km^2，占全市国土面积的77%；农田面积为1816km^2，占比11%；城镇面积为943km^2，占总面积的5%；湿地面积为238km^2，占比1%。

丽水市有浙江省"动植物摇篮"之称，全市共有野生动植物4347种，约占全省总数的3/4，位居全省各地市之首。同时，丽水市还是瓯江、钱塘江、飞云江、椒江、闽江、赛江"六江之源"。丽水市风光秀美，旅游资源丰富，全市共有旅游资源单体2365个，其中，优良级353个。全市已建成国家5A级旅游景区1个、4A级旅游景区25个、省级旅游度假区5个。

2020年，丽水市全年地区生产总值（GDP）1540.02亿元，按可比价计算，比上年增长3.4%。其中，第一产业增加值104.61亿元，第二产业增加值555.19亿元，第三产业增加值880.22亿元，分别增长2.5%、1.0%和5.4%，三大产业对经济增长的贡献率分别为5.2%、12.6%和82.2%。

二、丽水市GEP核算

2020年，丽水市GEP核算包含物质产品、调节服务产品和文化服务产品3类，一级指标14个，核算指标44个，核算科目111个。

(一) 2020年GEP构成

2020年丽水市GEP为5154.14亿元,包括物质产品、调节服务产品、文化服务产品3类。调节服务产品总价值最高,为3783.97亿元,占GEP总值的73.42%;文化服务产品总价值为1180.78亿元,占GEP总值的22.91%;物质产品总价值为189.39亿元,占GEP总值的3.67%(图6-8)。

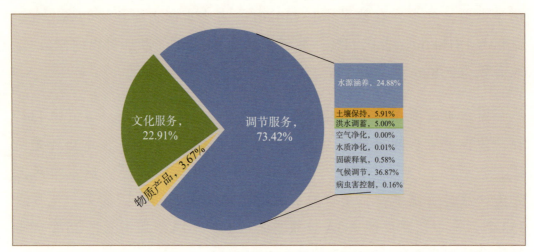

图6-8 丽水市GEP构成(2020年)

(二) 2010—2020年丽水市GEP变化

按可比价计算,2010—2020年,丽水市GEP从3084.09亿元增长到5154.14亿元,十年间增长率为67.12%,年均增长率为5.27%(表6-10)。

表6-10 丽水市GEP总体变化(2010—2020年)

产品类别	2020年（亿元）	2010年（亿元）	2010—2020年（不变价）	
			变化量（亿元）	变化率（%）
物质产品	189.39	137.83	51.56	37.41
调节服务	3783.97	2679.90	2679.90	41.20
文化服务	1180.78	266.36	914.42	343.31
合计	5154.14	3084.09	2070.06	67.12

（三）2020年生态产品价值实现率评估

2020年，丽水市GEP为5154.15亿元，生态产品价值实现总量为1436.59亿元，生态产品价值实现率等于生态产品价值实现量与GEP的比值，丽水市2020年生态产品价值实现率为27.87%（表6-11）。

表6-11 丽水市生态产品价值实现情况（2020年）

生态产品类型	价值实现模式	2020年生态产品价值实现情况	
		实现量（亿元）	生态产品价值实现途径
物质产品	市场交易	189.39	市场交易额
调节服务产品	生态补偿及政府资金	0.08	市财政生态产品价值实现资金
		32.81	省财政厅绿色发展财政奖补资金
		1.23	2020年丽水市重点生态功能区转移支付资金
		0.20	缙云县2020年获得省山水林天湖草生态保护修复试点资金
水源涵养	生态补偿及政府资金	0.35	2020年瓯江流域上下游横向生态补偿资金
		0.12	2020年丽水市市级饮用水水源地保护生态补偿
	使用者付费	22.88	全市各类用水价值
土壤保持、水质/空气净化	市场交易	1.27	2020丽水市排污权有偿使用和交易
	生态补偿及政府资金	1.44	2020年中央大气、水、土壤污染防治专项资金
	生态补偿及政府资金	0.85	市本级省级专项资金
固碳	生态补偿及政府资金	5.18	2020年生态公益林补偿
旅游休憩	市场交易	1180.78	旅游收入
实现量（亿元）		1436.59	
GEP（亿元）		5154.15	
实现率（%）		27.87	

1. 物质产品价值实现量

根据核算，2020年丽水市生态系统提供的物质产品总价值为189.39亿元。

2. 调节服务产品价值实现量

根据核算，2020年丽水市生态系统的调节服务总价值为3783.97亿元，实现量为66.42亿元，实现率为1.76%。其中，通过生态补偿实现调节产品服务价值42.26亿元，包括绿色发展财政资金、重点生态功能区县的财政转移支付、生态公益林补偿和饮用水水源地生态保护补偿、瓯江流域上下游横向生态补偿等；通过使用者付费实现22.88亿元；通过市场交易实现1.27亿元。

3. 文化服务产品价值实现量

2020年，丽水市文化服务产品总价值为1180.78亿元。丽水市文化服务产品价值已全部转化为现实经济价值，为1180.78亿元。

三、丽水市生态资产核算

（一）生态资产实物量评估

2020年丽水市生态资产面积为14515.7km^2，其中，森林面积为13234.4km^2，占生态资产总面积的91.2%；灌丛面积为729.3km^2，占比为5%；草地、水体面积分别为314.3km^2、237.7km^2，所占比例分别为2.2%、1.6%。

生态资产质量中，优、良级森林面积分别占森林总面积的31.5%与17.8%；中级及以下等级森林面积占50.7%。优、良级灌丛面积占灌丛总面积的60.9%。草地以优级为主，优级草地面积占比为85.7%。水体均为良级以上，优级占19.8%，良级占69.8%。

2020年丽水市生态资产综合指数为10.45。其中，森林生态资产指数为9.40，灌丛生态资产指数为0.56，草地生态资产指数为0.31，湿地生态资产指数为0.18（图6-9）。

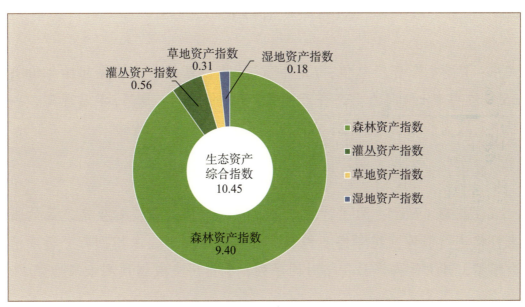

图6-9　丽水市生态资产指数构成（2020年）

（二）生态资产价值量评估

1.生态资产价值量评估方法

对丽水市生态资产价值量使用收益法进行核算。通过计算丽水市生态资产未来可使用年限内产生的经济收益，并通过折现加总得到资产价值。收益法着重于资产的未来收益能力，其折现率的选取反映资产的时间价值和投资风险。

在生态资产价值量核算时，首先需要单独核算生态资产提供的各类生态产品的价值，然后利用净现值法计算各种生态产品贴现值，再汇总得到生态资产的价值。通常使用社会贴现率或政府长期债券利率作为贴现率,并在资产使用年限期间保持一致,同时应考虑预期通货膨胀的影响。

核算公式如下:

$$V = \sum_{j=\tau}^{j=N} \frac{ES_\tau^j}{(1+r_j)^{(j+1-\tau)}}$$

式中:V 是生态资产总值;j 是年份;τ 是核算基年(核算起始年份);ES_τ^j 是在基年 τ 预期的生态资产在第 j 年的价值;r_j 是第 j 年贴现率,一般使用政府长期债券利率;N 是生态资产使用期限/寿命。

其中,生态资产价值核算涉及3个基本要素。

收益额(ES_τ^j):为了计算未来收益的现值,需要对生态产品的未来价格进行假设。在考虑多种影响因素的情况下,采用回归分析或函数模型,建立生态产品价格时间序列,利用历史数据预测未来趋势。

贴现率(r_j):期望投资报酬率,是投资者在投资风险一定的情形下,对投资所期望的回报率。其表达一种时间偏好,即资产所有者对于获得当下收入而不是未来收入的偏好,还反映所有者对风险的态度。用于调整未来收入、成本或所得的流量价值,使未来流量价值能够与当期流量价值相比较。暂定为核算基准年的国债利率。

使用期限(N):生态资产具有获利能力并产生净收益的持续时间。生态资产的特点是在不被破坏的情况下可以永续产生收益,即使用期限是无限的;但若进行交易,年限是确定的。因此,在丽水案例进行核算时,也讨论了不同使用期限的生态资产价值。

2.生态资产价值量核算

在考虑多种影响因素的情况下,利用2000年、2005年、2010年和

2019年的生态产品价值作为收益额的历史数据，建立生态产品价格时间序列数据，以2020年作为核算起始年，预测丽水市生态资产价值量的未来变化趋势。

从1年至100年，生态资产的总价值呈先快速增加后趋于恒定的趋势。从第一年到第10年，丽水市生态资产价值从4078.7亿元增加至的38542.5亿元，增加了9.4倍；从第10年至第20年，生态资产的价值仅增加了79%。当生态资产使用期限为100年时，生态资产的总价值量接近15万亿元（图6-10）。

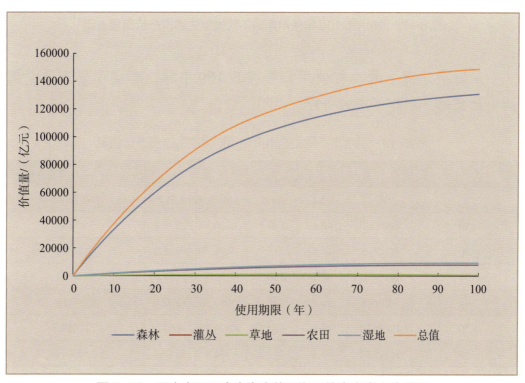

图6-10 丽水市不同生态资产使用期限的生态资产价值量

不同类型的生态资产中，森林资产价值最大，当使用期限为100年时，森林资产价值占总资产价值88.7%；其次是湿地和农田，分别占总资产价值的6.4%和5.4%；灌丛和草地的生态资产最低，不足总资产价值的1%（图6-11）。

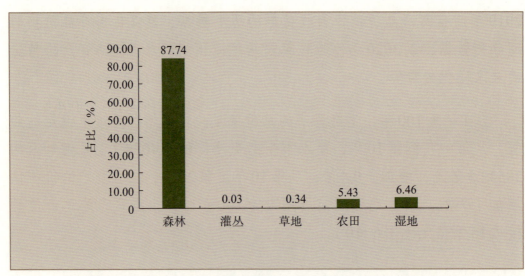

图6-11 丽水市100年使用期限不同类型生态资产价值量占比

从时间序列上看,在使用期限接近100年时,各类型资产及总值的价值都趋于稳定(表6-12)。

表6-12 丽水市不同生态资产使用期限的生态资产价值量

使用期限(年)	森林	灌丛	草地	农田	湿地	生态资产价值(亿元)
1	3583.3	17.4	17.5	207.7	252.7	4078.6
10	34092.7	46.1	149.7	1926.3	2327.7	38542.5
20	60859.5	46.1	255.1	3495.7	4203.2	68859.6
30	80888.8	46.1	330.1	4732.7	5671.4	91669.1
40	95795.6	46.1	383.6	5690.5	6802.6	108718.4
50	106862.1	46.1	422.1	6424.0	7665.6	121419.9
60	115063.5	46.1	449.8	6981.6	8319.7	130860.7

四、丽水市生态产品价值实现机制建立

2021年4月,中共中央办公厅、国务院办公厅印发《关于建立健全生态产品价值实现机制的意见》,当中提到要建立生态产品价值实现六大机制也与丽水市的《关于促进GEP核算成果应用的实施意见》内

容相吻合：一是建立生态产品调查监测机制，推进自然资源确权登记、开展生态产品信息普查；二是建立生态产品价值评价机制，建立生态产品价值评价体系、制定生态产品价值核算规范、推动生态产品价值核算结果应用；三是健全生态产品经营开发机制，推进生态产品供需精准对接、拓展生态产品价值实现模式、促进生态产品价值增值、推动生态资源权益交易；四是健全生态产品保护补偿机制，完善纵向生态保护补偿制度、建立横向生态保护补偿机制、健全生态环境损害赔偿制度；五是健全生态产品价值实现保障机制，建立生态产品价值考核机制、建立生态环境保护利益导向机制、加大绿色金融支持力度；六是建立生态产品价值实现推进机制，加强组织领导、推进试点示范、强化智力支撑、推动督促落实。此时的丽水市已初步完成六大机制的建立。

1. 建立生态产品价值评价机制

自2019年成为全国首个生态产品价值实现机制试点以来，丽水市首先建立了生态产品价值核算体系，于2019年发布《丽水市生态产品价值核算技术办法（试行）》，核算丽水市域GEP，并选取县、乡镇和村级试点开展GEP核算。2020年，丽水市基于前序GEP核算试点工作经验，出台了全国首个生态产品价值核算地方标准，进一步明确界定了生态产品的内涵、特征、价值构成和判断标准，明晰了生态产品价值核算的基本原则、核算方法、核算数据、核算报告编制和核算结果应用范围，使其更适用于小尺度的生态产品价值核算，为生态产品价值核算提供了理论指导和实践指南。

2. 建立生态产品调查监测机制

2020年，《丽水市自然资源统一确权登记工作方案》正式印发，启动了自然资源统一确权登记工作，为后续促进生态产品价值的实现打下了坚实基础。同年，丽水市政府率先组织开展了百山祖国家公园505km^2范围的自然资源统一调查和确权登记工作，根据百山祖国家公园自然资源统一调查确权的工作成果，18.96%的森林资源为全民所有，77.92%为非全民所有。根据试点经验和需求，丽水市依托"两山守望"云平台工程开展生态产品的在线监测和相关数据管理。在该平台上实现了生态产品实物量和价值量的实时查询和空间化展示，体现了权益归属、保护和开发利用情况等信息，生态环境部门利用该平台基础信息实施监管生态环境质量，而个人和企业可以在该平台查看生态产品权属，完成登记和交易。该平台于2021年正式上线。

3. 建立生态产品价值实现推进机制

在初步完成生态产品价值核算体系和生态产品调查监测体系构建后，丽水市于2021年印发《关于促进GEP核算成果应用的实施意见》，建立GEP"六进"制度，即GEP"进规划"、GEP"进决策"、GEP"进项目"、GEP"进交易"、GEP"进监测"和GEP"进考核"，全面构建GEP核算成果应用体系，为生态产品价值实现机制的建立和发展提供政策支撑和方向指导。2022年，丽水市政府颁布《丽水市生态产品价值实现"十四五"规划》，提出"十四五"期间丽水生态产品价值实现的发展目标、总体思路、实现路径、机制创新内容和保障措施。

4. 健全生态产品经营开发机制

丽水市作为全国生态产品价值实现的实践先锋，多方探寻生态产品开发和经营路径。物质产品方面，丽水市推出了覆盖全区域、全品类、全产业链的地市级区域公用品牌"丽水山耕"，通过标准化、金融化、电商化的服务整合带动子品牌发展，开展生态产品标准认证、溯源监管提升并保障产品品质，整合网商、店商和微商，拓宽生态物质产品营销渠道，实现生态农业良好发展，提升优质生态物质产品价值。调节服务产品是生态产品中最难实现价值的产品类别，丽水市在实现调节服务产品方面进行了多方尝试。政府或企业基于GEP核算结果对调节服务进行采购，例如：景宁县政府率先设立政府购买生态产品专项财政资金，推行生态产品价值和购买费用挂钩机制，制定出台了《生态产品价值实现专项资金管理办法》，以生态产品价值核算结果作为政府向村集体和个人购买生态增量的重要依据；云和县出台浙江首个生态产品政府采购暂行办法，按2018年度云和县GEP核算结果的0.2%，向崇头镇、雾溪乡两个试点乡镇购买水源涵养、气候调节、水土保持、洪水调蓄等4项生态产品，支付资金限定用于生态修复、惠民帮扶等；云和县仙牛岛通过核算生态环境增值赋予地块生态产品价值，让土地使用者对生态环境附加值付费，在享受优质生态产品的同时，为相对应的生态经济价值付费等。同时，丽水市还推动19个试点乡镇成立"两山公司"，推进"两山银行"建立，成立"两山资金"，研究制定丽水（森林）生态产品市场交易制度，建立一级、二级交易市场，搭建"两山银行"交易平台，探索开展生态产品与环境权益的兑换交易，尝试基于生态资产产权交易的生态产品价值实现。文化服务产品价值实现方面，丽水市则充分发挥山区优势，建设康养小镇，以海拔600m以上山地区域为核心功能区域、海拔600m以下为支撑区域，围绕"气食药水体文"六养开展，把丽水的好山好水好空气转化为康养优势，打造集基础设施、康养设施、康养产业等于一体的立体康养发展平台；另有建立生态产品市场化定价机制，推行民宿"生态定价"，景宁县在民宿定价时融入了150元"空气价"、100元"环境价"等，体现了当地的优质生态带来的生态溢价。

5.健全生态产品保护补偿机制

丽水市构建了生态保护补偿体系，积极推进瓯江流域上下游横向生态补偿机制落地落实，进一步扩大生态横向补偿覆盖面，全域统筹将7个上下游交接断面纳入机制建设，并签订补偿协议。探索水生态产品价值实现新路径，建立上下游地区政府购买机制，在莲都区、云和县、松阳县开展水生态保护政府采购试点，莲都区采购资金1000万元由市本级保障。建立生态环境损害赔偿制度，出台《丽水市生态环境损害赔偿资金管理办法（试行）》，规范生态损害赔偿资金的使用和分配管理。强化生态保护补偿责任，出台《丽水市级饮用水源地补偿实施办法（试行）》，规定用水区地方财政安排专项补偿资金，同时建立饮用水售水价格构成机制，从水价中提取保护补偿资金，向供水区财政转移支付，通过饮用水资源与资金的价值转化，进一步推进供水区严格落实水源地保护责任。同时，组织签订横向补偿协议地区交接断面水质、水量和水效的考核确认，督促并实时跟进相关地区履行兑付500万元补偿资金责任；提高综合考核结果运用，在省对市县水质考核、"绿色指数"等奖惩政策的基础上，将上下游县（市、区）横向生态保护补偿机制建设纳入年度综合考核、"美丽丽水"建设考核重要内容，重点对上下游地区的流域保护治理、补偿协议签订、资金兑付、生态补偿资金使用等进行监督。建立协调机制，通过补偿协议倒逼各地防治并举，切实加大流域水生态保护治理投入，2019年全市投入水污染防治资金13.8亿元。

6.健全生态产品价值实现保障机制

2021年，丽水市建立了生态产品价值考核机制，并结合实际，针对各县（市、区）和市直相关部门推进GEP综合考评。GEP综合考评指标体系包括生态物质产品、生态调节服务、生态文化服务、双增长双转化、生态产品价值实现机制建设等5个一级指标18个二级指标91个三级指标。县（市、区）分别采用功效系数法、完成比例法、否决扣减法、增幅－存量联合赋分法、排名赋分法进行计分；市直部门考评根据任务完成情况采用完成比例法进行计分考评。考评结果纳入市委、市政府综合考核。在加大绿色金融支持力度方面，丽水市紧密结合全国生态产品价值实现机制试点，创造性发挥金融机制在支持生态产品价值转化和收益实现中的关键作用，深入探索普惠金融与生态产业协同发展路径，创新"三贷一卡、一行一站"等生态金融模式，有效助力生态产品价值实现。

五、丽水市生态产品价值实现典型案例

（一）生态物质产品价值实现

1.生态产品认证——"丽水山耕"促进生态产品价值增值

丽水市受其"九山半水半分田"的地理特征和农村市域面积及农村人口占比大的影响，农林牧渔产品的生产和销售总是受到低、小、散、弱特征的桎梏。为解决这些问题，丽水市创建了覆盖全市域、全品类、全产业链的区域公用品牌，充分发挥政府的作用，进行品牌构建，并由生态农业协会串联市场主体，构建起一套比较科学、完善的"母子品牌"运行模式，实行农业企业子品牌严格准入和农产品溯源监管。通过不断提升母品牌"丽水山耕"的影响力，降低生产主体进入市场的成本，实现子品牌产品溢价，走活扩大农产品有效供给之路。

自2014年品牌创建以来，丽水市共有523家企业成为市生态农业协会的会员，834款产品获得了区域公共品牌"丽水山耕"的授权，"丽水山耕"历年累计销售额已超百亿元，平均溢价率达30%，连续3年蝉联中国区域农业形象品牌排行榜榜首，已成为丽水市生态物质产品价值实现的主要渠道。经过前期品牌打造、标准设立、销售渠道拓宽等工作的顺利开展，"丽水山耕"持续推进市场化实体化转型，逐步形成了以"丽水山耕"为核心的农业产业、产权交易、专业市场、乡村建设等四大业务板块。2021年，品牌提出要紧跟市场节奏进入转型升级，在聚力搭建品牌管理、会员服务体系的同时，填补产品空缺、加快基地建设、优化市场布局、开设丽水至上海、杭州等地的冷链物流专线拉伸产业链、启动"订单农业"项目等措施，进一步提升生态产品价值的路径。

"丽水山耕"是浓缩了丽水农业原生态特色的区域性品牌，它综合体现了丽水九县（市、区）高质量生态物质产品和九大主导产业的生

态优势，以地方政府为主导，联合集体、个人和企业生态产品提供者参与生产销售，扩大消费群体，升级消费水准，形成了全社会参与的区域生态产品价值实现典型案例。在供给层面，设立品牌准入标准和建立溯源体系，提升了丽水生态物质产品的整体质量。在交易层面，从管理层面的品牌拓展（例如，建立电商、店商、微商"三商融合"营销体系、成立丽耕农业资产管理公司提供金融服务等手段）赋予了这些高质产品成熟的营销和销售渠道，拓宽了物质产品的销售市场，从根本上提升生态物质产品单价，增加销售量，从而增加了产品价值。

2.生态产品产业链拉伸——松阳茶叶产业推进生态产品供需精准对接

松阳县拥有1800余年的茶叶种植历史，当地雨水充沛、日照时间长，更拥有优质的水源和清洁的空气，为县城发展茶叶产业提供了得天独厚的生态和文化土壤。松阳县基于自身特色，在发展茶叶生态绿色种植和生态加工的基础上，进行产业转型升级，全面联动茶业一、二、三产业发展，拉通全产业链，开发多模式销售渠道，丰富营销方式，使茶业越发成熟，收益稳步提升。

在茶叶种植和加工方面，松阳县通过实行最严格的耕地保护、水资源管理和环境保护制度，构筑生态屏障，保障环境安全，着力优化田园生态环境，为茶园打造良好的生长环境。通过实施初制茶厂优化改造工程，推行QS（Quality Satety）产品取证制度，扶持茶叶规模加工型企业的标准化生产线技改提升，推进全县香茶茶业工业化；引导茶叶集聚加工，促进生产规范化、标准化。同时，当地茶农通过品种改良和科学管理，融入生态、绿色、无公害等元素，提升了茶叶品质和价格。另外，除了茶青、散茶、精品茶等常规产品，松阳县还推出了有机茶、茶叶胶囊、速溶茶粉等新兴产品，更有以茶叶为原料的深加工产品，如茶宁片、茶口含片等，吸引了市场目光。

在茶叶销售和营销方面，松阳县建立了全国最大的绿茶产地交易市场，汇集了来自全国各地的茶农、经销商、采购商、消费者。该交易市场不仅每日开设，还设立了直播间，多方位进行茶叶销售。同时，该交易市场还建立了具有金融支付功能的茶叶质量溯源系统，并向所有在浙西南茶叶交易市场进行交易的茶商统一发放"茶叶溯源卡"，金融机构将茶农的"茶叶溯源卡"支付交易数据作为授信核心指标，提供可在线上实时申请的信用贷款。截至2020年年末，全市已发放"茶叶溯源卡"2.3万张，年交易量突破25亿元，为茶商提供了信用贷款8783万元。

在产业融合方面，与茶相关的产业链不断延伸。茶室、茶宿、茶书院等各类行业应运而生；与茶相关的文化活动也如雨后春笋涌现，如茶艺非遗表演、围炉煮茶、汉服秀等；与茶有关的科学研讨会、茶商大会、茶叶节也吸引了大批的国内外专家学者、商人和游客，拓宽茶叶市场的同时刺激了当地的旅游业；松阳还建立了4A级景区"大木山茶园"，定期举行骑行活动，茶园附近兴起的民宿、茶馆、茶亭等休闲娱乐产业使茶农营收方式多元化；还有正在建立的丽水市农科教旅一体化基地，将以收集保存国内外优异茶树种质资源，开展鉴定评价与保护利用研究，促进茶树新品种选育、新产品开发和产业可持续发展为目标，刺激生态教育产业的发展。

据统计，自松阳县发展茶叶产业以来，全县超过60%的人口从事茶产业，农民收入的70%源于茶产业，农业产值的80%来自茶产业。2014年，松阳县11.73万亩[①]茶园，良种率达95.1%，产量达1.13万t，产值10.65亿元；浙南茶叶市场交易总量7.66万t，总额46.15亿元；至2018年，松阳县茶叶全产业链产值达108.1亿元；2022年，松阳县茶园面积达15.32万亩，茶叶全产业链产值达135亿元，松阳县茶叶网络零售额达42.47亿元，全县累计培育茶叶网店1500余家、直播电商400余家，带动就业8000余人，浙南茶叶市场交易量达8.17万t，交易额达65.39亿元，交易量、交易额连续多年居全国同类市场第一。

---

① 1亩=1/15公顷。以下同。

(二)生态调节服务产品价值实现

1. 基于GEP未来收益权的"生态贷"

在开展生态产品价值核算,一是设立承担区域生态保护、修复和生态产品开发的生态发展公司。在建立政府购买生态产品机制等基础上,金融机构向生态公司发放"生态贷",以政府向其购买GEP的收益作为还款来源。二是开展生态资源产权抵(质)押融资。持续深化林权抵押贷款业务,推广公益林补偿收益权质押贷款;创新开展林地地役权补偿收益权、农村河道使用经营权抵押贷款。截至2020年年末,全市林权抵押贷款余额达67.22亿元。三是推进生态项目收益权质押贷款。金融机构开展了小水电、光伏发电、风电等清洁能源项目收益权质押贷款,以及排污权抵押、环境权益质押、景区门票收费权质押等创新融资模式,强化生态资源价值转化金融保障。截至2020年年末,全市生态项目收益权质押贷款余额26.14亿元。

2. 构建生态信用行为的金融激励机制

丽水市构建涵盖个人、企业、村集体的生态信用积分、生态信用评价等制度,建立生态信用行为正负面清单,并建立对生态信用行为的金融激励机制。目前,金融机构已落地开展了与个人生态信用"绿谷分"挂钩的信贷产品——"两山信用贷",即将个人生态信用评定结果作为贷款准入、贷款额度、贷款利率、贷款便利性的参考依据。截至2020年年末,全市"两山信用贷"余额达3.32亿元。

3. "生态主题卡"——引导农业绿色生产

在遂昌县试点发放"生态主题卡"——绿色惠农卡,为农户购低毒农药、有机化肥提供补贴,发挥生态农资补贴的绿色生产导向作用,实现了农资补贴的精准管理、精准发放。目前,已在全县136家农资店布放了刷卡机具,并向农户全面发放"绿色惠农卡",实现刷卡机乡镇布放率100%,"绿色惠农卡"农户覆盖率100%。

4.加强生态产品价值实现金融基础服务

在农村金融服务站基础上加载"两山"转化金融服务功能，协助开展生态信息采集、生态信用评定、生态资信评定、"生态贷""两山贷"办理等工作。截至2020年年末，全市已加载"两山"转换功能的金融服务站126家。

5.激励银行提升生态产品价值实现服务水平

按照加大金融支持生态产品价值实现机制工作力度的总方向，编制"两山银行"评定办法和标准，在全市银行机构范围内开展"两山银行"评定工作，对符合评定标准的银行机构授予"两山银行"称号，将"两山银行"评定结果与金融机构综合评价和政策倾斜挂钩。2020年全市评选出首批12家"两山"银行。

（三）文化服务产品价值实现

为加强对钱江源-百山祖国家公园百山祖园区（以下简称"百山祖国家公园"）生物多样性保护的金融支持，促进国家公园自然生态系统原真性、完整性保护，助力丽水建设浙江大花园最美核心区，人民银行丽水市中心支行联合多部门出台《关于丽水市金融支持百山祖国家公园生物多样性保护的指导意见》，从全力做好金融保障、创新金融产品和服务、构建多元化融资渠道、建立配套激励机制等方面提出金融支持举措。

一是全力做好金融保障。重点围绕百山祖国家公园生态物种多样性循环系统建设、生态修复工程、稀有濒危动植物保护以及生物多样性科研监测、科普教育、文化体验、数字化管理等基础设施建设项目，提供持续、有力的金融保障。着力支持国家公园核心保护区、一般控制区原住民"生态搬迁"和移民安置地区特色产业发展，让搬迁农户"搬得下""稳得住""富得起"。

二是创新金融产品和服务。优先推进国家公园生态产品价值实现金融创新,开展以 GEP 未来收益权、林地地役权补偿收益权、林业碳汇等为抵(质)押物的金融产品创新。推进国家公园园区居民生态信用评价,开展与生态信用挂钩的"两山"信用贷等授信模式。探索生态环境导向的开发(EOD)模式,为社会资本和金融机构参与创造条件。创新研发生物多样性保护特色保险产品,积极探索"信贷+保险"模式,增加生物多样性友好型项目融资可得性。

三是构建多元化融资渠道。推动发行绿色债券、金融机构绿色金融债等债务融资工具,募集资金用于支持国家公园生物多样性保护项目建设。推动设立国家公园生物多样性保护基金,发行相关信托产品、理财产品,拓展资金来源渠道。加强国家公园生物多样性保护工作的国内国际交流合作,积极争取政策性、开发性金融机构、国际多边金融机构、公益性组织等专项资金支持。

四是建立配套激励机制。对符合条件的园区项目和农户贷款,优先给予再贷款再贴现资金支持。对园区绿色低碳项目贷款,积极争取碳减排支持工具予以支持。推动建立国家公园生物多样性保护金融服务配套贴息奖励和风险补偿制度。继续深化金融机构国家公园特色支行建设。推动建立国家公园生物多样性保护项目库和政策支持清单,依托丽水市信用信息服务平台,提升园区绿色生态信息共享水平。

第六节 生态效益:国家公园

一、国家公园概况

建立以国家公园为主体的自然保护地体系,是党的十九大提出的重大改革任务，也是生态文明思想的重大举措，以解决传统自然保护地体系的矛盾，推进美丽中国建设。国家公园是由国家批准设立并主导管理，边界清晰，以保护具有国家代表性的大面积自然生态系统为主要目的，实现自然资源科学保护和合理利用的特定陆地或海洋区域。2021年《生物多样性公约》第十五次缔约方大会上，公布了我国第一批5处国家公园。国家公园作为我国自然生态系统中最重要、自然景观最独特、自然遗产最精华、生物多样性最富集的区域，其范围内分布有高等植物10239种、脊柱动物1595种，其中，国家重点保护野生动植物共598种，占全国陆域国家重点保护野生动植物物种总数的29.8%。作为国家和区域重要的生态安全屏障，国家公园能够提供丰富的调节服务和文化服务，在高质量生态产品供给中发挥着重要作用。

国家公园是我国提供生态产品调节服务和文化服务的重要区域，其GEP核算以水源涵养、土壤保持、防风固沙、洪水调蓄、空气净化、水质净化、固碳释氧、气候调节等调节服务价值为主。笔者以我国首批5处国家公园为研究对象，通过分析国家公园GEP、生态产品价值及单位面积生态产品价值特征，并对比2000—2015年三者的变化，以探究国家公园的生态效益（表6-13）。

表6-13　首批国家公园概况

名称	范围（试点）	面积（试点）（万km²）	特征
东北虎豹	黑龙江、吉林	1.46	分布着我国境内规模最大、唯一具有繁殖家族的野生东北虎、东北豹种群
大熊猫	四川、甘肃、陕西	2.71	野生大熊猫集中分布区和主要繁殖栖息地，保护了全国70%以上的野生大熊猫
三江源	青海	12.31	长江、黄河、澜沧江源头，是地球第三极青藏高原高寒生态系统大尺度保护的典范
海南热带雨林	海南	0.44	保存了我国最完整、最多样的大陆性岛屿型热带雨林，是全球最濒危灵长类动物——海南长臂猿的唯一分布地
武夷山	福建	0.12	分布着全球同纬度最完整、面积最大的中亚热带原生性常绿阔叶林生态系统，是我国东南动植物宝库

二、国家公园生态系统格局

（一）国家公园生态系统构成

国家公园以草地和森林生态系统为主，其次是荒漠、湿地、灌丛等生态系统。草地生态系统面积最大，为8.37万 km^2，占总面积的50%，主要由于我国面积最大（占总面积70%以上）的国家公园——三江源国家公园中草地生态系统分布最广（超过总面积的65%）。森林生态系统占总面积的18.90%，其中，东北虎豹和武夷山国家公园森林面积占其园区总面积的90%以上，海南热带雨林森林面积占其总面积的87.72%，大熊猫国家公园森林面积占总面积的55.51%（图6-12、图6-13）。

另外，东北虎豹国家公园农田生态系统，大熊猫国家公园灌丛、草地生态系统，三江源国家公园荒漠、湿地生态系统，海南热带雨林国家公园农田、灌丛生态系统，武夷山国家公园灌丛生态系统等也占有一定比例（表6-14）。

表6-14 各国家公园生态系统面积及比例（2015年）

单位：面积（km^2），占公园面积比例（%）

类型	东北虎豹 面积	东北虎豹 占公园面积比例	大熊猫 面积	大熊猫 占公园面积比例	三江源 面积	三江源 占公园面积比例	海南热带雨林 面积	海南热带雨林 占公园面积比例	武夷山 面积	武夷山 占公园面积比例
森林	13389.2	91.7	13225.9	55.5	2.1	0.0	3861.1	87.7	954.4	94.9
灌丛	330.1	2.3	6126.5	25.7	163.4	0.1	158.3	3.6	28.7	2.9
草地	6.6	0.0	2417.0	10.1	81274.7	65.9	1.5	0.0	9.0	0.9
湿地	121.0	0.8	75.2	0.3	13833.2	11.2	83.0	1.9	2.5	0.3
农田	687.4	4.7	323.8	1.4	1.5	0.0	290.6	6.6	10.4	1.0
城镇	73.1	0.5	10.3	0.0	60.6	0.0	1.0	0.0	0.6	0.1
荒漠/裸土	0.8	0.0	1506.4	6.3	27037.6	21.9	6.1	0.1	0.3	0.0
冰川/永久积雪	0.0	0.0	140.4	0.6	896.0	0.7	0.0	0.0	0.0	0.0

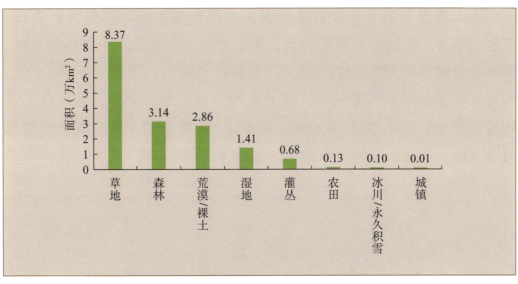

图6-12 国家公园生态系统面积(2015年)

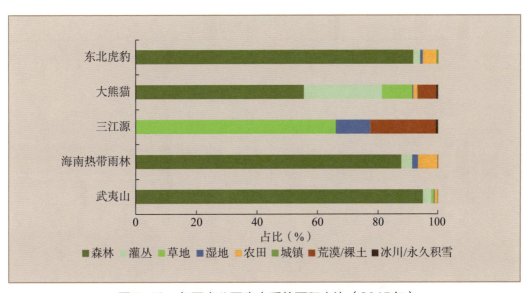

图6-13 各国家公园生态系统面积占比(2015年)

(二)国家公园生态系统变化

2000—2015年国家公园湿地生态系统面积增幅最大(4.69%);森林、灌丛、草地等自然生态系统基本稳定;由于"生态保护与修复""新型城镇化建设"等政策、措施的出台,国家公园荒漠/裸土面积下降(-1.29%),城镇面积增长(8.18%)。

除大熊猫国家公园外，其他国家公园生态系统有所提升，森林、灌丛、草地、湿地总面积均增长，东北虎豹、三江源、海南热带雨林、武夷山增幅分别为0.09%、0.55%、0.3%、0.08%；大熊猫下降0.57%。各国家公园自然生态系统中，东北虎豹、三江源、武夷山国家公园湿地增幅最大，为4.73%、4.68%、9.09%；大熊猫国家公园森林和灌丛面积下降、湿地和草地面积增长（图6-14）。

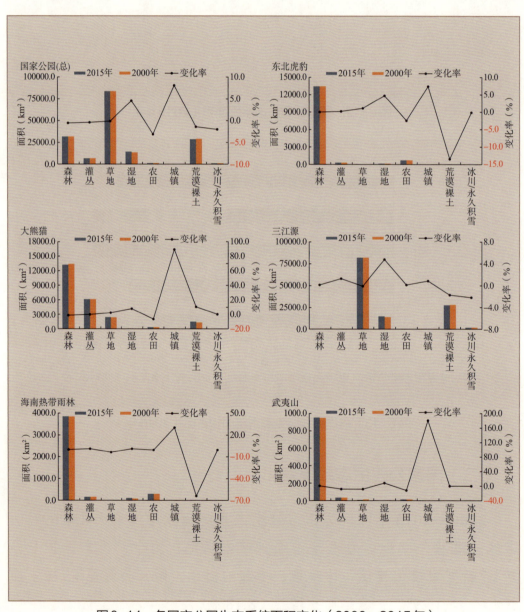

图6-14　各国家公园生态系统面积变化（2000—2015年）

三、国家公园生态产品价值

（一）生态产品价值及构成

2015年，国家公园总GEP为10813.61亿元，其中，水源涵养和气候调节价值较高，为4200.92亿元和3366.91亿元，占GEP的38.85%和31.14%；其次是洪水调蓄，为1575.32亿元，占14.57%；土壤保持、防风固沙、固碳释氧分别占6.77%、4.06%、3.22%。

东北虎豹国家公园GEP为738.84亿元，其中，气候调节价值最高，为206.15亿元，占GEP的27.90%；其次是水源涵养，为165.63亿元，占22.42%；固碳释氧、洪水调蓄、土壤保持分别占17.81%、15.59%、10.25%。

大熊猫国家公园GEP为2781.44亿元，其中，水源涵养价值最高，为1222.43亿元，占GEP的43.95%；其次是气候调节，为855.08亿元，占30.74%；土壤保持355.28亿元，占12.77%；固碳释氧、洪水调蓄分别占5.95%、4.54%。

三江源国家公园GEP为4547.67亿元，其中，水源涵养和气候调节价值较高，为1802.84亿元和1410.78亿元，分别占GEP的39.64%和31.02%；洪水调蓄、防风固沙分别为828.00亿元、439.52亿元，分别占18.21%、9.66%。

海南热带雨林国家公园GEP为2263.37亿元，其中，气候调节和水源涵养价值较高，为833.37亿元和727.99亿元，分别占GEP的36.82%和32.16%；其次是洪水调蓄，为437.17亿元，占19.32%；土壤保持占9.57%。

武夷山国家公园GEP为482.29亿元，其中，水源涵养价值最高，为282.04亿元，占GEP的58.48%；其次是气候调节和土壤保持，分别占12.76%和11.98%；固碳释氧占1.91%（图6-15）。

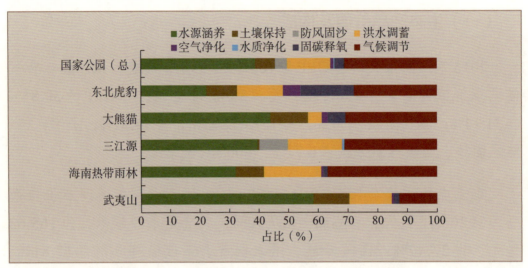

图6-15　国家公园生态产品价值比例（2015年）

（二）生态产品价值变化

2000—2015年，国家公园总GEP增长106.00亿元，增幅为0.99%；其中，防风固沙增幅最大，增长27.35%；水质净化、气候调节、洪水调蓄小幅增长，分别为4.70%、1.75%、1.15%；土壤保持下降4.53%；水源涵养、固碳释氧、空气净化变化不大。

东北虎豹国家公园GEP增长1.10亿元，增幅为0.15%；除洪水调蓄下降0.27%，其他生态产品价值均增长；增量最大的是气候调节，增长0.89亿元，增幅最大的是水质净化，增长4.71%。

大熊猫国家公园GEP减少57.24亿元，减幅为2.02%；除水质净化、洪水调蓄分别增长9.44%、2.13%；其他生态产品价值均减少，其中，土壤保持下降最多，减少35.61亿元，减幅为9.11%。

三江源国家公园GEP增长138.22亿元，增幅为3.13%；其中，防风固沙增量最大，增长94.39亿元；固碳释氧增幅最大，增幅为

181.99%；气候调节、水质净化、洪水调蓄均增长，其他价值有小幅减少。

海南热带雨林国家公园GEP增长22.90亿元，增幅为1.02%；其中，洪水调蓄增长最多，为8.96亿元，增幅为2.09%；水源涵养、气候调节增长较多，为7.61亿元、5.34亿元。

武夷山国家公园GEP增长1.03亿元，增幅为0.21%；除了洪水调蓄略有下降（-0.05%），其他生态产品价值均增长，其中，固碳释氧增长最多，为0.42亿元，增幅为4.71%；其次是气候调节、水源涵养、土壤保持等（图6-16）。

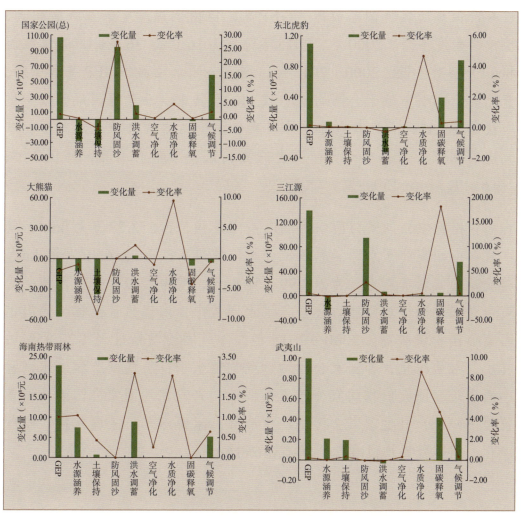

图6-16 国家公园生态产品价值变化（2000—2015年）

（三）单位面积生态产品价值及其变化

2015年，国家公园单位面积GEP为652.0万元/km²，高于全国均值480.7万元/km²；其中，海南热带雨林、武夷山国家公园单位面积GEP分别为5140.5万元/km²、4816.1万元/km²，是全国均值的近10倍；大熊猫、东北虎豹国家公园也超过全国水平，分别为1222.7万元/km²、505.6万元/km²，体现了国家公园是我国生态产品的重要供给区域，在提供高质量生态产品中发挥着重要作用。而三江源国家公园相对偏低，为369.4万元/km²，主要由于其面积最大（占国家公园总面积的71.8%），且位于青藏高原江河源区，其水源涵养、气候调节、防风固沙等价值远超其他国家公园，GEP高，但由于荒漠生态系统面积大，植被覆盖度不高（2000年、2015年分别为16.1%、36.6%），其单位面积GEP相对偏低。2000—2015年，国家公园单位面积GEP基本稳定，变化率（1.0%）低于全国均值（21.1%），其中，三江源国家公园变化率最高（3.1%）；海南热带雨林国家公园达到均值水平；武夷山、东北虎豹国家公园基本不变；而大熊猫国家公园略有下降，降低2.0%（图6-17，表6-15）。

各指标中，国家公园水源涵养能力最强，为253.27万元/km²，其中武夷山国家公园水源涵养单位面积价值最高，为2816.40万元/km²。其次是气候调节能力，为202.99万元/km²，其中，海南热带雨林、武夷山国家公园该功能能力较强。洪水调蓄中，海南热带雨林、武夷山国家公园价值较高。2000—2015年，防风固沙增幅最大（27.35%）；其次是水质净化，各国家公园均达到均值水平；气候调节和洪水调蓄小幅增长，除大熊猫国家公园气候调节、东北虎豹国家公园洪水调蓄价值下降外，其他国家公园均稳中有升；水源涵养、土壤保持、空气净化、固碳释氧均值略有下降（表6-16）。

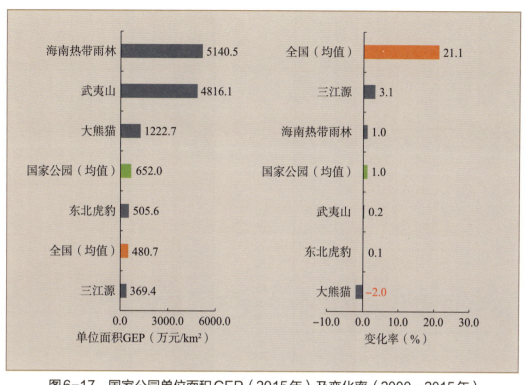

图6-17 国家公园单位面积GEP（2015年）及变化率（2000—2015年）

2000—2015年，国家公园GEP总体稳定，体现了自然保护地建设、廊道建设与生物栖息地恢复建设等工程影响下国家公园的保护成效。三江源国家公园GEP呈增长趋势，主要是由于我国2005年开始实施三江源生态保护和建设工程，使该区域"增水"效果明显，生态修复效果显著，植被覆盖度增长了2.3倍；大熊猫国家公园GEP下降，主要与地震等地质灾害导致的以森林为主的自然生态系统面积减少有关；海南热带雨林、武夷山国家公园自然本底条件良好，森林生态系统面积大，2015年植被覆盖度分别为99.01%、98.16%，由于原自然保护地在保护与修复等方面的工作较为成熟，15年的植被覆盖度变化不大，因此GEP相对稳定。国家公园单位面积GEP变化率低于全国均值，由于国家公园主要由国家级自然保护区等自然保护地构成，生态系统本底条件好，且长期受严格保护，GEP稳定；而近20年全国范围内普遍开展生态保护修复工程，生态保护成效明显，因此GEP增长较快。

表6-15 国家公园生态产品价值及变化（2000—2015年）

单位：亿元

生态产品	国家公园			东北虎豹			大熊猫			三江源			海南热带雨林			武夷山		
	2015年	2000年	变化	2015年	2000年	变化	2015年	2000年	变化	2015年	2000年	变化	2015年	2000年	变化	2015年	2000年	变化
水源涵养	4200.92	4229.17	-28.25	165.63	165.55	0.08	1222.43	1234.88	-12.45	1802.84	1826.54	-23.70	727.99	720.37	7.61	282.04	281.83	0.21
土壤保持	731.91	766.65	-34.74	75.71	75.69	0.02	355.28	390.88	-35.61	26.57	26.88	-0.31	216.59	215.64	0.95	57.76	57.56	0.20
防风固沙	439.52	345.14	94.39	0.00	0.00	0.00	0.00	0.00	0.00	439.52	345.14	94.39	0.00	0.00	0.00	0.00	0.00	0.00
洪水调蓄	1575.32	1557.46	17.86	115.19	115.51	-0.32	126.39	123.75	2.64	828.00	821.39	6.62	437.17	428.21	8.96	68.57	68.60	-0.03
空气净化	120.14	120.63	-0.49	44.33	44.31	0.02	56.59	57.14	-0.55	3.24	3.24	0.00	12.81	12.78	0.03	3.16	3.15	0.01
水质净化	30.69	29.32	1.38	0.26	0.25	0.01	0.17	0.16	0.02	30.08	28.73	1.35	0.17	0.17	0.00	0.01	0.00	0.00
固碳释氧	348.20	350.28	-2.09	131.56	131.16	0.40	165.50	172.69	-7.19	6.63	2.35	4.28	35.27	35.26	0.01	9.23	8.82	0.42
气候调节	3366.91	3308.96	57.95	206.15	205.27	0.89	855.08	859.17	-4.09	1410.78	1355.19	55.59	833.37	828.02	5.34	61.52	61.30	0.22
GEP	10813.61	10707.61	106.00	738.84	737.74	1.10	2781.44	2838.69	-57.25	4547.67	4409.46	138.21	2263.37	2240.45	22.91	482.29	481.27	1.02

表6-16 国家公园GEP各指标单位价值及年均变化率（2015年）

单位：单位面积价值量（万元/km²），年均变化率（%）

生态产品	国家公园（均值）		东北虎豹		大熊猫		三江源		海南热带雨林		武夷山	
	价值量	变化率	价值量	变化率	价值量	变化率	价值量	变化率	价值量	变化率	价值量	变化率
水源涵养	253.27	-0.67	113.35	0.05	537.38	-1.01	146.45	-1.30	1653.39	1.06	2816.40	0.07
土壤保持	44.13	-4.53	51.82	0.03	156.18	-9.11	2.16	-1.13	491.91	0.44	576.77	0.34
防风固沙	26.50	27.35	0.00	—	0.00	—	35.70	27.35	0.00	—	0.00	—
洪水调蓄	94.98	1.15	78.83	-0.27	55.56	2.13	67.26	0.81	992.88	2.09	684.75	-0.05
空气净化	7.24	-0.40	30.34	0.04	24.88	-0.96	0.26	-0.02	29.10	0.26	31.56	0.35
水质净化	1.85	4.70	0.18	4.71	0.08	9.44	2.44	4.68	0.39	2.05	0.05	8.63
固碳释氧	20.99	-0.60	90.03	0.30	72.75	-4.16	0.54	181.99	80.11	0.03	92.20	4.71
气候调节	202.99	1.75	141.09	0.43	375.89	-0.48	114.60	4.10	1892.73	0.65	614.37	0.36
合计	651.95	0.99	505.64	0.15	1222.72	-2.02	369.43	3.13	5140.51	1.02	4816.10	0.21

第七节　保护修复项目的生态成效：蚂蚁森林项目

一、蚂蚁森林项目概况

2016年8月27日，支付宝在公益板块上线"蚂蚁森林"。用户步行替代开车、在线缴纳水电煤、拒绝使用一次性餐具和塑料袋等行为节省的碳排放量，将被计算为虚拟的"绿色能量"，可以用来在手机里养大一棵棵虚拟树。虚拟树长成后，蚂蚁森林和公益合作伙伴们就会在地球上种下一棵真树，或守护相应面积的保护地，以培养和激励用户的低碳环保行为。

2016年至今，蚂蚁森林的用户已超过5.5亿。蚂蚁森林让城市低碳生活和荒漠化地区治沙前线建立了直接的联系。蚂蚁集团和中国绿化基金会、阿拉善SEE基金会、亿利公益基金会、阿拉善生态基金会等公益合作伙伴一起种植及养护，种植总面积超过290万亩、累计种树超过2.23亿棵。

蚂蚁森林项目2016—2020年的地块主要分布于内蒙古阿拉善、鄂尔多斯、巴彦淖尔、通辽和甘肃武威、酒泉等地区，青海、山西、河北、四川及云南也有少量分布。核算的地块涵盖内蒙古自治区、甘肃省、青海省、山西省、河北省的56个旗（县），覆盖区域较广（表6-17）。种植地块所在区域生态系统类型主要为荒漠和稀疏林/稀疏灌丛/稀疏草地，大部分区域属于半干旱区及干旱区，土地沙化较为严重。

表6-17 蚂蚁森林造林项目分布区域基本信息（2016—2020年）

省	盟（市）	旗（县）	种植年份	种植树种	地块面积(km²)
甘肃	酒泉	敦煌市	2019年	梭梭	6.67
			2020年	梭梭、红柳、胡杨	11.41
		金塔县	2019年	梭梭、胡杨	29.05
			2020年	梭梭、胡杨	33.63
		肃州区	2019年	梭梭	9.01
			2020年	梭梭、红柳	18.02
	定西	临洮县	2020年	沙棘	3.30
		渭源县	2020年	沙棘、柠条	6.61
	兰州	安宁区	2019年	樟子松	0.06
	庆阳	环县	2019年	柠条	48.05
			2020年	柠条	48.05
	天水	武山县	2020年	沙棘	3.30
	武威	古浪县	2019年	梭梭、花棒	27.07
			2020年	梭梭	26.67
		民勤县	2017年	梭梭	20.00
			2018年	梭梭	94.64
			2019年	梭梭	68.40
			2020年	梭梭	28.40
	张掖	高台县	2020年	梭梭、红柳	16.82
		临泽县	2020年	梭梭	9.01
	金昌	金川区	2019年	梭梭	28.11
			2020年	梭梭、胡杨	24.76
内蒙古	阿拉善	阿拉善左旗	2017年	梭梭	70.31
			2018年	梭梭、花棒	156.27
			2019年	梭梭、花棒	139.25
			2020年	梭梭、花棒、胡杨	173.68
		阿拉善右旗	2017年	梭梭	7.07
			2018年	梭梭	36.00
			2019年	梭梭	100.00
			2020年	红柳	44.44
		额济纳旗	2020年	胡杨、红柳	49.42

（续）

省	盟（市）	旗（县）	种植年份	种植树种	地块面积(km²)
内蒙古	巴彦淖尔	杭锦后旗	2019年	梭梭	6.93
			2020年	梭梭	6.01
		乌拉特前旗	2020年	红柳	16.22
		乌拉特后旗	2019年	梭梭	3.33
			2020年	梭梭	24.02
		五原县	2019年	胡杨	0.20
			2020年	胡杨	1.20
		磴口县	2018年	梭梭	8.20
			2019年	梭梭	6.40
			2020年	梭梭	6.01
	鄂尔多斯	达拉特旗	2017年	樟子松	0.06
			2018年	沙柳	2.51
			2019年	沙柳	7.02
		东胜区	2019年	沙棘	3.33
		鄂托克旗	2017年	沙柳	8.80
			2019年	沙柳、花棒	12.01
			2020年	柠条	18.02
		鄂托克前旗	2018年	沙柳	5.01
			2019年	沙柳	2.51
		杭锦旗	2017年	胡杨	0.34
			2018年	梭梭、沙柳、胡杨	27.16
			2019年	梭梭、花棒、沙柳	20.17
			2020年	沙柳	18.02
		乌审旗	2018年	沙柳	26.55
			2019年	沙柳、花棒	9.02
			2020年	沙柳、沙棘	21.02
		伊金霍洛旗	2018年	沙柳	3.51
	呼和浩特	清水河县	2019年	沙棘	6.67
			2020年	沙棘	12.01
		武川县	2020年	沙棘	12.01

（续）

省	盟（市）	旗（县）	种植年份	种植树种	地块面积(km²)
内蒙古	通辽	开鲁县	2018年	樟子松	4.33
			2019年	沙棘	13.33
			2020年	樟子松	1.80
		科左中旗	2020年	沙棘	12.01
		科尔沁区	2020年	樟子松	0.55
	兴安盟	科右中旗	2019年	柠条、沙棘	19.00
			2020年	柠条	13.33
	赤峰	敖汉旗	2018年	樟子松	4.37
			2019年	沙棘	3.59
			2020年	樟子松、柠条	7.63
		宁城县	2020年	樟子松	1.20
		巴林右旗	2020年	柠条	6.19
	乌兰察布	四子王旗	2020年	柠条	15.02
		丰镇市	2020年	柠条、沙棘	15.02
		察右中旗	2020年	柠条	6.01
	锡林郭勒	多伦县	2020年	柠条	6.01
		阿巴嘎旗	2020年	樟子松	0.60
青海	海南州	共和县	2020年	红柳	6.67
	海东	互助县	2019年	柠条	30.03
			2020年	柠条	16.06
		乐都区	2020年	柠条	16.06
		民和县	2020年	柠条	16.06
		平安区	2020年	柠条	24.10
山西	忻州	偏关县	2019年	沙棘	13.33
			2020年	沙棘	13.21
	长治	平顺县	2020年	沙棘	16.52
	大同	广灵县	2020年	沙棘	3.30
	吕梁	岚县	2020年	沙棘	3.30
	晋中	左权县	2020年	沙棘	3.30
河北	承德	隆化县	2020年	油松	0.89
	邯郸	磁县	2020年	侧柏	1.80
		涉县	2020年	侧柏、油松	3.18
		武安市	2020年	侧柏、油松	3.40
总计					1932.95

核算的造林项目总面积为1932.95km²，从各区县分布情况来看，阿拉善左旗的种植面积最大，占项目总面积的27.91%，其次是民勤县和阿拉善右旗，分别占10.94%和9.70%（图6-18）。种植树种包括梭梭树、樟子松、胡杨、花棒、沙柳、沙棘、柠条、侧柏、油松等，其中，作为防沙治沙先锋树种的梭梭树种植比例占比最高（图6-19、图6-20）。

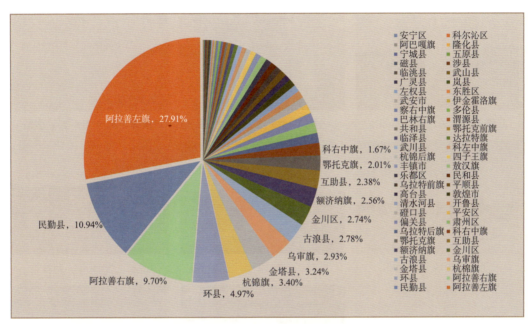

图6-18　蚂蚁森林项目各区（县）面积构成比例（2016—2020年）

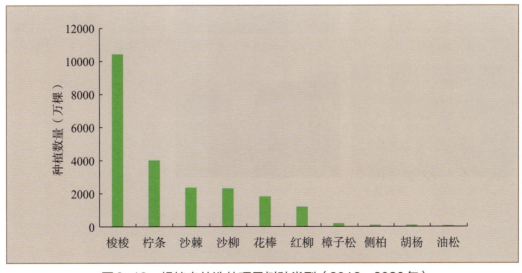

图6-19　蚂蚁森林造林项目树种类型（2016—2020年）

图6-20 蚂蚁森林种植地块生长情况示例

二、蚂蚁森林GEP

蚂蚁森林项目四年（2016—2020年）种植地块的2020年GEP为20.88亿元，其中，防风固沙价值最高，为10.66亿元，占蚂蚁森林GEP 51.05%；其次是气候调节价值，占20.35%。其他构成分别为：水源涵养价值（5.27%）、土壤保持价值（0.53%）、空气净化价值（0.62%）、固碳价值（13.70%）和氧气生产价值（8.48%）（图6-21）。

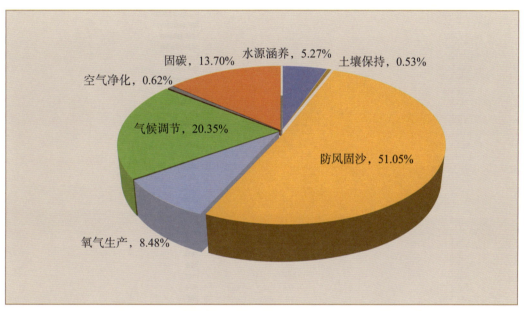

图6-21　蚂蚁森林现有地块GEP构成（2020年）

从项目地块所分布的56个旗（县）来看，GEP最高的是位于内蒙古阿拉善左旗的地块，2020年GEP达到6.33亿元，这主要是因为阿拉善左旗的种植面积最大（占项目总面积的27.91%）；其次是甘肃武威的民勤县，为2.81亿元。价值最低的地块位于甘肃省兰州的安宁区和青海省海南州的共和县，2020年GEP分别为12.03万元和21.9万元。

2020年，蚂蚁森林单位面积GEP为108.03万元/km²，单位面积GEP最高的地块位于河北承德的隆化县，达到1130.52万元/km²；其次是内蒙古通辽的科尔沁区,为939.60万元/km²。2020年单位面积GEP最低的地块位于青海海南州的共和县和甘肃张掖的高台县,分别为2.02万元/km²和3.28万元/km²(图6-22)。

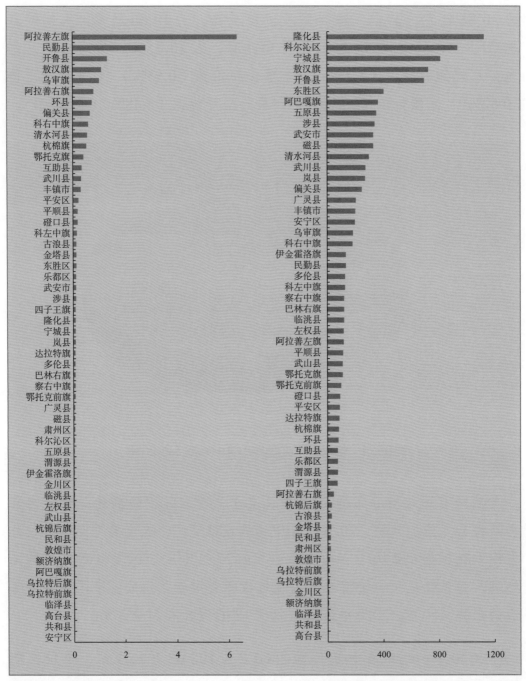

图6-22 蚂蚁森林所在各区(县)GEP(亿元)(左)及单位面积GEP(万元/km²)(右)

1. 水源涵养

通过水量平衡方程计算得出2020年蚂蚁森林造林项目地块的水源涵养总量为1248.91万 m^3。

水源涵养价值主要表现在蓄水保水的经济价值。运用影子工程法，即模拟建设一座蓄水量与生态系统水源涵养量相当的水库，建设该座水库所需要的费用即可作为生态系统的蓄水保水价值。由此计算得到蚂蚁森林现有地块的蓄水保水价值为1.10亿元，占其GEP总价值的5.27%（表6-18）。

2. 土壤保持

通过修正通用土壤流失方程计算土壤保持量，即生态系统减少的土壤侵蚀量，2020年蚂蚁森林造林项目地块土壤保持总量为194.14万t。

生态系统土壤保持价值主要表现在减少泥沙淤积和减少面源污染两个方面。2020年因蚂蚁森林造林项目地块生态系统土壤保持服务而减少的实际泥沙淤积量为34.08万 m^3，因土壤保持功能减少氮面源污染功能量为1723.98t，减少磷面源污染功能量为503.22t，土壤保持价值为0.11亿元（表6-18）。

3. 防风固沙

在风蚀过程中，植被减少土壤裸露，对土壤形成保护，减少风蚀输沙量，还可以通过根系固定表层土壤，改良土壤结构，提高土壤抗风蚀的能力，植被还可以通过增加地表粗糙度、阻截等方式降低风速，降低大风风力侵蚀和风沙危害。利用修正风力侵蚀模型（REWQ）计算通过生态系统减少的风蚀量（潜在风蚀量与实际风蚀量的差值），得出蚂蚁森林造林项目地块的2020年固沙总量为284.22万t。

生态系统防风固沙价值主要体现在减少土地沙化的经济价值。根据防风固沙量和土壤沙化盖沙厚度，核算出减少的沙化土地面积；运用替代成本法,根据单位面积沙化土地治理费用核算得出2020年防风固沙价值为10.66亿元,占GEP总量的51.05%(表6-18)。

4.空气净化

空气净化功能是绿色植物在其抗生范围内通过叶片上的气孔和枝条上的皮孔吸收空气中的有害物质,在体内通过氧化还原过程转化为无毒物质;同时,能依靠其表面特殊的生理结构(如绒毛、油脂和其他黏性物质),对空气粉尘具有良好的阻滞、过滤和吸附作用,从而能有效净化空气,改善大气环境。这主要体现在净化污染物和阻滞粉尘方面。采用生态系统自净能力估算得到蚂蚁森林造林项目2020年的生态系统大气污染物净化量为7.23万t,其中,生态系统净化二氧化硫量为2143.55t;生态系统净化氮氧化物量为113.86t;生态系统滞尘量为7.00万t。

采用替代成本法(治理大气污染物成本或是因自然生态系统而降低的空气环境治理成本)核算得出2020年空气净化价值为0.13亿元(表6-18)。

5.固碳

生态系统的固碳功能有利于降低大气中的二氧化碳浓度,减缓温室效应,对降低减排压力具有重要意义。核算得出蚂蚁森林造林项目地块2020年的固定二氧化碳量为30.54万t。

采用替代成本法(造林成本)核算得到2020年固碳价值为2.86亿元,占GEP总量的13.70%(表6-18)。

6.氧气生产

生态系统的氧气生产功能对于维护大气中氧气的稳定具有重要意义,能改善人居环境。核算得出蚂蚁森林造林项目地块2020年氧气生产量为22.21万t。

采用替代成本法（工业制氧成本）核算得到2020年氧气生产价值为1.77亿元，占GEP总量的8.48%（表6-18）。

7.气候调节

生态系统通过蒸腾作用，将植物体内的水分以气体形式通过气孔扩散到空气中，使太阳光的热能转化为水分子的动能，消耗热量，减少气温变化。核算得到蚂蚁森林造林项目地块2020年因植被蒸腾吸热总消耗能量为8.01亿kW·h。

运用替代成本法，采用空调等效降温所需要的耗电量计算得到2020年气候调节价值为4.25亿元，占GEP总量的20.35%（表6-18）。

表6-18　蚂蚁森林项目2020年生态系统生产总值

功能类别	核算科目	功能量	单位	价值量（亿元）	比例(%)
水源涵养	水源涵养量	1248.91	万m³	1.10	5.27
土壤保持	减少泥沙淤积量	34.08	万m³	0.11	0.53
	减少氮面源污染	1723.98	t		
	减少磷面源污染	503.22	t		
防风固沙	固沙量	284.22	万t	10.66	51.05
空气净化	净化二氧化硫	2143.55	t	0.13	0.62
	净化氮氧化物	113.86	t		
	净化粉尘	7.00	万t		
固碳	固碳量	30.54	万t	2.86	13.70
氧气生产	氧气生产量	22.21	万t	1.77	8.48
气候调节	植被降温耗能	8.01	亿kW·h	4.25	20.35
合计		—	—	20.88	100

三、蚂蚁森林地块达到植被成熟时GEP

因蚂蚁森林种植年限较短，除核算2020年GEP，同时对蚂蚁森林项目4年(2016—2020年)种植地块达到所属区域植被成熟时(图6-23)的GEP进行了预测。核算结果显示,经过多年生长,若管理维护到位,生态系统提供服务的能力将持续提升,当所有地块达到所属区域植被成熟状态时,预估基于2020年不变价计算的GEP为113.06亿元。

a. 梭梭(生长期10年,阿拉善)

b. 梭梭(生长期20年,武威)

c. 花棒(生长期5年,阿拉善)

d. 花棒(生长期9年,鄂尔多斯)

e. 柠条(生长期15年,庆阳)

f. 柠条(生长期12年,兴安盟)

g. 沙棘(生长期9年,呼和浩特)

h. 沙柳(生长期5年,鄂尔多斯)

i. 胡杨(生长期50年,酒泉)

j. 胡杨(生长期50年,阿拉善)

k. 樟子松(生长期18年,赤峰)

l. 樟子松(生长期7年,锡林郭勒)

图6-23 蚂蚁森林地块所属区域植被成熟状态示例

所有地块达到所属区域植被成熟状态时，从各项调节服务来看：

水源涵养量6118.15万m³，水源涵养价值为5.26亿元，占GEP总量的4.65%。

土壤保持量为865.22万t，其中，减少泥沙淤积151.9万t，减少氮面源污染7683t，减少磷面源污染2243t，土壤保持价值为0.49亿元，占GEP总量的0.43%。

固沙总量为1453.45万t，防风固沙价值为54.50亿元，占GEP总量的48.20%。

大气污染物净化量为56.41万t，其中，生态系统净化二氧化硫量为1.67万t；生态系统净化氮氧化物量为889.17t；生态系统滞尘量为54.64万t。空气净化价值为1.04亿元，占GEP总量的0.92%。

固定二氧化碳量将达到157.43万t，固碳价值为14.75亿元，占GEP总量的13.05%。

氧气生产量达到114.49万t，氧气生产价值为9.12亿元，占GEP总量的8.07%。

生态系统可实现植被蒸腾吸热耗能52.61亿kW·h，气候调节价值为27.88亿元，占GEP总量的24.66%（图6-24）。

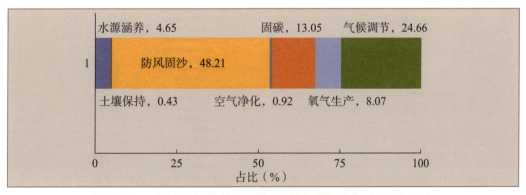

图6-24　蚂蚁森林造林项目达到植被成熟状态时GEP构成

全国陆地生态资产与生态产品总值（GEP）评估（2000—2020年）

从蚂蚁森林现有地块所分布的 56 个区（县）来看，当现有地块种植的树种生长均达到理想状态时，预测结果显示：生态系统生产总值最高的是位于内蒙古阿拉善左旗的地块，GEP 能达到 33.63 亿元；其次是甘肃武威的民勤县，GEP 为 13.06 亿元；价值最低的地块是位于肃兰州的安宁区，GEP 为 37.5 万元（图 6-25）。

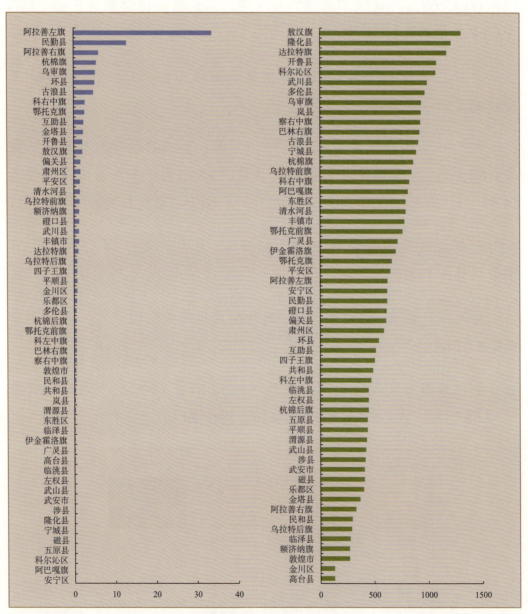

图 6-25　蚂蚁森林地块达到植被成熟状态时所在各区（县）GEP（亿元）（左）及单位面积 GEP（万元/km²）（右）

当所有地块均达到所属区域植被成熟状态时,蚂蚁森林造林项目地块的单位面积GEP为584.90万元/km²。其中,单位面积GEP最高的地块位于内蒙古赤峰的敖汉旗,达到1298.28万元/km²;其次是河北承德的隆化县,为1207.07万元/km²;单位面积GEP最低的地块位于甘肃张掖的高台县,为132.85万元/km²。

四、结论及建议

(一)结论

蚂蚁森林项目4年(2016—2020年)种植地块面积共计1932.97km²,2020年生态系统生产总值为20.88亿元,其中,生态系统防风固沙价值和气候调节价值分别占51.05%和20.35%。其他构成为:水源涵养价值(5.27%)、土壤保持价值(0.53%)、空气净化价值(0.62%)、固碳价值(13.70%)和氧气生产价值(8.48%)。

本次核算对蚂蚁森林项目的所有地块均达到所属区域植被成熟状态时的GEP进行了预测。结果显示,经过多年生长,若管理维护到位,所有地块全部达到所属区域植被成熟状态时,基于2020年不变价计算的GEP为113.06亿元。

核算结果表明,蚂蚁森林通过将用户的低碳减排行为转化为荒漠植树固沙的形式,践行了"绿水青山就是金山银山"的理念,通过大规模种植,带来了巨大的生态效益。同时,因目前地块种植年份较短,物质产品价值与文化服务价值暂时无法核算,参考对后续工作的规划可以看出,核算蚂蚁森林的生态系统物质产品价值(开发沙棘产品等)与生态系统文化服务价值(开发蚂蚁森林用户探访活动等)均具备较高可行性。

"绿水青山就是金山银山"论断指出了自然生态系统不仅为人类

提供了丰富的生态产品与服务，具有巨大的生态效益，同时其生态价值还可以转化为经济效益，造福人类。开展GEP核算是认识生态价值、将生态价值转化经济效益的基础。蚂蚁森林现有地块的GEP核算结果反映了这些种植地块的生态系统对人类福祉与经济发展的贡献与生态效益，为后续将生态产品的生态价值转化为经济效益提供了依据。

习近平总书记2020年重访十五年前首次提出"绿水青山就是金山银山"论断的安吉县余村时，提出"生态本身就是一种经济，保护生态，生态也会回馈你"。生态系统改善与退化直接影响其提供生态产品与服务的能力。GEP核算可用来评估生态系统建设与保护成效，GEP升高，表明生态系统建设与保护有成效；反之，若GEP下降，则表明生态系统在退化、生态系统受到破坏。因此，生态保护与恢复本质上是增加生态系统面积、改善生态系统质量、提高生态系统提供生态产品与服务能力的过程，也就是投资生态资产，使生态资产提升增值的过程。核算蚂蚁森林现有地块的GEP，有利于提高全民参与生态保护的积极性，对后续开展种植和维护工作具有重要的指导意义。

（二）建议

蚂蚁森林造林项目多分布于我国干旱及半干旱地区，从目前的实施成效现状来看，总体成效较好，但部分地块仍存在质量不高的问题。应加强已造林地块的前后期管理维护，提高造林存活率及其保护成效。通过抚育更新、节水改造等措施对出现植被衰退的地块及时更新复壮，以维持和稳定发挥其生态功能。

植被恢复应首先考虑适应地区的水资源可用性和其他必要的生态条件，结合考虑不同地理区域的气候、土壤、水文等限制因素，因地制宜进行造林项目的实施，保障其蓄水保土能力进一步增强。

蚂蚁森林项目的树种配置较为科学合理，在管护过程中应坚持量水而行、以水定绿，营造健康、稳定、多功能的生态系统；遵循宜林则林、宜灌则灌、宜草则草、宜荒则荒的原则，在原生植物物种的环境上进行改良，充分利用原生种群的组合进行改善，实现精细化生态保护与恢复建设，保持科学的造林布局。

继续鼓励和引导造林项目所在区域农牧民群众全方位参与造林营林、管林护林，加强林草植被的衍生经济价值提升领域的开发，如梭梭、肉苁蓉、沙拐枣、沙棘产品加工等，提升农牧民效益。从"平面参与"转向"立体参与"，逐步实现沙漠增绿、农牧民增收的良性循环之路，实现生态保护建设、荒漠化治理、经济效益等多方面共赢的发展局面。

第七章

结论与展望

第一节 主要结论

一、生态系统格局

2020年,全国以草地、森林、农田和荒漠四种生态系统类型为主,占陆地国土面积的82.47%。其中,草地生态系统面积最大,为277.00万 km^2,占陆地国土面积的29.13%;森林、农田、荒漠生态系统面积,分别占21.13%、18.05%、14.16%;城镇约占陆地国土面积的3.21%。

2000—2020年,森林、湿地、荒漠和城镇生态系统面积增加,灌丛、草地、农田生态系统面积减少。从2000—2010年前十年到2010—2020年后十年,生态恢复、城镇扩张、农田扩张等生态系统变化持续发生,但生态系统变化的空间分布由相对集中变为相对分散。

二、生态资产

2020年,全国森林、灌丛和草地三大类自然生态资产总面积为544.47万 km^2,占国土面积的56.72%。其中,草地和森林生态资产面积较大,分别占自然生态资产总面积的50.88%和36.90%;全国各省(自治区、直辖市)自然生态资产面积以西藏、内蒙古和新疆最大,分别占生态资产总面积的18.40%、12.95%和11.51%。2000—2020年,全国林灌草生态资产总面积小幅下降0.29%,其中,森林生态资产增加5.55%,灌丛减少5.48%,草地减少2.91%。

2020年,全国森林、灌丛、草地生态资产质量整体尚可,中等级及以上生态资产面积占比为49.16%,其中,中等级及以上森林占其总面积的58.45%，中等级及以上灌丛占其总面积的32.19%，中等级及以上草地占其总面积的46.50%；从省域来看，优、良等级自然生态资产面积较大的省（自治区）有内蒙古、西藏、四川、青海、云南、新疆等。2000—2020年，全国森林、灌丛、草地生态资产质量总体改善，生物量增加50.18%，覆盖度增加10.39%；生态资产质量提高的面积比例为75.18%。

2020年，全国生态资产综合指数为964.20，云南、四川和黑龙江最大，分别为95.49、85.41和84.13。2000—2020年，生态资产指数上升显著，总指数上升了348.50，增幅为56.59%，其中，云南增长最多，增加了33.85；生态保护、农田开垦和城镇化是生态资产实物量（面积和质量）发生变化的主要原因。

三、生态产品总值

2020年，全国GEP为69.54万亿元（若无疫情，预估全国GEP为78.18万亿元），单位面积GEP为733.74万元/km^2，人均GEP为4.93万元/人，GEP与GDP比值为0.69。各省（自治区、直辖市）方面，四川、云南、广西GEP较高，总值超过4万亿元；单位面积GEP，福建最高，为2424.54万元/km^2，江苏、江西、浙江、广东均在2000万元/km^2以上；人均GEP，西藏最高，为94.21万元/人，其次是青海。2000—2020年，按可比价计算，全国GEP增长36.88%，年均增长1.58%，有17个省（自治区、直辖市）增幅超过全国水平，其中宁夏增幅最大，为106.63%；全国人均GEP增长22.53%，有19个省（自治区、直辖市）增幅超过全国水平；若无疫情，预估全国GEP共增长53.89%，年均增长2.18%。

2020年，全国物质产品总价值为14.25万亿元，占GEP总价值的20.49%；物质产品价值超过5000亿元的省份有13个，主要为我国粮食主产区。全国调节服务总价值为48.47万亿元，占GEP总价值的69.71%；各省（自治区、直辖市）调节服务价值中，西藏最高，为3.38万亿元，调节服务价值在3万亿元以上的省份有6个。全国文化服务价值为6.82万亿元，占总GEP的9.80%；其中，四川文化价值最高，为7069.29亿元，其次是云南和贵州。2000—2020年，全国物质产品总价值呈递增趋势，增长9.81万亿元，增长率为221.02%，年均增长率为6.01%；仅北京、上海有所下降，其他省（自治区、直辖市）均增长。全国调节服务价值增长2.63万亿元，增长率为5.73%，年均增长率为0.23%；除了吉林、北京、江西等5个省（自治区、直辖市）调节服务总价值有所下降，其他省（自治区、直辖市）均呈不同程度增长趋势。受疫情影响，全国文化服务价值增长6.30万亿元，增长率为1216.93%，年均增长率为13.76%；各省（自治区、直辖市）文化服务总价值均呈增长趋势，有15个省（自治区、直辖市）增幅超过全国水平；若无疫情，文化服务价值将增长14.94万亿元，增幅为2887.14%，年均增速为18.51%。

四、变化驱动力分析

2000—2020年，退耕还林等生态保护恢复政策、城镇化、农田开垦、气候变化等是全国生态系统资产及其GEP变化的主要驱动因素，重大生态保护恢复工程对生态系统质量和服务的提升起到重要作用，尤其是促进优、良等生态资产面积和生态系统服务能力的显著提升。气候变化带来的降雨的增加也促进了生态资产质量和生态系统服务能力的提升。

2000—2020年，我国实施了大规模的生态保护恢复工程，为全国生态系统及其质量提升作出了较大贡献。其中，天然林资源保护工程区范围内，优、良等森林生态系统面积分别增加288.9%和119.2%；退耕还林还草工程区范围内，优、良等森林生态系统面积分别增加

362.7%和157.3%；"三北"防护林工程区范围内，优、良等森林生态系统面积分别增加121.3%和55.9%；京津风沙源治理工程区范围内，优、良等森林生态系统面积分别增加386.9%和214.1%。生态保护与恢复工程在提升生态系统质量的同时促进了生态系统土壤保持、防风固沙、固碳和水源涵养等服务能力的提升。

城镇化是生态系统变化的重要驱动力，农村人口的减少使得毁林开荒、薪柴砍伐、牲畜养殖、放牧等开发利用自然生态系统的活动减少，降低对自然生态系统的干扰，促使生态系统恢复和生态环境的改善。

五、实践应用

自1992年联合国明确提出开展自然资本和生态系统的评估研究以来，世界各国陆续开始对自然资本核算的研究与实践。截至2020年1月，全球共有24个国家建立了官方的生态系统核算账户。在国家层面，荷兰、澳大利亚和英国发布的生态系统价值核算报告最为详细。美国与加拿大则对城市、海洋生态系统进行生态价值核算的尝试，同步讨论人类对生态系统服务价值的影响与干扰。西班牙和南非也定期发布区域层面的生态系统价值核算报告。欧盟定期评估成员国生态账户状况并发布报告。

我国自2013年欧阳志云等学者提出GEP核算以来，相关部门和不同地区在生态产品价值核算领域开展了大量实践和探索，形成了以国家总体战略为引领、地方具体实践为抓手的推进格局。国家发展和改革委员会、国家统计局、自然资源部等先后部署实施了一系列核算试点。据不完全统计，截至目前，我国与生态产品价值核算相关的各级试点已覆盖18个省（自治区、直辖市）57个地级市76个县（区）；已有约15个省（自治区、直辖市）相继出台有关政策、工作方案，把生态产品价值核算作为重点工作实施开展，为践行"绿水青山就是金山银山"理念，促进生态资产与生态系统生产总值核算成果纳入决策、支撑生态保护绩效考核等生态文明制度建设和美丽中国建设提供基础和依据。

生态保护成效与区域生态关联方面，以青海省为例。2015年青海省GEP为1854.55亿元，2000—2015年GEP增长755.3亿元，增幅为74.9%。作为重要的江河源区，青海省为当地及下游其他省（自治区、直辖市）甚至其他国家提供惠益，在青海省2015年产生的生态产品中，只有不到20%造福于青海当地居民，近80%的惠益的受益者是青海下游的我国其他省份，2.5%的惠益是供给全球获得的。

生态文明建设方面，以北京市延庆区为例。延庆区自2015年开始进行GEP核算，是北京市首个开展GEP核算的区。2014—2021年延庆区GEP从363亿元逐年增长至424亿元，年均增速为2.24%。延庆区GEP核算结果在生态补偿、政府绩效考核、"两山"实践创新方面发挥着重要作用，有利于促进当地绿色发展和生态文明建设。

人与自然和谐发展方面，以广东省深圳市为例。2020年，深圳市GEP为1303.82亿元，单位面积GEP为0.65亿元/km^2；"十三五"期间，深圳GEP年均增速为2.24%。深圳市采取了GEP核算"1+3"制度体系，即1个统领（深圳市GEP核算实施方案）和3个支撑组成（深圳市GEP核算技术规范、深圳市GEP核算统计报表制度、深圳市GEP核算平台），以推动GEP核算工作的有序开展。

生态产品价值实现机制方面，以浙江省丽水市为例。2020年丽水市GEP为5154.14亿元，2010—2020年，GEP年均增长率为5.27%。丽水市生态产品价值实现总量为1436.93亿元，实现率为27.88%。若期限为100年，丽水市生态资产的价值量为13.09万亿元。丽水市已初步完成生态产品价值评价、调查监测、实现推进、经营开发、保护补偿、实现保障六大机制的建立，并在品牌认证、产业链拉伸、绿色金融等领域探索出适宜当地生态产品价值实现的新途径。

生态效益方面，以国家公园为例。2015年，国家公园总GEP为10813.6亿元，主导服务是水源涵养和气候调节，占总值的70.0%，单位面积GEP为652.0万元/km^2，是全国均值的1.4倍。三江源国家公园GEP最高，海南热带雨林国家公园单位面积GEP最高。2000—2015年，国家公园GEP增长1.0%。通过核算国家公园GEP，评估国家公园的生态保护成效，探究核算结果在其建设中的应用，推动国家公园的绿色发展及"两山"转化。

保护修复项目的生态成效方面，以蚂蚁森林项目为例。2020年，蚂蚁森林项目4年（2016—2020年）GEP为20.88亿元。经过多年生长，若管理维护到位，所有地块全部达到所属区域植被成熟状态时，基于2020年不变价计算的GEP为113.06亿元。蚂蚁森林通过将用户的低碳减排行为转化为荒漠植树固沙的形式，践行了"绿水青山就是金山银山"的理念，通过大规模种植，带来了巨大的生态效益。

第二节　建议与展望

"绿水青山就是金山银山"是习近平生态文明思想的核心理论基石，是我国生态文明建设在思想上的重大变革。论断指出生态系统不仅为人类提供了丰富的生态产品，具有巨大的生态效益，同时其生态价值还可以转化为经济效益，造福人类。开展生态资产和生态产品总值评估是认识生态价值，并将生态价值转化经济效益的基础。为提高生态效益，推动生态产品价值实现，提出以下对策建议。

第一，坚持生态保护优先的理念。坚持以习近平生态文明思想为指引，牢固树立"绿水青山就是金山银山"理念，紧紧围绕"提供更多优质生态产品以满足人民日益增长的优美生态环境需要"主线，坚持以生态优先、绿色发展为导向的高质量发展战略。

第二，选择若干条件成熟的典型县、市/区作为试点，将GEP与GDP共同纳入地方经济社会发展考核体系，形成可复制的生态文明建设模式，并逐步向全国推广，助推国家经济建设和生态文明建设和谐共进。

第三，建立生态资产与GEP核算长效机制。定期核算生态资产与GEP，并发布报告，掌握全国生态产品供给状况，全面监测绿水青山所蕴含的金山银山价值及动态变化状况。

第四，把生态资产与GEP作为地方政府和区域发展的重要考核指标，建立GEP"六进"制度，即GEP"进规划"、GEP"进决策"、GEP"进项目"、GEP"进交易"、GEP"进监测"、GEP"进考核"，全面构建GEP核算成果应用体系。

第五，构建生态资产与生态产品监测体系。将生态资产与GEP核算所需的指标参数纳入生态监测体系，并加强政府部门、监测部门之间的数据整合与共享，为生态资产与GEP核算提供充足且全面的数据支撑。

第六，探索生态产品价值实现路径。立足我国丰富的生态产品，积极探索政府主导、企业和社会各界参与、市场化运作的生态产品价值实现路径，建立健全生态产品价值实现金融机制，完善生态产品交易规章制度，开发金融生态产品，将GEP真正转化为现金流、资金流，促进生态价值向经济价值的转化。

第七，积极推进产业生态化与生态产业化。积极推动产业结构调整，改造提升传统产业，大力发展高新技术产业，以节能环保为重点，加大治污减排力度，提倡绿色经济，推动可持续发展。

附 录

附表1 各省（自治区、直辖市）森林生态资产质量（2000—2020年）

单位：km²

省份	优			良			中			低			差		
	2000	2010	2020	2000	2010	2020	2000	2010	2020	2000	2010	2020	2000	2010	2020
北京	3.70	10.00	66.30	15.10	52.70	300.90	178.20	509.20	1013.40	1742.40	2267.90	2146.50	2382.70	1923.40	1251.00
天津	0.00	0.00	0.10	0.00	0.00	1.00	3.40	2.00	11.70	62.00	71.50	143.00	224.80	250.30	157.20
河北	5.90	25.00	102.50	28.80	76.10	416.40	310.80	750.10	2725.30	4730.10	10723.00	15573.70	32465.80	25477.40	18422.00
山西	13.30	168.70	553.40	59.40	387.40	1250.90	658.70	2078.80	4136.00	5134.90	9720.20	8700.40	17479.50	11342.00	9012.40
内蒙古	969.50	2579.90	9604.90	2628.80	5526.00	17369.60	14926.70	26784.80	49032.30	76881.70	78857.30	48093.30	65343.00	49711.10	38930.70
辽宁	3284.50	5318.50	12140.10	3569.00	7425.30	11244.10	8221.90	14635.30	8133.90	18431.10	7661.30	6248.90	23075.20	22232.60	21646.70
吉林	4117.50	6690.20	15854.00	5691.30	9427.70	22462.80	15886.20	33361.90	27780.80	42535.30	22838.80	6199.20	15429.40	12968.50	13108.20
黑龙江	5091.90	10574.80	26830.30	9532.80	17211.40	40485.40	36389.80	61013.10	69969.60	102169.80	86965.30	40322.10	47173.00	27908.80	26169.00
上海	0.00	0.00	0.00	0.00	0.00	0.30	0.00	0.00	0.60	0.00	1.80	3.90	36.70	41.70	154.90
江苏	19.00	2.70	10.90	36.60	7.00	41.30	145.60	59.90	208.00	584.00	646.90	930.80	2072.00	2367.40	3011.00
浙江	3422.40	7599.90	15544.40	5254.10	9016.30	11023.50	14200.90	16239.10	15856.20	21172.60	15746.80	8108.40	15340.80	12843.60	10364.80
安徽	348.10	936.10	4431.30	1805.30	3519.30	7453.40	7117.00	10360.10	10715.50	13480.80	9617.70	7178.80	13785.10	12667.90	9894.90
福建	6753.40	12723.30	25544.50	6889.30	13811.20	17794.00	21882.60	26240.30	25989.30	36362.80	24499.10	9250.80	12411.10	7924.00	6970.60
江西	2953.00	5877.40	17013.10	5401.70	11553.30	21027.70	20930.30	32162.00	31119.40	47136.30	34055.50	15800.80	25335.10	18091.50	16840.00
山东	2.60	5.10	19.10	8.90	13.00	60.00	61.30	98.00	273.10	471.00	1002.60	2118.50	17357.90	17423.50	15066.20
河南	21.80	80.60	605.40	136.20	518.40	2842.30	2136.10	5276.90	7101.80	9425.90	9911.70	6463.60	8060.00	4465.70	4170.40
湖北	344.80	1314.50	6427.30	1896.10	5827.80	13739.10	14497.50	22354.00	19509.80	29504.80	19870.40	9066.50	18380.90	13920.00	12551.70

(续)

省份	优 2000	优 2010	优 2020	良 2000	良 2010	良 2020	中 2000	中 2010	中 2020	低 2000	低 2010	低 2020	差 2000	差 2010	差 2020
湖南	680.50	1654.20	7849.10	2276.90	5567.20	18648.00	15230.50	28007.90	31006.70	45562.80	39405.00	18130.60	24436.50	16526.90	15102.90
广东	2994.70	5985.70	14184.80	3519.10	8795.40	19243.30	18488.50	31194.60	36019.50	54550.10	43146.30	20143.00	28190.10	19462.80	19838.80
广西	2045.90	5595.60	18683.70	5247.60	13843.30	29051.30	26586.30	44547.40	43326.20	63104.00	43266.00	19867.30	29700.20	21383.00	23011.50
海南	313.60	575.40	3504.70	513.10	1142.70	3466.80	2348.30	3808.10	4322.40	4584.60	3003.70	1228.70	1459.90	867.00	1762.50
重庆	304.00	995.80	3981.30	777.10	2580.50	7073.60	5119.10	9618.90	11319.80	13448.30	8980.90	7079.40	14728.30	13437.40	11712.10
四川	3773.80	8546.40	20602.30	5916.40	12199.60	24905.80	20996.40	34524.20	42019.40	57172.00	50458.60	38297.00	57121.70	41217.40	42935.10
贵州	253.60	1687.50	7701.70	1400.50	5581.20	14840.10	11448.20	20609.30	21533.80	28353.60	19371.40	8535.90	21060.70	19048.40	23369.40
云南	8024.40	16893.80	37558.50	11889.10	21763.60	36552.00	35598.10	51088.80	48906.90	80833.10	59012.00	39536.70	51541.10	40489.70	41680.30
西藏	13171.50	16518.40	26821.60	7265.40	10251.80	14610.20	14364.80	19475.10	17570.60	26564.00	22662.70	16842.20	25034.40	18351.00	15273.60
陕西	51.30	192.70	1451.20	354.80	1140.90	4645.10	3122.90	7496.10	13296.10	18179.80	19959.50	17263.10	29370.20	23431.50	18377.70
甘肃	154.70	164.00	486.00	211.40	281.70	1187.50	787.50	1836.80	4887.90	6943.20	8456.60	8250.80	11871.30	9686.90	9732.20
青海	165.10	148.50	315.40	173.30	143.90	116.40	137.00	139.20	92.80	149.10	165.70	346.10	1886.20	1964.90	2030.00
宁夏	0.00	0.00	0.00	0.00	0.00	0.10	0.00	0.00	3.40	57.00	103.90	181.90	545.00	516.20	560.90
新疆	1673.60	1918.70	2963.10	1597.80	1595.50	1710.20	3104.10	2995.40	2176.50	4777.70	4246.20	2591.70	16263.60	16750.00	16974.30

附表2 各省(自治区、直辖市)灌丛生态资产质量(2000—2020年)

单位：km²

省份	优			良			中			低			差		
	2000	2010	2020	2000	2010	2020	2000	2010	2020	2000	2010	2020	2000	2010	2020
北京	1.10	10.50	71.00	4.90	38.60	160.60	61.00	251.70	560.10	1078.20	1503.30	1733.60	2699.40	1916.00	1287.70
天津	0.00	0.00	0.10	0.00	0.00	0.70	0.80	0.90	5.10	20.00	27.20	57.50	110.80	103.10	76.60
河北	4.80	33.80	191.80	16.90	105.30	433.60	134.20	741.10	1942.10	2148.10	5836.50	8079.10	20834.30	17581.80	13838.80
山西	11.50	133.70	505.40	44.40	264.80	769.70	418.70	1276.10	1965.10	2261.00	4210.50	4076.30	20428.80	17221.10	16163.10
内蒙古	22.80	38.40	81.50	17.60	37.60	59.90	52.60	91.00	174.90	299.90	434.40	768.10	29282.50	28988.40	29871.20
辽宁	270.90	507.50	405.50	178.10	361.90	114.30	388.40	445.60	162.90	1144.20	839.30	801.70	3719.50	3540.80	2359.40
吉林	56.70	90.30	174.20	34.50	62.80	89.80	80.00	156.00	125.70	510.80	398.90	611.30	965.40	973.30	674.20
黑龙江	21.40	37.10	114.90	38.40	38.90	70.50	67.90	96.70	141.70	219.50	281.70	301.80	491.40	370.60	294.30
上海	0.00	0.00	0.10	0.00	0.00	0.00	0.00	0.00	0.10	0.00	0.00	0.80	0.00	0.00	29.10
江苏	1.70	1.80	2.50	1.80	5.10	2.10	6.50	10.30	11.50	40.50	37.10	52.70	97.20	97.20	294.30
浙江	100.00	252.00	813.10	172.20	265.30	350.10	647.60	687.80	397.20	993.90	744.60	251.60	789.70	669.80	701.80
安徽	13.20	38.80	113.90	31.50	64.00	116.60	137.20	205.50	242.70	400.70	364.70	301.80	604.20	516.40	368.40
福建	231.00	525.90	1724.30	561.50	1061.50	2117.60	3602.90	3919.40	3035.00	4519.40	2838.90	1203.10	4195.40	3018.70	2272.30
江西	92.00	306.60	953.30	270.10	802.40	1251.20	1940.60	2956.50	1960.80	3957.50	2655.00	909.60	2440.50	2101.40	1132.10
山东	0.00	0.10	1.20	0.00	1.00	2.10	0.20	3.80	10.10	6.30	32.60	80.80	391.50	349.60	306.20
河南	19.10	42.20	439.30	87.40	251.70	1060.60	636.40	1743.90	2932.10	4079.40	6210.30	4807.10	10024.80	6269.80	5799.20
湖北	596.60	1846.40	6354.10	1302.40	3579.40	5257.80	4606.20	7661.30	5390.70	7545.80	4773.60	2846.30	9149.40	7963.70	6298.20

（续）

省份	优			良			中			低			差		
	2000	2010	2020	2000	2010	2020	2000	2010	2020	2000	2010	2020	2000	2010	2020
湖南	132.10	518.50	3819.30	681.30	2078.70	5942.70	5355.20	9738.40	11431.80	19126.90	14828.10	6491.70	16063.50	11527.70	9901.50
广东	28.80	138.40	456.50	74.80	276.80	430.40	626.30	720.50	605.90	1003.60	656.40	426.60	1648.60	1329.20	1200.40
广西	574.20	2060.80	6259.10	1682.70	4026.70	5855.90	7844.70	9891.60	7370.80	11568.90	6551.10	3392.00	9257.30	7487.60	6474.10
海南	16.40	42.70	95.00	27.90	60.20	69.60	74.30	115.60	56.60	109.90	47.60	31.60	229.20	183.40	120.20
重庆	115.40	493.80	1412.90	448.30	1150.00	1550.60	1843.10	2799.50	1876.60	3299.40	1625.80	1016.20	6001.10	5459.80	2913.10
四川	2780.90	6988.50	12441.40	4431.00	8667.00	9976.90	14520.30	20387.30	15322.70	33866.60	23638.40	13763.80	36412.00	30926.60	30088.50
贵州	392.30	2229.60	6266.60	1397.80	3687.20	5806.10	5713.60	7286.80	6746.50	9030.20	4391.50	2502.20	15421.30	14831.30	14492.90
云南	1974.30	4704.50	7752.50	2752.30	4867.70	5527.90	7403.30	9722.00	8152.90	15410.90	9879.80	6382.80	23909.20	21895.00	16923.20
西藏	3923.80	6580.70	9215.50	3065.80	4732.60	4893.50	6918.30	9179.50	7096.60	15755.80	11822.40	8404.90	58816.20	55094.40	46719.10
陕西	369.30	1041.00	3951.40	944.40	2582.20	5703.00	5414.70	9121.40	9185.70	12102.30	8885.60	7058.20	29988.90	27737.10	24874.50
甘肃	91.60	153.50	465.60	171.40	376.10	1154.00	1149.40	2506.50	3857.10	7260.40	7346.00	8435.80	27777.60	26336.00	25582.90
青海	211.00	215.40	292.80	183.80	174.70	92.90	238.00	200.40	155.50	467.90	423.00	3247.90	25729.10	25702.00	22267.70
宁夏	0.00	0.00	0.00	0.00	0.00	0.10	0.00	0.30	7.40	49.20	87.90	128.80	3218.00	3387.20	3591.70
新疆	4.90	7.10	21.10	4.10	5.80	13.00	12.00	17.80	28.50	73.70	97.40	126.80	84472.90	76750.50	76069.00

附表3 各省（自治区、直辖市）草地生态资产质量（2000—2020年）

单位：km²

省份	优			良			中			低			差		
	2000	2010	2020	2000	2010	2020	2000	2010	2020	2000	2010	2020	2000	2010	2020
北京	89.40	488.90	599.00	462.30	218.30	127.90	140.20	127.60	27.30	30.30	46.70	1.10	11.30	4.40	0.00
天津	1.50	17.60	10.30	23.40	15.30	13.80	37.90	28.00	11.40	32.40	33.90	6.30	17.80	15.80	2.90
河北	493.40	2986.60	7011.80	4084.80	3015.00	8293.20	7090.50	5383.90	3612.80	6704.20	6941.70	237.00	244.00	615.70	13.20
山西	502.30	6789.50	16527.60	9732.20	10299.00	24705.70	22478.10	14860.50	6531.90	14969.40	15109.30	189.10	437.90	2093.90	2.60
内蒙古	10997.70	20163.10	56082.90	26538.60	21748.60	101365.00	79718.60	62937.30	132210.50	175881.80	163948.10	157726.50	248179.30	264687.70	63761.20
辽宁	677.90	716.40	453.50	702.10	484.60	303.90	777.20	462.20	91.90	337.90	258.10	1.90	14.40	8.40	0.50
吉林	476.20	227.50	1305.00	369.70	208.60	2361.80	1791.90	1186.80	2157.00	2797.50	4609.80	597.70	1310.20	770.40	13.10
黑龙江	2563.40	1472.90	3503.80	2054.60	966.50	1249.90	2210.50	1658.90	397.70	1184.50	1504.10	107.40	119.80	139.90	2.80
上海	0.00	−0.10	1.30	0.00	0.00	2.10	0.00	0.00	0.90	0.00	0.00	0.10	0.00	0.00	0.00
江苏	14.10	7.10	88.70	80.70	15.00	70.40	57.60	60.60	24.50	4.20	68.10	3.80	0.50	7.40	0.10
浙江	1122.90	517.10	1403.70	1142.20	321.80	321.70	127.10	215.40	98.10	11.00	64.70	19.30	33.40	42.50	0.60
安徽	1273.30	92.30	100.50	771.60	27.90	32.50	156.50	36.10	7.10	7.60	82.90	0.30	1.10	4.90	0.00
福建	414.60	423.20	394.00	321.80	243.20	39.50	77.20	101.40	9.00	10.70	8.00	0.90	4.80	2.50	0.10
江西	1975.10	1654.90	4358.30	2043.40	1232.10	1290.00	1004.10	659.40	189.90	70.20	74.80	24.70	7.10	2.60	0.30
山东	237.20	469.80	4074.00	3508.70	1336.00	2154.80	2776.40	2833.20	205.60	119.70	1676.90	17.40	28.10	91.50	1.50
河南	100.30	843.60	1927.10	1947.30	1086.80	824.50	1982.50	1608.10	65.40	97.20	854.10	3.50	5.10	19.50	0.10
湖北	733.70	1155.70	1897.30	757.40	398.30	130.40	49.40	105.30	6.40	2.80	9.20	0.30	0.80	1.80	0.00

（续）

省份	优			良			中			低			差		
	2000	2010	2020	2000	2010	2020	2000	2010	2020	2000	2010	2020	2000	2010	2020
湖南	2292.00	3583.60	4652.30	1937.40	1234.50	405.30	143.70	290.50	24.20	2.50	30.10	1.90	0.10	3.90	0.00
广东	138.10	100.70	172.00	78.90	67.90	7.90	45.80	33.60	0.50	9.10	3.00	0.00	1.50	1.60	0.10
广西	2744.40	2773.10	4153.30	2419.70	1458.90	69.40	128.30	477.30	5.40	1.60	21.10	0.30	0.80	9.60	0.00
海南	19.40	23.10	46.00	29.90	25.60	8.30	14.10	21.20	1.30	1.00	3.80	0.00	2.20	1.30	0.10
重庆	2270.60	2468.10	2299.80	3912.80	703.60	169.30	266.30	55.40	13.80	8.90	5.90	1.20	6.00	2.00	0.00
四川	23906.80	50324.20	77924.60	55363.50	32652.90	25267.10	26954.70	24989.70	10288.20	9425.50	10050.40	2683.40	1612.00	2145.00	199.60
贵州	9943.20	16953.50	25570.00	18662.50	8877.10	1100.20	1477.30	3280.40	71.70	15.00	463.50	3.90	0.10	9.00	0.00
云南	8502.40	11649.30	42991.10	29014.10	14767.90	7801.50	13729.30	15080.20	1647.50	1509.70	5955.80	403.60	192.70	1369.50	26.80
西藏	4674.20	14118.60	54599.10	37863.30	28576.40	68514.80	79952.70	59566.50	87125.20	169919.60	120276.30	230037.70	559462.60	646005.20	393933.30
陕西	290.00	3199.80	7525.60	1983.30	3373.50	16946.10	5212.60	7750.60	17148.20	21524.70	23300.30	4239.10	16455.50	8555.70	87.10
甘肃	6801.00	19707.40	30398.10	17350.60	11561.80	18472.50	9603.70	12025.20	27123.70	31571.90	31296.30	37767.70	55179.10	52405.70	22212.80
青海	12438.90	37489.60	76942.00	65184.70	48091.10	65503.60	74094.50	69307.70	72312.20	101376.70	120134.80	114479.10	123651.50	113923.50	55511.40
宁夏	7.20	146.60	919.30	57.30	329.20	3310.40	302.30	751.80	5402.90	2317.00	3982.00	14067.00	18797.60	18504.30	1738.70
新疆	17399.30	44949.90	39168.90	31465.50	26695.50	38852.30	46614.30	42274.00	64305.70	99479.70	97321.30	146154.00	375818.80	323805.50	235780.30

附表4 各省（自治区、直辖市）三大产品价值变化量（2000—2020年）

单位：亿元

省份	物质产品			调节服务			文化服务			GEP		
	2000—2020年	2000—2010年	2010—2020年	2000—2020年	2000—2010年	2010—2020年	2000—2020年	2000—2010年	2010—2020年	2000—2020年	2000—2010年	2010—2020年
北京	-36.07	98.50	-134.57	-4.60	-10.20	5.60	474.03	635.53	-161.50	433.36	723.83	-290.47
天津	221.36	148.58	72.78	-168.25	-87.13	-81.12	112.15	132.18	-20.03	165.26	193.64	-28.37
河北	3815.69	2812.71	1002.98	208.70	138.74	69.95	1709.39	427.63	1281.77	5733.79	3379.08	2354.70
山西	1351.70	778.91	572.78	416.37	186.91	229.46	1519.40	685.62	833.78	3287.47	1651.45	1636.02
内蒙古	2651.37	1529.88	1121.50	486.88	391.03	95.85	2409.97	898.92	1511.06	5548.23	2819.82	2728.41
辽宁	2884.91	2312.56	572.35	79.26	130.74	-51.48	1479.29	1786.28	-306.99	4443.46	4229.57	213.88
吉林	1958.22	1396.60	561.62	-17.66	-159.97	142.31	1506.99	538.96	968.03	3447.55	1775.59	1671.96
黑龙江	5114.98	2115.38	2999.59	-560.01	-51.65	-508.35	1421.09	912.42	508.67	5976.06	2976.15	2999.92
上海	-113.21	46.47	-159.68	61.51	11.30	50.21	318.92	482.04	-163.11	267.22	539.81	-272.58
江苏	4689.09	2404.23	2284.86	248.52	-283.95	532.48	1710.11	1185.70	524.40	6647.72	3305.99	3341.74
浙江	1788.51	1187.63	600.87	-172.03	60.27	-232.31	2094.57	974.80	1119.77	3711.04	2222.71	1488.34
安徽	3601.79	1870.65	1731.14	1714.79	543.47	1171.32	2092.81	638.06	1454.75	7409.39	3052.18	4357.21
福建	3160.16	1427.19	1732.98	404.01	260.84	143.17	2532.62	680.54	1852.08	6096.79	2368.56	3728.23
江西	2535.18	1219.11	1316.07	-239.10	267.45	-506.55	2967.03	476.59	2490.43	5263.11	1963.15	3299.96
山东	5787.58	4529.13	1258.45	298.09	459.23	-161.14	1356.05	825.69	530.36	7441.73	5814.05	1627.68
河南	6343.76	4047.73	2296.03	480.50	201.84	278.67	2212.43	1236.68	975.76	9036.70	5486.25	3550.46
湖北	5760.53	3154.14	2606.39	2479.60	1276.29	1203.31	2295.63	833.51	1462.11	10535.76	5263.95	5271.81

(续)

省份	物质产品			调节服务			文化服务			GEP		
	2000—2020年	2000—2010年	2010—2020年	2000—2020年	2000—2010年	2010—2020年	2000—2020年	2000—2010年	2010—2020年	2000—2020年	2000—2010年	2010—2020年
湖南	5291.05	2964.59	2326.46	2219.75	155.17	2064.58	4370.11	869.00	3501.11	11880.91	3988.76	7892.15
广东	5070.45	2317.30	2753.15	573.79	304.08	269.70	930.19	727.19	203.00	6574.42	3348.57	3225.85
广西	4570.44	2296.77	2273.67	2061.28	384.84	1676.44	4162.24	567.37	3594.87	10793.96	3248.97	7544.98
海南	1255.29	532.11	723.18	714.17	220.12	494.05	482.71	132.60	350.11	2452.17	884.83	1567.34
重庆	2179.51	769.77	1409.74	813.32	467.53	345.79	2053.35	534.67	1518.68	5046.18	1771.98	3274.20
四川	8456.31	3439.13	5017.18	3847.58	481.38	3366.20	6670.22	1981.13	4689.09	18974.11	5901.64	13072.46
贵州	3853.34	721.19	3132.16	2548.11	1047.88	1500.23	5483.65	1215.59	4268.06	11885.10	2984.66	8900.45
云南	6156.12	1519.49	4636.64	3554.75	111.65	3443.11	6284.43	986.27	5298.16	15995.30	2617.41	13377.90
西藏	185.24	51.99	133.25	683.29	662.44	20.85	386.07	89.30	296.77	1254.60	803.73	450.88
陕西	3181.97	1331.58	1850.39	782.58	429.46	353.12	1358.47	552.27	806.20	5323.02	2313.31	3009.71
甘肃	1649.26	803.06	846.20	898.57	319.15	579.42	1310.35	251.94	1058.41	3858.17	1374.14	2484.03
青海	668.39	303.60	364.79	1199.59	618.59	581.00	250.30	68.25	182.04	2118.27	990.44	1127.83
宁夏	566.48	259.11	307.37	429.34	185.22	244.12	169.22	66.05	103.17	1165.04	510.38	654.67
新疆	3500.78	1609.04	1891.74	231.58	1855.40	-1623.81	856.93	242.35	614.58	4589.30	3706.78	882.51
全国	98100.20	49998.14	48102.06	26274.28	10578.10	15696.18	62980.73	21635.14	41345.60	187355.21	82211.37	105143.84

附表5 各省（自治区、直辖市）三大产品价值变化率（2000—2020年）

单位：%

省份	物质产品			调节服务			文化服务			GEP		
	2000—2020年	2000—2010年	2010—2020年	2000—2020年	2000—2010年	2010—2020年	2000—2020年	2000—2010年	2010—2020年	2000—2020年	2000—2010年	2010—2020年
北京	-9.96	27.19	-29.21	-0.44	-0.97	0.54	174.07	233.37	-17.79	25.67	42.88	-12.04
天津	82.11	55.12	17.40	-15.12	-7.83	-7.91	95.52	112.58	-8.02	11.02	12.91	-1.68
河北	149.27	110.03	18.68	3.00	1.99	0.99	994.34	248.75	213.79	59.17	34.87	18.02
山西	240.07	138.34	42.68	8.53	3.83	4.53	2197.82	991.75	110.47	59.60	29.94	22.83
内蒙古	293.66	169.44	46.10	1.48	1.19	0.29	3686.89	1375.21	156.70	16.43	8.35	7.46
辽宁	175.43	140.63	14.46	1.10	1.81	-0.70	574.46	693.68	-15.02	48.65	46.31	1.60
吉林	186.08	132.71	22.93	-0.25	-2.29	2.08	2781.92	994.93	163.21	42.57	21.92	16.93
黑龙江	409.08	169.18	89.12	-3.65	-0.34	-3.33	680.64	437.01	45.37	35.58	17.72	15.17
上海	-20.59	8.45	-26.78	16.44	3.02	13.03	120.39	181.96	-21.84	22.48	45.40	-15.77
江苏	139.15	71.34	39.57	1.86	-2.13	4.08	786.83	545.55	37.38	39.28	19.53	16.52
浙江	94.61	62.82	19.52	-1.06	0.37	-1.43	1032.02	480.29	95.08	20.29	12.15	7.26
安徽	175.21	91.00	44.09	11.45	3.63	7.55	1583.34	482.73	188.87	43.18	17.79	21.56
福建	167.21	75.51	52.24	1.89	1.22	0.66	949.29	255.08	195.51	25.95	10.08	14.41
江西	184.10	88.53	50.69	-0.76	0.85	-1.60	2466.51	396.20	417.24	16.02	5.98	9.48
山东	153.11	119.82	15.15	3.85	5.94	-1.97	835.82	508.92	53.68	63.73	49.79	9.31
河南	192.49	122.82	31.27	8.24	3.46	4.62	758.15	423.78	63.84	95.94	58.24	23.82

（续）

省份	物质产品			调节服务			文化服务			GEP		
	2000—2020年	2000—2010年	2010—2020年	2000—2020年	2000—2010年	2010—2020年	2000—2020年	2000—2010年	2010—2020年	2000—2020年	2000—2010年	2010—2020年
湖北	266.07	145.69	49.00	11.17	5.75	5.13	891.18	323.58	134.00	42.79	21.38	17.64
湖南	236.57	132.55	44.73	8.82	0.62	8.15	3517.51	699.46	352.50	43.15	14.49	25.04
广东	167.86	76.72	51.58	2.19	1.16	1.02	214.65	167.80	17.49	22.16	11.29	9.77
广西	294.78	148.14	59.10	7.12	1.33	5.71	2622.55	357.49	495.11	35.20	10.59	22.25
海南	242.23	102.68	68.85	11.08	3.42	7.41	602.41	165.48	164.58	34.83	12.57	19.77
重庆	288.99	102.07	92.50	12.53	7.20	4.97	1575.08	410.14	228.36	68.42	24.03	35.80
四川	329.12	133.85	83.50	14.53	1.82	12.49	1671.45	496.44	197.00	64.45	20.05	36.99
贵州	468.34	87.65	202.87	22.92	9.43	12.33	5782.72	1281.89	325.70	98.76	24.80	59.26
云南	489.34	120.78	166.93	12.82	0.40	12.36	1902.02	298.50	402.39	54.54	8.93	41.88
西藏	206.55	57.97	94.06	2.06	2.00	0.06	6962.44	1610.42	312.91	3.78	2.42	1.32
陕西	396.09	165.75	86.67	6.92	3.80	3.01	1109.10	450.89	119.48	43.53	18.92	20.70
甘肃	264.55	128.82	59.32	16.20	5.76	9.88	4850.70	932.63	379.42	62.27	22.18	32.82
青海	412.90	187.55	78.37	7.42	3.83	3.46	1631.79	444.97	217.78	12.96	6.06	6.51
宁夏	392.68	179.62	76.20	45.94	19.82	21.80	1230.34	480.21	129.29	106.63	46.71	40.84
新疆	408.47	187.74	76.71	1.00	8.04	−6.51	797.81	225.63	175.72	19.09	15.42	3.18
全国	221.02	112.65	50.96	5.73	2.31	3.35	1216.93	418.04	154.21	36.88	16.18	17.81

附表6 各省（自治区、直辖市）GEP各指标变化（2000—2020年）

单位：变化量（亿元），变化率（%）

省份	产品提供		水源涵养		土壤保持		防风固沙		洪水调蓄		空气净化		水质净化		固碳		释氧		气候调节		休闲旅游	
	变化量	变化率	变化量	变化率	变化量	变化率	变化量	变化率	变化量	变化率	变化量	变化率	变化量	变化率	变化量	变化率	变化量	变化率	变化量	变化率	变化量	变化率
北京	−36.1	−10.0	28.0	36.4	0.5	0.8	−0.6	−4.4	−107.7	−41.1	0.2	21.7	−0.2	−18.1	−0.4	−3.7	−0.9	−3.7	76.5	12.7	474.0	174.1
天津	221.4	82.1	−1.4	−2.0	0.1	1.4	0.0	—	−5.4	−6.3	0.1	115.1	−1.1	−22.0	−0.4	−16.8	−0.9	−16.8	−159.3	−17.0	112.2	95.5
河北	3815.7	149.3	25.1	5.2	3.8	1.0	28.6	10.9	131.1	22.4	0.3	3.2	−0.3	−3.6	−2.4	−2.7	−5.1	−2.7	27.6	0.6	1709.4	994.3
山西	1351.7	240.1	44.8	6.4	29.6	2.6	36.0	7.8	32.0	13.8	0.8	8.3	0.4	31.2	−2.5	−4.5	−5.4	−4.5	280.6	13.0	1519.4	2197.8
内蒙古	2651.4	293.7	−370.2	−6.4	10.4	1.6	1208.3	18.4	30.7	1.7	−6.6	−9.7	1.2	1.1	9.3	5.9	20.1	5.9	−416.2	−2.4	2410.0	3686.9
辽宁	2884.9	175.4	−3.7	−0.3	3.6	0.6	37.8	10.4	105.7	8.3	0.1	1.3	−2.3	−18.2	−0.3	−0.2	−0.6	−0.2	−61.1	−1.9	1479.3	574.5
吉林	1958.2	186.1	6.2	0.4	1.9	0.4	67.4	15.8	−2.1	−0.2	0.2	1.4	−2.2	−11.5	0.5	0.4	1.0	0.4	−90.5	−3.2	1507.0	2781.9
黑龙江	5115.0	409.1	−52.6	−2.1	2.7	0.5	93.8	19.2	17.8	0.8	0.3	1.1	−16.9	−14.5	0.1	0.1	0.3	0.1	−605.5	−6.9	1421.1	680.6
上海	−113.2	−20.6	13.8	13.3	−0.1	−4.4	0.0	—	8.8	16.5	0.1	463.3	−0.3	−17.5	−1.1	−50.2	−2.5	−50.2	42.8	20.7	318.9	120.4
江苏	4689.1	139.1	6.7	0.6	−0.1	−0.3	0.0	—	−145.3	−2.0	0.7	135.8	−0.5	−1.4	−1.2	−5.0	−2.6	−5.0	390.9	8.2	1710.1	786.8
浙江	1788.5	94.6	−132.3	−2.5	6.3	0.4	0.0	—	176.9	8.3	0.4	4.2	−4.0	−26.5	−2.0	−3.8	−4.2	−3.8	−213.1	−3.0	2094.6	1032.0
安徽	3601.8	175.2	179.4	5.1	3.4	0.4	0.0	—	577.8	11.4	0.6	12.4	3.4	16.4	1.9	3.9	4.1	3.9	944.3	17.6	2092.8	1583.3
福建	3160.2	167.2	−42.1	−0.6	5.5	0.2	0.0	—	235.7	10.0	0.1	0.9	0.3	6.2	−12.1	−8.7	−26.1	−8.7	242.8	2.8	2532.6	949.3
江西	2535.2	184.1	82.4	0.8	0.5	0.2	0.0	—	−510.9	−6.8	0.3	2.4	−0.5	−2.7	−2.7	−3.9	−5.9	−3.9	197.6	1.7	2967.0	2466.5
山东	5787.6	153.1	26.5	4.6	4.1	2.2	0.0	—	−25.2	−1.4	0.5	19.1	0.2	1.2	−5.4	−7.1	−11.6	−7.1	308.8	6.3	1356.1	835.8
河南	6343.8	192.5	38.0	6.4	2.2	0.5	0.0	—	16.7	1.2	0.1	2.3	2.0	34.9	0.5	0.7	1.1	0.7	419.8	13.1	2212.4	758.1
湖北	5760.5	266.1	1.0	0.0	3.9	0.5	0.0	—	2384.1	31.8	0.0	0.4	0.7	2.4	−2.5	−2.2	−5.3	−2.2	97.7	1.2	2295.6	891.2

(续)

省份	产品提供		水源涵养		土壤保持		防风固沙		洪水调蓄		空气净化		水质净化		固碳		释氧		气候调节		休闲旅游	
	变化量	变化率	变化量	变化率	变化量	变化率	变化量	变化率	变化量	变化率	变化量	变化率	变化量	变化率	变化量	变化率	变化量	变化率	变化量	变化率	变化量	变化率
湖南	5291.0	236.6	-35.7	-0.4	7.5	0.4	0.0	—	2003.2	43.4	0.2	1.1	0.5	3.0	-3.4	-2.5	-7.4	-2.5	254.9	2.9	4370.1	3517.5
广东	5070.5	167.9	130.1	1.4	26.0	1.2	0.0	—	86.5	2.2	0.6	4.0	-0.6	-3.1	-3.4	-5.5	-7.3	-5.5	341.8	3.3	930.2	214.6
广西	4570.4	294.8	187.6	1.9	10.3	0.4	0.0	—	1333.6	38.4	0.6	3.0	1.1	12.1	1.1	0.9	2.3	0.9	524.8	4.2	4162.2	2622.6
海南	1255.3	242.2	146.3	9.4	3.1	0.7	0.0	—	221.0	31.7	0.3	9.2	0.3	10.0	-3.5	-37.4	-7.6	-37.4	354.4	9.5	482.7	602.4
重庆	2179.5	289.0	70.7	3.0	6.4	1.0	0.0	—	158.6	32.1	0.4	6.2	2.4	137.3	3.6	4.4	7.7	4.4	563.5	20.5	2053.3	1575.1
四川	8456.3	329.1	618.6	6.5	56.0	1.6	-0.3	-1.9	1116.0	98.0	2.9	7.5	8.5	41.4	8.1	4.4	17.5	4.4	2020.2	17.4	6670.2	1671.4
贵州	3853.3	468.3	688.9	13.7	22.5	2.2	0.0	—	879.4	90.8	2.4	17.8	1.9	95.6	25.6	18.2	55.2	18.2	872.2	24.0	5483.7	5782.7
云南	6156.1	489.3	545.0	4.9	55.7	1.5	0.3	16.7	1406.0	122.7	2.8	7.5	3.1	47.4	-17.7	-6.7	-38.1	-6.7	1597.6	14.6	6284.4	1902.0
西藏	185.2	206.5	2.6	0.0	40.1	2.1	678.7	18.6	-59.6	-4.7	-3.5	-5.7	1.2	1.1	3.6	2.2	7.8	2.2	12.2	0.1	386.1	6962.4
陕西	3182.0	396.1	143.6	6.9	96.7	5.6	128.6	26.3	134.5	21.7	1.4	9.2	-0.3	-13.2	1.2	0.9	2.5	0.9	274.5	4.6	1358.5	1109.1
甘肃	1649.3	264.6	131.4	9.5	136.8	14.4	221.9	21.9	65.1	25.4	2.6	23.1	0.4	7.2	16.4	18.3	35.5	18.3	288.6	17.5	1310.3	4850.7
青海	668.4	412.9	143.9	4.5	16.5	3.4	332.3	13.6	199.5	15.6	1.2	4.6	6.3	6.2	4.9	10.5	10.6	10.5	484.5	5.7	250.3	1631.8
宁夏	566.5	392.7	32.9	56.1	25.5	31.0	137.8	39.6	19.9	52.9	0.9	82.6	0.3	33.5	0.4	2.8	0.8	2.8	210.7	58.0	169.2	1230.3
新疆	3500.8	408.5	-725.7	-15.5	-4.3	-1.4	468.9	13.3	274.6	85.4	0.2	0.6	-1.6	-3.5	105.5	87.2	227.5	87.2	-113.5	-0.8	856.9	797.8
全国	98100.2	221.0	1929.8	1.5	576.8	1.7	3439.5	17.1	10759.0	17.2	11.2	2.3	3.5	0.5	121.8	4.2	262.7	4.2	9169.9	4.5	62980.7	1216.9

附表7 各省（自治区、直辖市）GEP各指标变化（2000—2010年）

单位：变化量（亿元），变化率（%）

省份	产品提供 变化量	产品提供 变化率	水源涵养 变化量	水源涵养 变化率	土壤保持 变化量	土壤保持 变化率	防风固沙 变化量	防风固沙 变化率	洪水调蓄 变化量	洪水调蓄 变化率	空气净化 变化量	空气净化 变化率	水质净化 变化量	水质净化 变化率	固碳 变化量	固碳 变化率	释氧 变化量	释氧 变化率	气候调节 变化量	气候调节 变化率	休闲旅游 变化量	休闲旅游 变化率
北京	98.5	27.2	5.0	6.5	0.2	0.4	0.0	0.0	1.6	0.6	0.1	8.9	-0.3	-34.6	0.7	5.9	1.5	5.9	-19.0	-3.2	635.5	233.4
天津	148.6	55.1	-6.8	-9.6	0.1	1.5	0.0	—	-3.1	-3.6	0.0	10.6	-0.4	-8.8	-0.1	-3.4	-0.2	-3.4	-76.6	-8.2	132.2	112.6
河北	2812.7	110.0	11.7	2.4	2.6	0.7	18.4	7.0	13.7	2.3	0.2	2.2	-0.0	-0.3	0.1	0.1	0.2	0.1	91.9	1.9	427.6	248.7
山西	778.9	138.3	10.7	1.5	22.4	2.0	28.5	6.1	8.5	3.7	0.2	2.2	0.1	6.1	0.3	0.5	0.6	0.5	115.7	5.3	685.6	991.8
内蒙古	1529.6	169.4	-19.9	-0.3	6.9	1.0	580.9	8.8	14.4	0.8	-0.1	-0.1	-2.0	-1.9	0.4	0.3	0.9	0.3	-190.5	-1.1	898.9	1375.2
辽宁	2312.6	140.6	-4.1	-0.3	2.6	0.4	24.7	6.8	104.5	8.3	-0.0	-0.0	-0.0	-0.1	-0.6	-0.5	-1.3	-0.5	5.0	0.2	1786.3	693.7
吉林	1396.6	132.7	-3.4	-0.2	0.7	0.1	47.2	11.1	-60.2	-5.2	0.1	1.0	-3.0	-15.6	0.3	0.3	0.7	0.3	-142.5	-5.1	539.0	994.9
黑龙江	2115.4	169.2	-6.2	-0.2	1.2	0.2	29.9	6.1	89.2	4.2	0.1	0.5	-4.8	-4.2	0.3	0.1	0.6	0.1	-161.9	-1.8	912.4	437.0
上海	46.5	8.5	-13.4	-12.9	-0.0	-0.5	0.0	—	1.7	3.2	0.0	170.7	-0.0	-2.7	0.1	4.6	0.2	4.6	22.6	11.0	482.0	182.0
江苏	2404.2	71.3	-69.2	-5.8	-0.0	-0.1	0.0	—	-11.4	-0.2	0.1	14.6	-2.0	-5.4	-1.5	-6.4	-3.3	-6.4	-196.6	-4.1	1185.7	545.6
浙江	1187.6	62.8	-69.0	-1.3	6.1	0.4	0.0	—	160.8	7.5	0.0	0.3	-0.9	-5.7	-0.1	-0.3	-0.3	-0.3	-36.3	-0.5	974.8	480.3
安徽	1870.7	91.0	12.2	0.3	0.3	0.4	0.0	—	370.7	7.3	0.1	2.8	0.7	3.1	-0.1	-0.2	-0.2	-0.2	159.7	3.0	638.1	482.7
福建	1427.2	75.5	-31.4	-0.4	0.5	0.0	0.0	—	228.4	9.7	0.0	0.3	0.0	0.8	0.2	0.1	0.4	0.1	62.7	0.7	680.5	255.1
江西	1219.1	88.5	73.9	0.7	3.2	0.2	0.0	—	36.4	0.5	0.3	1.8	-0.2	-1.0	-0.5	-0.8	-1.2	-0.8	155.6	1.3	476.6	396.2
山东	4529.1	119.8	24.5	4.2	2.4	1.3	0.0	—	170.8	9.6	0.3	10.2	0.7	3.4	-4.0	-5.3	-8.7	-5.3	273.2	5.5	825.7	508.9
河南	4047.7	122.8	8.4	1.4	1.9	0.4	0.0	—	19.4	1.4	0.1	2.1	0.4	7.4	-0.4	-0.4	-0.8	-0.4	172.7	5.4	1236.7	423.8
湖北	3154.1	145.7	-40.5	-0.8	1.7	0.2	0.0	—	1338.1	17.9	-0.0	-0.0	-0.2	-0.7	0.6	0.5	1.3	0.5	-24.8	-0.3	833.5	323.6

（续）

省份	产品提供		水源涵养		土壤保持		防风固沙		洪水调蓄		空气净化		水质净化		固碳		释氧		气候调节		休闲旅游	
	变化量	变化率	变化量	变化率	变化量	变化率	变化量	变化率	变化量	变化率	变化量	变化率	变化量	变化率	变化量	变化率	变化量	变化率	变化量	变化率	变化量	变化率
湖南	2964.6	132.6	−23.5	−0.2	1.6	0.1	0.0	—	110.5	2.4	0.0	0.3	0.1	0.5	−0.2	−0.1	−0.3	−0.1	66.9	0.8	869.0	699.5
广东	2317.3	76.7	24.0	0.3	10.0	0.4	0.0	—	129.2	3.3	0.3	2.1	−0.9	−4.5	−0.4	−0.7	−0.9	−0.7	142.7	1.4	727.2	167.8
广西	2296.8	148.1	−24.3	−0.2	0.6	0.0	0.0	—	388.6	11.2	−0.0	−0.2	0.1	1.7	−0.0	−0.0	−0.1	−0.0	20.0	0.2	567.4	357.5
海南	532.1	102.7	45.5	2.9	1.3	0.3	0.0	—	21.8	3.1	0.2	5.3	0.0	0.7	0.4	3.8	0.8	3.8	150.2	4.0	132.6	165.5
重庆	769.8	102.1	109.9	4.6	8.4	1.3	0.0	—	78.8	16.0	0.3	4.3	1.5	86.2	1.7	2.1	3.6	2.1	263.4	9.6	534.7	410.1
四川	3439.1	133.9	79.7	0.8	6.7	0.2	0.9	5.7	231.0	20.3	0.5	1.3	0.1	0.4	2.3	1.3	5.0	1.3	155.2	1.3	1981.1	496.4
贵州	721.2	87.7	241.8	4.8	10.5	1.0	0.0	—	546.9	56.4	0.7	5.4	0.3	14.9	6.3	4.5	13.6	4.5	227.7	6.3	1215.6	1281.9
云南	1519.5	120.8	−1.4	−0.0	4.7	0.1	0.0	0.0	80.2	7.0	0.0	0.1	0.2	3.1	0.3	0.1	0.6	0.1	27.1	0.2	986.3	298.5
西藏	52.0	58.0	15.5	0.2	−7.5	−0.4	217.2	5.9	6.8	0.5	−0.0	−0.0	3.7	3.2	0.4	0.2	0.8	0.2	425.7	2.7	89.3	1610.4
陕西	1331.6	165.8	43.7	2.1	65.4	3.8	112.7	23.1	68.9	11.1	0.4	2.9	0.1	2.4	1.3	1.0	2.7	1.0	134.3	2.3	552.3	450.9
甘肃	803.1	128.8	15.1	1.1	55.2	5.8	166.5	16.5	26.5	10.3	0.3	2.7	0.2	4.4	1.9	2.1	4.1	2.1	49.3	3.0	251.9	932.6
青海	303.6	187.6	21.6	0.7	9.6	2.0	316.7	12.9	47.3	3.7	0.1	0.4	3.3	3.3	0.6	1.2	1.2	1.2	218.0	2.6	68.3	445.0
宁夏	259.1	179.6	2.7	4.7	13.2	16.0	106.6	30.6	13.6	36.1	0.1	10.0	0.2	17.4	0.3	2.3	0.7	2.3	47.8	13.2	66.0	480.2
新疆	1609.0	187.7	−11.0	−0.2	−1.6	−0.6	782.9	22.2	124.6	38.7	0.1	0.5	4.3	9.8	10.4	8.6	22.4	8.6	923.2	6.7	242.3	225.6
全国	49998.1	112.6	422.0	0.3	230.7	0.7	2433.1	12.1	4358.3	7.0	4.7	1.0	1.3	0.2	20.8	0.7	44.8	0.7	3062.6	1.5	21635.1	418.0

附表8 各省（自治区、直辖市）GEP各指标变化（2010—2020年）

单位：变化量（亿元），变化率（%）

省份	产品提供 变化量	产品提供 变化率	水源涵养 变化量	水源涵养 变化率	土壤保持 变化量	土壤保持 变化率	防风固沙 变化量	防风固沙 变化率	洪水调蓄 变化量	洪水调蓄 变化率	空气净化 变化量	空气净化 变化率	水质净化 变化量	水质净化 变化率	固碳 变化量	固碳 变化率	释氧 变化量	释氧 变化率	气候调节 变化量	气候调节 变化率	休闲旅游 变化量	休闲旅游 变化率
北京	-134.6	-29.2	23.0	28.1	0.2	0.4	-0.6	-4.3	-109.3	-41.5	0.1	11.8	0.2	25.1	-1.1	-9.1	-2.4	-9.1	95.5	16.4	-161.5	-17.8
天津	72.8	17.4	5.4	8.4	-0.0	-0.1	0.0	—	-2.3	-2.8	0.1	94.5	-0.6	-14.5	-0.3	-13.9	-0.7	-13.9	-82.7	-9.6	-20.0	-8.0
河北	1003.0	18.7	13.4	2.7	1.3	0.3	10.2	3.6	117.4	19.6	0.1	1.0	-0.3	-3.3	-2.5	-2.9	-5.3	-2.9	-64.3	-1.3	1281.8	213.8
山西	572.8	42.7	34.1	4.8	7.2	0.6	7.6	1.5	23.5	9.8	0.6	6.0	0.3	23.6	-2.8	-5.0	-6.0	-5.0	164.9	7.2	833.8	110.5
内蒙古	1121.5	46.1	-350.3	-6.1	3.5	0.5	627.4	8.8	16.3	0.9	-6.5	-9.6	3.2	3.1	8.9	5.6	19.2	5.6	-225.8	-1.3	1511.1	156.7
辽宁	572.3	14.5	0.4	0.0	1.0	0.1	13.2	3.4	1.2	0.1	0.1	1.3	-2.3	-18.1	0.3	0.3	0.7	0.3	-66.1	-2.1	-307.0	-15.0
吉林	561.6	22.9	9.7	0.6	1.2	0.2	20.2	4.3	58.0	5.3	0.1	0.4	0.8	4.8	0.1	0.1	0.3	0.1	52.0	1.9	968.0	163.2
黑龙江	2999.6	89.1	-46.4	-1.8	1.5	0.3	63.8	12.3	-71.3	-3.2	0.1	0.6	-12.1	-10.8	-0.1	-0.1	-0.3	-0.1	-443.6	-5.1	508.7	45.4
上海	-159.7	-26.8	27.1	30.0	-0.1	-4.0	0.0	—	7.1	12.9	0.1	108.0	-0.3	-15.2	-1.2	-52.3	-2.7	-52.3	20.2	8.8	-163.1	-21.8
江苏	2284.9	39.6	75.9	6.8	-0.1	-0.2	0.0	—	-133.9	-1.9	0.6	105.7	1.5	4.3	0.3	1.5	0.7	1.5	587.4	12.8	524.4	37.4
浙江	600.9	19.5	-63.3	-1.2	0.2	0.0	0.0	—	16.1	0.7	0.3	4.0	-3.2	-22.0	-1.8	-3.5	-3.9	-3.5	-176.7	-2.5	1119.8	95.1
安徽	1731.1	44.1	167.2	4.7	3.1	0.4	0.0	—	207.0	3.8	0.5	9.3	2.8	12.9	2.0	4.1	4.2	4.1	784.6	14.2	1454.7	188.9
福建	1733.0	52.2	-10.7	-0.1	5.0	0.2	0.0	—	7.3	0.3	0.1	0.6	0.2	5.3	-12.3	-8.8	-26.5	-8.8	180.1	2.1	1852.1	195.5
江西	1316.4	50.7	8.5	0.1	-2.7	-0.1	0.0	—	-547.3	-7.2	0.1	0.6	-0.3	-1.7	-2.2	-3.1	-4.7	-3.1	42.1	0.4	2490.4	417.2
山东	1258.4	15.1	2.1	0.3	1.7	0.9	0.0	—	-196.0	-10.1	0.3	8.1	-0.5	-2.2	-1.4	-1.9	-2.9	-1.9	35.6	0.7	530.4	53.7
河南	2296.0	31.3	29.6	4.9	0.3	0.1	0.0	—	-2.7	-0.2	0.0	0.2	1.6	25.6	0.9	1.1	1.9	1.1	247.0	7.3	975.8	63.8

（续）

省份	产品提供 变化量	产品提供 变化率	水源涵养 变化量	水源涵养 变化率	土壤保持 变化量	土壤保持 变化率	防风固沙 变化量	防风固沙 变化率	洪水调蓄 变化量	洪水调蓄 变化率	空气净化 变化量	空气净化 变化率	水质净化 变化量	水质净化 变化率	固碳 变化量	固碳 变化率	释氧 变化量	释氧 变化率	气候调节 变化量	气候调节 变化率	休闲旅游 变化量	休闲旅游 变化率
湖北	2606.4	49.0	41.5	0.8	2.2	0.3	0.0	—	1046.0	11.8	0.0	0.4	0.9	3.1	-3.1	-2.7	-6.7	-2.7	122.4	1.5	1462.1	134.0
湖南	2326.5	44.7	-12.2	-0.1	5.9	0.3	0.0	—	1892.7	40.0	0.1	0.9	0.4	2.4	-3.3	-2.4	-7.1	-2.4	187.9	2.1	3501.1	352.5
广东	2753.2	51.6	106.0	1.1	16.0	0.7	0.0	—	-42.7	-1.1	0.3	1.8	0.3	1.5	-2.9	-4.8	-6.3	-4.8	199.1	1.9	203.0	17.5
广西	2273.7	59.1	211.9	2.1	9.6	0.4	0.0	—	945.0	24.5	0.7	3.2	0.9	10.3	1.1	0.9	2.4	0.9	504.8	4.1	3594.9	495.1
海南	723.1	68.9	100.9	6.3	1.8	0.4	0.0	—	199.2	27.7	0.1	3.8	0.2	9.3	-3.9	-39.7	-8.4	-39.7	204.2	5.3	350.1	164.6
重庆	1409.7	92.5	-39.2	-1.6	-2.0	-0.3	0.0	—	79.8	13.9	0.1	1.8	0.9	27.5	1.9	2.3	4.1	2.3	300.1	10.0	1518.7	228.4
四川	5017.2	83.5	538.9	5.6	49.3	1.4	-1.1	-7.1	885.1	64.6	2.4	6.2	8.5	40.9	5.8	3.1	12.5	3.1	1865.0	15.8	4689.1	197.0
贵州	3132.2	202.9	447.1	8.5	12.1	1.2	0.0	—	332.5	21.9	1.7	11.8	1.6	70.2	19.3	13.1	41.5	13.1	644.5	16.7	4268.1	325.7
云南	4636.6	166.9	546.5	4.9	50.9	2.5	0.3	16.7	1325.8	108.1	2.8	7.5	2.9	43.0	-17.9	-6.8	-38.7	-6.8	1570.5	14.3	5298.2	402.4
西藏	133.3	94.1	-12.8	-0.1	47.6	1.7	461.6	11.9	-66.4	-5.2	-3.5	-5.7	-2.5	-2.1	3.3	2.0	7.0	2.0	-413.5	-2.5	296.8	312.9
陕西	1850.4	86.7	99.8	4.7	31.3	8.1	15.9	2.6	65.6	9.5	0.9	6.1	-0.4	-15.3	-0.1	-0.1	-0.2	-0.1	140.2	2.3	806.2	119.5
甘肃	846.2	59.3	116.2	8.3	81.6	8.1	55.4	4.7	38.6	13.6	2.3	19.9	0.2	2.7	14.5	15.9	31.4	15.9	239.3	14.1	1058.4	379.4
青海	364.8	78.4	122.2	3.8	6.8	1.4	15.6	0.6	152.2	11.5	1.1	4.2	2.9	2.8	4.4	9.2	9.4	9.2	266.5	3.1	182.0	217.8
宁夏	307.4	76.2	30.2	49.2	12.3	12.9	31.2	6.9	6.3	12.4	0.8	66.0	0.2	13.7	0.1	0.5	0.1	0.5	162.9	39.6	103.2	129.3
新疆	1891.7	76.7	-714.7	-15.3	-2.6	-0.9	-314.1	-7.3	150.1	33.6	0.0	0.1	-5.9	-12.1	95.1	72.4	205.1	72.4	-1036.7	-7.0	614.6	175.7
全国	48102.1	51.0	1507.9	1.2	346.1	1.0	1006.4	4.5	6400.7	9.6	6.5	1.3	2.3	0.3	101.0	3.4	217.9	3.4	6107.3	2.9	41345.6	154.2

参考文献

白玛卓嘎, 肖燚, 欧阳志云, 等. 甘孜藏族自治州生态系统生产总值核算研究[J]. 生态学报, 2017, 37(19): 6302−6312.

白玛卓嘎, 肖燚, 欧阳志云, 等. 基于生态系统生产总值核算的习水县生态保护成效评估[J]. 生态学报, 2020, 40(2): 499−509.

博文静, 王莉雁, 操建华, 等. 中国森林生态资产价值评估[J]. 生态学报, 2017, 37(12): 4182−4190.

博文静. 区域生态资产核算方法及其应用研究[D]. 北京: 中国科学院大学, 2019.

成程, 肖燚, 欧阳志云, 等. 张家界武陵源风景区自然景观价值评估[J]. 生态学报, 2013, 33(3): 771−779.

董天, 张路, 肖燚, 等. 鄂尔多斯市生态资产和生态系统生产总值评估[J]. 生态学报, 2019, 39(9): 3062−3074.

董天, 郑华, 肖燚, 等. 旅游资源使用价值评估的 ZTCM 和 TCIA 方法比较——以北京奥林匹克森林公园为例[J]. 应用生态学报, 2017, 28(8): 2605−2610.

杜傲, 沈钰仟, 肖燚, 等. 国家公园生态产品价值核算[J]. 生态学报, 2023, 43(1): 208−218.

龚诗涵, 肖洋, 方瑜, 等. 中国森林生态系统地表径流调节特征[J]. 生态学报, 2016, 36(22): 7472−7478.

龚诗涵, 肖洋, 郑华, 等. 中国生态系统水源涵养空间特征及其影响因素[J]. 生态学报, 2017, 37(7): 2455−2462.

黄斌斌, 郑华, 肖燚, 等. 重点生态功能区生态资产保护成效及驱动力研究[J]. 中国环境管理, 2019, 11(3): 14−23.

江波, 陈媛媛, 肖洋, 等. 白洋淀湿地生态系统最终服务价值评估[J]. 生态学报, 2017, 37(8): 2497−2505.

江波, 张路, 欧阳志云. 青海湖湿地生态系统服务价值评估[J]. 应用生态学报, 2015, 26: 3137−3144.

丽水人民政府区县动态. 2021 开市提早 行情较好 松阳浙南茶叶市场交易持续升温[EB/OL]. http://www.lishui.gov.cn/art/2021/3/1/art_1229218391_57313788.html. 2021−03−01(2024−06−30).

丽水市人民政府网. 2022 丽水出台多项金融举措支持百山祖国家公园生物多样性保护[EB/OL]. http://www.lishui.gov.cn/art/2022/12/8/art_1229218389_57341461.html. 2022−12−08(2024−06−30).

丽水市人民政府网. 2023 丽水生态产品价值实现探索经验亮相全球性会议[EB/OL]. http://www.lishui.gov.cn/art/2023/2/16/art_1229218389_57343631.html. 2023−02−16(2024−06−30).

刘魏魏, 王效科, 逯非, 等. 全球森林生态系统碳储量、固碳能力估算及其区域特征[J]. 应用生态学报, 2015, 26(9): 2881−2890.

欧阳志云, 王如松, 赵景柱. 生态系统服务功能及其生态经济价值评价[J]. 应用生态学报, 1999(5): 3−5.

欧阳志云, 王效科, 苗鸿. 中国陆地生态系统服务功能及其生态经济价值的初步研究[J]. 生态学报,

1999, 19(5): 607-613.

欧阳志云,张路,吴炳方,等.基于遥感技术的全国生态系统分类体系[J].生态学报,2015,35(2):219-226.

欧阳志云,郑华,谢高地,等.生态资产、生态补偿及生态文明科技贡献核算理论与技术[J].生态学报,2016,36(22):7136-7139.

欧阳志云,郑华.生态安全战略[M].北京:学习出版社;海口:海南出版社,2014.

欧阳志云,朱春全,杨广斌,等.生态系统生产总值核算:概念,核算方法与案例研究[J].生态学报,2013,33(21):6747-6761.

欧阳志云.我国生态系统面临的问题与对策[J].中国国情国力,2017,3:5-10.

饶恩明,肖燚,欧阳志云,等.海南岛生态系统土壤保持功能空间特征及影响因素[J].生态学报,2013,33(3):746-755.

饶恩明,肖燚,欧阳志云,等.中国湖泊水量调节能力及其动态变化.国家生态学报,2014,34(21):6225-6231.

饶恩明,肖燚,欧阳志云.中国湖库洪水调蓄功能评价[J].自然资源学报,2014,29(8):1356-1365.

人民电商快讯.2019松阳新兴镇:"浙西南茶叶第一镇"是它!这里的茶农,生活过得越来越富裕[EB/OL].https://www.sohu.com/a/301440309_327914.2019-03-15(2024-06-30).

宋昌素,欧阳志云.面向生态效益评估的生态系统生产总值GEP核算研究——以青海省为例[J].生态学报,2020,40(10):3207-3217.

宋昌素,肖燚,博文静,等.生态资产评价方法研究——以青海省为例[J].生态学报,2019,39(1):9-23.

孙志华.松阳 茶产业转型之生态发展之路[EB/OL].http://zjrb.zjol.com.cn/html/2015-03/25/node_7.htm.2015-03-25(2024-06-30).

孙志华.一片茶叶背后的乡村振兴:三月的田园松阳是绿色的[EB/OL].http://cs.zjol.com.cn/zjbd/ls16512/201903/t20190325_9748756.shtml.2019-03-25(2024-06-30).

王莉雁,肖燚,欧阳志云,等.国家级重点生态功能区县生态系统生产总值核算研究——以阿尔山市为例[J].中国人口·资源与环境,2017,27(3):146-154.

肖寒,欧阳志云,赵景柱,等.森林生态系统服务功能及其生态经济价值评估初探——以海南岛尖峰岭热带森林为例[J].应用生态学报,2000,11(4):481-484.

肖强,肖洋,欧阳志云,等.重庆市森林生态系统服务功能价值评估[J].生态学报,2014,34(1):216-223.

肖洋,欧阳志云,王莉雁,等.内蒙古生态系统质量空间特征及其驱动力[J].生态学报,2016,36(19):6019-6030.

游旭,何东进,肖燚,等.县域生态保护成效评估方法——以峨山县为例[J].生态学报,2019,39(9):3051-3061.

游旭,何东进,肖燚,等.县域生态资产核算研究——以云南省屏边县为例[J].生态学报,2020,40(15):5220-5229.

张林波,陈鑫,梁田,等.我国生态产品价值核算的研究进展、问题与展望[J].环境科学研究,2023,36(4):743-756.

浙江频道人民网. 丽水松阳：2023年浙南茶叶市场开市[EB/OL]. http://zj.people.com.cn/n2/2023/0302/c186327-40322013.html. 2023-03-02(2024-06-30).

浙江省金融学会. 丽水市——绿色金融助推生态产品价值实现[EB/OL]. https://mp.weixin.qq.com/s/2pC-pTQVKdRfSIRYbHKn6A. 2022-04-22(2024-06-30).

邹梓颖, 肖燚, 欧阳志云, 等. 黔东南苗族侗族自治州生态保护成效评估[J]. 生态学报, 2019, 39(4): 1407-1415.

COSTANZA R, D'ARGE R, DE GROOT R, et al. The value of the world's ecosystem services and natural capital [J]. Nature, 1997, 387: 253-260.

DAILY G C, POLASKY S, GOLDSTEIN J, et al. Ecosystem services in decision making: time to deliver [J]. Frontiers in Ecology and the Environment, 2009, 7(1): 21-28.

DAILY G C, Söderqvist T, ANIYAR S, et al. The value of nature and the nature of value [J]. Science, 2000, 289: 395-396.

DAILY G C, 欧阳志云, 郑华, 等. 保障自然资本与人类福祉：中国的创新与影响. 生态学报, 2013, 33(3): 669-676.

DAILY G C. Nature's Services: Societal Dependence on Natural Ecosystem [M]. Washington DC: Island Press, 1997.

KONG L Q, ZHENG H, RAO E M, et al. Evaluating indirect and direct effects of eco-restoration policy on soil conservation service in Yangtze River Basin [J]. Science of the Total Environment, 2018: 631-632: 887-894.

LU F, HU H F, SUN W J et al. Effects of national ecological restoration projects on carbon sequestration in China from 2001 to 2010 [J]. Proceedings of the National Academy of Sciences of the United States of America, 2018, 115(16): 4039-4044.

Millennium Ecosystem Assessment. Ecosystems and human well-being: synthesis[M]. Washington DC: Island Press, 2005.

OUYANG Z Y, SONG C S, ZHENG H et al. Using gross ecosystem product (GEP) to value nature in decision making [J]. Proceedings of the National Academy of Sciences of the United States of America, 2020, 117(25): 14593-14601.

OUYANG Z Y, ZHENG H, XIAO Y, et al. Improvements in ecosystem services from investments in natural capital [J]. Science, 2016, 352 (6292): 1455-1459.